国家卫生健康委员会“十三五”规划教材
全国高等学校教材
供本科应用心理学及相关专业用

人格心理学

Personality Psychology

第3版

主　　编　王　伟

副 主 编　方建群　阴山燕　杭荣华

编　　者　（以姓氏笔画为序）

王　伟（浙江大学）
王文林（齐齐哈尔医学院）
王佳薇（浙江大学）
王晓一（华北理工大学）
方建群（宁夏医科大学）
甘小荣（赣南医学院）
曲海英（滨州医学院）
朱　琳（蚌埠医学院）
刘彦茹（北京回龙观医院）
阴山燕（天津中医药大学）
苏　婧（广西医科大学）
李颜苗（长治医学院）
沈悦娣（杭州师范大学）
张天宏（上海市精神卫生中心）
张文瑄（东南大学附属中大医院）
张秀琴（南京中医药大学）
杭荣华（皖南医学院）
郝丙辉（黑龙江中医药大学）
姜世香（哈尔滨医科大学）
袁勇贵（东南大学附属中大医院）
耿艳萌（牡丹江医学院）
柴　浩（浙江工业大学）
潘　冰（浙江大学医学院附属第二医院）
潘成英（北京大学第六医院）

学术秘书　王佳薇（兼）

人民卫生出版社

图书在版编目(CIP)数据

人格心理学 / 王伟主编. —3 版. —北京: 人民卫生出版社, 2018

全国高等学校应用心理学专业第三轮规划教材

ISBN 978-7-117-27013-7

Ⅰ. ①人… Ⅱ. ①王… Ⅲ. ①人格心理学 - 高等学校 - 教材 Ⅳ. ①B848

中国版本图书馆 CIP 数据核字(2018)第 156311 号

人卫智网	www.ipmph.com	医学教育、学术、考试、健康, 购书智慧智能综合服务平台
人卫官网	www.pmph.com	人卫官方资讯发布平台

人格心理学

第 3 版

主　　编: 王　伟
出版发行: 人民卫生出版社(中继线 010-59780011)
地　　址: 北京市朝阳区潘家园南里 19 号
邮　　编: 100021
E - mail: pmph @ pmph.com
购书热线: 010-59787592　010-59787584　010-65264830
印　　刷: 三河市博文印刷有限公司
经　　销: 新华书店
开　　本: 850 × 1168　1/16　**印张:** 13　**插页:** 8
字　　数: 349 千字
版　　次: 2007 年 7 月第 1 版　2018 年 8 月第 3 版
2021 年 11 月第 3 版第 6 次印刷(总第 17 次印刷)
标准书号: ISBN 978-7-117-27013-7
定　　价: 49.00 元
打击盗版举报电话: 010-59787491　E-mail: WQ @ pmph.com
(凡属印装质量问题请与本社市场营销中心联系退换)

全国高等学校应用心理学专业第三轮规划教材

修订说明

全国高等学校本科应用心理学专业第一轮规划教材于2007年出版，共19个品种，经过几年的教学实践，得到广大师生的普遍好评，填补了应用心理学专业教材出版的空白。2013年修订出版第二轮教材共25种。这两套教材的出版标志着我国应用心理学专业教学开始规范化和系统化，对我国应用心理学专业学科体系逐渐形成和发展起到促进作用，推动了我国高等院校应用心理学教育的发展。2016年经过两次教材评审委员会研讨，并委托齐齐哈尔医学院对全国应用心理学专业教学情况及教材使用情况做了深入调研，启动第三轮教材修订工作。根据本专业培养目标和教育部对本专业必修课的要求及调研结果，本轮教材将心理学实验教程和认知心理学去掉，增加情绪心理学共24种。

为了适应新的教学目标及与国际心理学发展接轨，教材建设应不断推陈出新，及时更新教学理念，进一步完善教学内容和课程体系建设。本轮教材的编写原则与特色如下：

1. 坚持本科教材的编写原则　教材编写遵循“三基”“五性”“三特定”的编写要求。

2. 坚持必须够用的原则　满足培养能够掌握扎实的心理学基本理论和心理技术，能够具有较强的技术应用能力和实践动手能力，能够具有技术创新和独立解决实际问题的能力，能够不断成长为某一领域的高级应用心理学专门人才的需要。

3. 坚持整体优化的原则　对各门课程内容的边界进行清晰界定，避免遗落和不必要的重复，如果必须重复的内容应注意知识点的一致性，尤其对同一定义尽量使用标准的释义，力争做到统一。同时要注意编写风格接近，体现整套教材的系统性。

4. 坚持教材数字化发展方向　在纸质教材的基础上，编写制作融合教材，其中具有丰富数字化教学内容，帮助学生提高自主学习能力。学生扫描教材二维码即可随时学习数字内容，提升学习兴趣和学习效果。

第三轮规划教材全套共24种，适用于本科应用心理学专业及其他相关专业使用，也可作为心理咨询师及心理治疗师培训教材，将于2018年秋季出版使用。希望全国广大院校在使用过程中提供宝贵意见，为完善教材体系、提高教材质量及第四轮规划教材的修订工作建言献策。

第三届全国高等学校应用心理学专业教材评审委员会

名誉主任委员	杜文东	南京中医药大学		
主 任 委 员	杨艳杰	哈尔滨医科大学		
副主任委员	姚树桥	中南大学湘雅二医院		
	洪　炜	北京大学医学部		
	崔光成	齐齐哈尔医学院		
	刘新民	皖南医学院		
	苗丹民	空军军医大学		
委　　员 （按姓氏笔画排序）	马　莹	上海海洋大学	张作记	济宁医学院
	王　伟	浙江大学医学院	陈　力	哈尔滨医科大学
	王效道	北京大学医学部	苑　杰	华北理工大学
	邓明昱	纽约市立大学	林大熙	福建医科大学
	冯正直	陆军军医大学	罗正里	吉林医药学院
	吉　峰	济宁医学院	赵旭东	同济大学医学院
	朱金富	新乡医学院	胡佩诚	北京大学医学部
	乔建中	南京师范大学	姜乾金	浙江大学医学院
	孙宏伟	潍坊医学院	姚应水	皖南医学院
	李功迎	济宁医学院	钱　明	天津医科大学
	李建明	华北理工大学	徐　斌	苏州大学医学院
	杨小丽	重庆医科大学	郭本禹	南京师范大学
	杨凤池	首都医科大学	郭秀艳	华东师范大学
	吴均林	华中科技大学同济医学院	董湘玉	贵阳中医学院
	何金彩	温州医科大学	傅文青	苏州大学医学院
	张　宁	南京医科大学	潘　芳	山东大学齐鲁医学部
秘　　书	杨秀贤	哈尔滨医科大学		

教材目录

序号	书名	主编	副主编
1	心理学基础(第3版)	杜文东	吕　航　杨世昌　李　秀
2	生理心理学(第3版)	杨艳杰	朱熊兆　汪萌芽　廖美玲
3	西方心理学史(第3版)	郭本禹	崔光辉　郑文清　曲海英
4	实验心理学(第3版)	郭秀艳	周　楚　申寻兵　孙红梅
5	心理统计学(第3版)	姚应水	隋　虹　林爱华　宿　庄
6	心理评估(第3版)	姚树桥	刘　畅　李晓敏　邓　伟　许明智
7	心理科学研究方法(第3版)	李功迎	关晓光　唐　宏　赵行宇
8	发展心理学(第3版)	马　莹	刘爱书　杨美荣　吴寒斌
9	变态心理学(第3版)	刘新民　杨甫德	朱金富　张　宁　赵静波
10	行为医学(第3版)	白　波	张作记　唐峥华　杨秀贤
11	心身医学(第3版)	潘　芳　吉　峰	方力群　张　俐　田旭升
12	心理治疗(第3版)	胡佩诚　赵旭东	郭　丽　李　英　李占江
13	咨询心理学(第3版)	杨凤池	张曼华　刘传新　王绍礼
14	健康心理学(第3版)	钱　明	张　颖　赵阿勐　蒋春雷
15	心理健康教育学(第3版)	孙宏伟　冯正直	齐金玲　张丽芳　杜玉凤
16	人格心理学(第3版)	王　伟	方建群　阴山燕　杭荣华
17	社会心理学(第3版)	苑　杰	杨小丽　梁立夫　曹建琴
18	中医心理学(第3版)	庄田畋　王玉花	张丽萍　安春平　席　斌
19	神经心理学(第2版)	何金彩　朱雨岚	谢　鹏　刘破资　吴大兴
20	管理心理学(第2版)	崔光成	庞　宇　张殿君　许传志　付　伟
21	教育心理学(第2版)	乔建中	魏　玲
22	性心理学(第2版)	李荐中	许华山　曾　勇
23	心理援助教程(第2版)	洪　炜	傅文青　牛振海　林贤浩
24	情绪心理学	王福顺	张艳萍　成　敬　姜长青

配套教材目录

序号	书名	主编
1	心理学基础学习指导与习题集（第2版）	杨世昌　吕　航
2	生理心理学学习指导与习题集（第2版）	杨艳杰
3	心理评估学习指导与习题集（第2版）	刘　畅
4	心理学研究方法实践指导与习题集（第2版）	赵静波　李功迎
5	发展心理学学习指导与习题集（第2版）	马　莹
6	变态心理学学习指导与习题集（第2版）	刘新民
7	行为医学学习指导与习题集（第2版）	张作记
8	心身医学学习指导与习题集（第2版）	吉　峰　潘　芳
9	心理治疗学习指导与习题集（第2版）	郭　丽
10	咨询心理学学习指导与习题集（第2版）	高新义　刘传新
11	管理心理学学习指导与习题集（第2版）	付　伟
12	性心理学学习指导与习题集（第2版）	许华山
13	西方心理学史学习指导与习题集	郭本禹

主编简介

王伟，教授，博士生导师。浙江大学医学部精神病与精神卫生学学位点负责人，国家卫生健康委员会医学神经生物学重点实验室 PI。主编或协助主编 *BMC Psychiatry, Journal of Psychiatry, Psychological Assessment, Australasian Medical Journal* 等国际期刊的人格及精神疾病方面的工作，同时担任 *Neurophysiologie Clinique*, *Neuroscience Bulletin*, *Personality and Individual Differences* 等多本国际期刊的编委。从事教学、科研及临床工作 20 余年，主要研究领域为临床心理学与临床精神病学，主要研究方向包括人格障碍、难治性抑郁症、精神分裂症、双相情感障碍等的诊断与治疗。发表国外英文 SSCI/SCI 论著 100 余篇，累计五年 IF > 100，他引近 1000 次（单篇他引 176 次）；为人民卫生出版社等主编或主审规划教材、参考书等 14 部。主持国家及省部级科研课题 16 项，获 The 7th Eysenck Memorial Fund's Award 及国内奖项 3 次。

副主编简介

方建群，临床心理学博士、心理学教授、主任医师。现为宁夏医科大学医学教育研究所所长、宁夏医科大学总医院心理卫生中心主任、临床医学院精神病学与医学心理学系主任。中国心理卫生协会理事、宁夏心理卫生协会理事长；中华医学会心身医学专业委员会常委，宁夏医学会心身医学专委会主委。

长期从事心理学教学、培训、心理咨询及临床医疗工作，曾在加拿大 McGill 大学留学，主编和参编国家级教材多部，主持和参加多项国家级科研项目，发表多篇科研论文。擅长儿童发展及行为问题咨询、婚姻家庭问题咨询；擅长诊治失眠、抑郁焦虑及各种心身障碍。

阴山燕，副教授，现任天津中医药大学管理学院基础心理教研室主任，天津市心理卫生协会常务理事，中国中西医结合学会心身医学分会青年委员。

从事人格心理学教学工作 13 年，主要研究领域为人格心理学和健康心理学。公开发表学术论文 40 余篇，编写教材 2 部，编写著作 6 部；主持市教委课题 1 项，校级教改课题 1 项，参与国家级课题 1 项，省部级课题 4 项。获得天津市高校青年教师基本功竞赛二等奖。

副主编简介

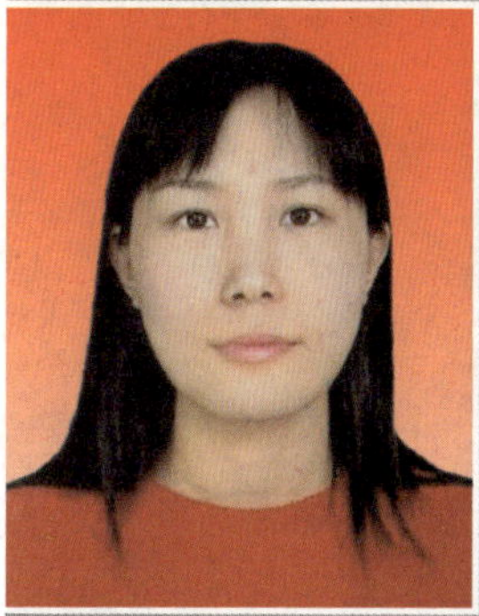

杭荣华，教授，硕士生导师，国家二级心理咨询师，心理治疗师，中国心理学会注册心理师。现任皖南医学院应用心理学硕士点负责人，安徽省医学会理事，安徽省医学会行为分会副主任委员，安徽省心理咨询师协会理事，安徽省大学生心理健康教育研究分会理事。

从事心理学教学、科研、临床工作 25 年，主要研究领域涉及儿童青少年心理健康、心理咨询与治疗、人格障碍等。发表专业论文 50 余篇，主持教育部、省级、厅局级课题 6 项，主持省级教学课题 1 项，主编省级规划教材 2 部，副主编教材 2 部，参编教材及专著 10 部，其中参编国家级规划教材 2 部。现任《皖南医学院学报》编委。2016 年和 2017 年分获“安徽省心理健康普及先进个人”和“安徽省心理咨询先进个人”称号。

前　言

在人的心理及相关活动中，认知和行为模式、情感类型等诸多方面都受到人格的影响。相应地，人格心理学是以心理学的各种理论、方法来研究人格的形成、发展及表现形式的一门学科。在编写本书过程中，我们秉承了第2版的架构，着力强调了实用性，精心筛选了人格理论部分的内容，突出了有实证研究支持或现今仍具有较大影响力的理论；针对人格改变这一较少受到关注却重要的问题设立章节进行了简单介绍；增添了对人格障碍的全面阐述，更新了最新的诊断指南；对人格障碍的治疗及相关疗效的实证研究也进行了一些介绍，与临床密切相关。其中第一章主要介绍了人格的基本概念、人格心理学的发展简史以及未来研究发展趋势；第二章介绍了各种人格理论的主要内容；第三章结合了各类实证研究着重阐述了人格形成的主要因素；第四章综合了不同人格心理学家对人格发展的贡献；第五章阐述了与人格相关的性别差异；第六章介绍了主流的人格结构模型；第七章介绍了人格在生理、心理、社会功能的表现；第八章介绍了人格的测评及相应的人格测评工具；第九章介绍了人格改变的概念及成因，并对其识别与治疗做了简单阐述；第十章到第十三章着重介绍了人格障碍的概念、分类、特征、共病、诊断、治疗及司法相关的内容。

在本书的编写过程中，各位参编老师付出了辛苦的劳动，在此我们表示衷心感谢。我们十分感谢浙江大学、宁夏医科大学、天津中医药大学和皖南医学院四家主编、副主编单位，也十分感谢北京大学第六医院、北京回龙观医院、蚌埠医学院、滨州医学院、长治医学院、东南大学附属中大医院、赣南医学院、广西医科大学、哈尔滨医科大学、杭州师范大学、黑龙江中医药大学、华北理工大学、南京中医药大学、牡丹江医学院、齐齐哈尔医学院、上海市精神卫生中心、浙江工业大学等参编单位在本书编写过程中所给予的大力支持。同时，十分感谢本教材前两版的编者们，他们为本书的编写提供了重要的参考资料。

由于我们编写水平有限，再加上时间和精力的限制，本书中难免有些不足和疏漏之处。望读者朋友能够提出您的宝贵意见和建议，以便我们将来再版时及时修订。

王　伟

2018年5月

目　录

第一章　人格与人格研究简史

每天的生活中，我们都要接触各式各样的人。在与他们的交往中，我们通过他们的一言一行对其逐渐了解。熟识后每当再见到或者想起这个人时，除了外貌之外此人的行事风格及个人特点会首先出现在我们的脑海里，或是其内向害羞，或是其诚实可靠，或是其热情健谈，或是其幽默风趣。根据这些特点我们会形成对某一个人的固定评价，并且在日常交往中以此作为参照进行一些判断与预测：他是不是一个可靠的人？我们是否可以成为朋友？在某些特定环境和事件中他会怎么做？这些比较稳定的特点和行为方式可以由人格来概括描述。通过人格对某个人的判断与预测也是人格心理学这门学科的目标之一，即其主要研究内容为理解并描述人格的结构、起源以及特征，并根据人格来理解和预测个体的各种行为。

第一节　人 格 概 述

下文将从人格的定义、基本特征以及与人格有关的概念来引出人格相关的知识。

一、人格定义

人格这个词来自拉丁文“persona”，本意是指古罗马时期演员表演戏剧时所戴的面具，类似于京剧的脸谱。在19世纪它用于指人的外貌类型，后来逐渐用于指自我的主观方面，这时它的含义更多倾向于心理学。一直到20世纪初，“人格”才演变成现在的含义。

尽管“人格”被广泛应用于精神病学，但令人惊讶的是在该领域很少有人关注它的概念。在心理学领域情况却不同。早在1937年，Allport就对其罗列了超过50种定义。之后关于“人格”定义的数量还在增加。起初，这个术语指行为和经验在形式上的规律性和一致性，它不是偶然的行为，而是在同样情况和场景下可再现的行为。在此基础上，人格被认为可以根据一个人的一贯行为模式加以定义和描述，同时人格也体现了思考、认识和感觉上的一致性。如Rogers认为“人格是一个人根据自己对外在世界的认识而力求自我实现的行为表现”；Cattell认为人格是“对个体在特定环境中的行为预测”；Eysenck认为“人格是个人的性格、气质、智力和体格的相对稳定而持久的组织，它决定着个人适应环境的独特性”；Allport将人格定义为“人格是个体内部那些决定个人特征的行为和思想的心身系统的动力结构”。然而不论不同的人格心理学家如何对人格作出定义，其核心内容都是一致的。

人格（personality）是指一个人的思维、情绪和行为的特征模式，及其背后隐藏或外显的心理机制（Funder，1997）。它反映了个体在社会与生活环境中一贯表现出来的行为模式，也就是个体在一般情况下表现出来的稳定而可预测的心理特征。

笔记

二、人格基本特征

人格的构成极为复杂，但有其规律性的基本特征。

（一）稳定性与可变性

人格不是指一时的心理现象，而是人在较长时间的社会实践中，在适应或改变客观世界的过程中经常表现出来的特质。“江山易改，本性难移”，每一个体的人格都是相对稳定的。即使在其形成、发展与成熟等过程中的各个阶段，人格特点也会呈现出阶段的稳定性。人格的稳定性体现个体的某些特征，它让人与人从思维、情感和行为模式上区别开来，是区别每个人的关键所在。但人格并不是一成不变的。人在现实生活中复杂的经历，如年龄的增长，所处环境变化，遭遇重大压力事件，罹患慢性躯体疾病或精神疾患，经过系统的心理治疗后，都可能使个体的人格产生某些改变，即人格具有可变性。因此，人格是稳定性和可变性的统一。

（二）整体性

每一个人的身体特征、智能、志趣等方面各不相同，这些不同的方面构成了一个独一无二的个体。同样地，人格不是指单一的人格特质，也不是指许多孤立的人格特质的堆积，而是个人许多特质的有机整合。虽然人格是由各个方面和各种特质组成，但它们不是孤立存在的，而是密切联系并整合成的一个有机整体。这些成分在不同维度上相互协调，形成了个体人格及固有的行为模式，这就是人格的整体性。

（三）独特性与共同性

每个人的遗传素质、家庭背景、社会环境、学习条件、生活经历都不尽相同。在人群中各种人格特质以不同的方式进行着排列组合，因而造就了各自独特的人格特征，正如俗语所说“人心不同，各如其面”。同时，人和人之间有共同性，诸如某一个群体、某一个阶层或某一个民族可能具有某些共同的典型人格，它在一定范围内制约着独特性。

（四）遗传性和社会性

研究表明，人格不仅受遗传因素的制约，还受到社会因素的影响。人格的形成和发展既有生物因素的作用，也有社会因素的作用。人格是遗传因素和环境因素相互作用的结果。遗传因素为人格发展提供可能性，而社会因素使这种可能性变为现实。

三、与人格有关的概念

1. **气质**（temperament） 此词源于希腊语。古希腊医生 Hippocrates（前 460—前 370 ）提出人体有四种体液——血液、黏液、黄胆汁、黑胆汁，其组合构成人的体质。该理论认为这四种体液与特定的人格相关联，每种对应一个特定的情绪和行为模式，即气质类型。多血质表现快乐、好动；黏液质缺乏情感、行动迟缓；胆汁质易激怒易兴奋（体液中黄胆汁占优势）；抑郁质易于悲伤哀愁（体液中黑胆汁占优势）。虽然这一理论曾经影响深远，但已不为现代研究所采纳。然而气质这一概念仍为现代研究所沿用，多指人格中受先天生物学基础决定的部分。

2. **性格**（character） 此词来源于拉丁文，本意是铭刻或标记，在 19 世纪被广泛用于描述一个人行为中稳定、不易变化的特点。在 20 世纪的心理学著作中，这个术语已基本被废弃。不过在一些情况下这个术语经常作为人格的同义词与其互换使用，欧洲心理学家似乎更喜欢“性格”，而北美心理学家似乎更喜欢使用“人格”。Allport 选择使用“人格”，因为他认为在日常应用中性格通常包含类似“好的品质”这样的评价。

笔记

第二节 人格心理学概述

一、人格心理学简介

人格心理学是心理学的一个分支，它以人格为研究对象，以心理学的各种理论、方法来研究人格的形成、发展及表现。人格心理学不单单是为了定义人格，它的研究范围包括构建和检验关于人格的理论、阐述人格的发展、实施与人格有关的评估测量并进行实际的应用。人格理论是人格心理学的重要部分，它通过系统地对人格进行解释进而预测与人格关联的各种现象。人格心理学在发展过程中形成了诸多理论流派，包括精神分析理论、人格特质理论、行为学习理论、认知理论及人本主义理论等。某个特定理论往往关注人格的某个特定方面并提出一套被心理学所认可的假说和方法。理论观点也决定了与之相应的研究试图解决什么问题、采取什么方法、获得何种结论。精神分析理论研究的中心是精神分析；行为学习理论注重与人格形成和发展有关的学习过程；特质理论偏重于人格结构的分析研究；人本主义理论关注的是人的生存问题。通过这些理论的一步一步发展，我们对于人格这个复杂现象的各个方面的理解也才越来越清晰和透彻。

二、人格心理学的研究内容

人格心理学最终的目标是构建一个科学可信的人格蓝图，它将人置于生物和文化背景中，探寻影响人的各种因素，并描述和解释这些因素如何相互组合、相互作用从而构成一个独一无二的个体。人格心理学研究涉及的主要领域是人格结构、人格动力、人格发展、人格评估、正常人格与障碍人格五个方面：

1. **人格结构**（personality structure） 人格结构是指人格的基本要素。这些基本要素的动力组合可以解释个体之间的差异。而我们对于人格结构有三种假设。第一种假设人格为受驱力、知觉、需要、目标和期望所激励的动力实体。此假设用本能、主观知觉、最终目标、需要层次、自我、期望、个人构念、自我系统来解释个体差异。第二种假设人格是相对稳定的特质或个人倾向的技能。此假设用特质、因素、个人倾向来说明个体行为的一致性和差异。第三种假设人格源于相对稳定的个人倾向和与某一特定环境交互作用的认知 - 情感过程。该假设把第一种假设和第二种结合起来，加上具体情景变量来考虑个体的差异。

不管依据哪种假设，可以确定的是人格结构是存在的。针对人格结构，不同的假设发展出不同理论，这将在后面章节一一介绍。

2. **人格动力**（personality dynamics） 人格动力是指行为的内在原因。人格动力是人格心理学家早期关注的问题。上个世纪初英国心理学家 McDougall 提出本能说。受此启发，随后的人格理论提出人的行为主要受到缓解紧张和恢复平衡状态的内驱力所驱使，代表人物有 Freud 和 Sullivan。但这种理论被认为不能很好解释复杂的人类行为，因为人是有所追求和期望的，会根据已有经验制订计划，设定目标而后实行。人的行为更多是由他们对未来事件的期望所激发而非强化过去的经验。基于此，另一些理论认为行为的潜在推动力是维持紧张而不是降低驱力，代表人物如 Adler 和 Fromm。还有一些理论把上述两种假说观点综合起来对人类行为的内在原因进行阐述，代表人物如 Jung 和 Allport。无论这些理论的假设为何，它们都帮助我们通过行为的动力与目标，为达到这些目标所选择的途径或方案，以及他们与各种情境特征的关系，来更深入地理解人的行为及人格本质。

笔记

3. **人格发展**(personality development)　人格的发展是指人格在个体整个生命过程中的连续性和变化的过程。对于人格发展的研究主要集中在两个方面：一是研究影响人格发展的因素；二是研究人格发展的阶段及特征。

影响人格发展的主要因素是什么？这是一直以来争论较多的一个问题。部分人格理论家认为人格由遗传所决定，发展只是按照先天决定的程序而成熟的过程。家系研究、双生子研究、习性学研究等都揭示了源自遗传因素的先天反应倾向。另一些人格理论家认为人格是后天学习的产物，受到环境因素的影响，家庭结构、个体经历、教育模式、社会环境等都对人格产生着深刻的作用。更多的人格心理学家认为遗传和环境因素对人格的影响是不可分离的，人格的发展反映了两者不断交互作用或交换的过程。又因为人不只是被动地接受影响，而是具有选择和自我指导的能力，因而在人格发展过程中自我的作用也不可或缺。一些理论家认为自我是人格发展的第三决定因素。

人格是按照一定顺序，连续而分阶段发展的过程。人格发展的研究与人格结构、人格动力研究是分不开的。针对人格的发展有哪些阶段，各阶段有何特征，许多理论对其进行了解释。Freud 提出性心理发展的五个阶段，并且特别重视幼年期，认为这是人格发展的关键时期。Erikson 对这一理论进行了修正和扩展，更多强调社会文化决定因素，把人格发展分为八个阶段，每个阶段产生的时间由生物基础决定，但与某一阶段相联系的发展危机能否得到成功解决则由自我成长和社会环境决定。他特别强调青年期是一个关键时期。Sullivan 则以人际关系为主线，提出了七个发展阶段。他认为任何时期人格都有可能发生变化，但最可能出现在临界期，所以其也最值得关注。

4. **人格评估**(personality assessment)　心理学家一直在寻求通过简单而可靠的方法对人群进行分类，并通过这种方法对人在不同情境下的行为作出预测。人格评估就是科学地运用观察、访谈、自陈测验、投射测验等手段来获取信息，对个体的人格特征进行描述和分析。由于人格心理学家对于人格的假说不同，侧重点各异，所采用的技术及评估内容也有差异。精神分析理论和特质理论都强调人的内在组织结构，但前者采用投射技术，后者采用人格特质的维度进行归类，其评估的内容也不尽相同。但无论采用什么理论取向和技术方法，总的来说，人格评估的内容不外乎能力、需要、动机、兴趣、爱好、情感、气质、特质、人际关系、价值观念等。由于人格内涵复杂，而且表现出的行为特征不够稳定，常随情景的改变而改变，因此描述行为特征的人格评估也常引起争议。但随着特质理论的人格大五因子结构的发现和相关测量工具的成熟，人格评估及其相关研究也逐渐进入了一个新的阶段。

5. **正常与障碍人格**(normal and disordered personality)　障碍人格是指人格障碍(personality disorder)中所表现出来一种持久的适应不良的行为模式，它以人格结构和人格功能偏离正常为特征。虽然正常和障碍人格特质都受到遗传基础和环境经历的交互作用影响，但与正常人格特质相比，障碍人格特质受到环境的影响更大。一些人格心理学家认为导致障碍人格出现的主要原因是童年创伤性经验、人际环境、错误学习、认知歪曲、自我实现受阻等。划分正常和障碍人格需要一定的标准，为此人格心理学家开发了多种测量工具。经过了大量的调查之后，学者们一致发现正常人格和障碍人格是连续的，后者可以视为前者统计学意义上的极端。现在已有四种稳定的对应关系在不同文化中被证实：障碍人格的“情绪失调”维度与正常人格的“神经质”相互对应；障碍人格的“反社会”与正常人格的“宜人性”相互对应；障碍人格的“抑制”与正常人格的“外向性”相互对应；障碍人格的“强迫”与正常人格的“严谨性”相互对应。近来，浙江大学的学者们又发现了第五种对应关系——障碍人格的“怪异寻求”对应正常人格的“开放性”，并且这已经为越来越多的研究所证实。通过这种对应阐述，纷繁复杂的正常人格和障碍人格特质被描述成一种维度式的画面较清

笔记

晰地展示在我们面前。当然，对障碍人格的研究还在逐步进行，对其认识也逐渐深入，未来可能会有新的对应关系被证实。正常和障碍人格的成因、特征描述、划分标准、评估等的理论和实践问题仍是未来人格心理学研究的重要领域。同时由于障碍人格较典型地出现在人格障碍患者中，因此人格障碍也是人格心理学的研究范畴。

三、中国古代的人格思想

中国虽然不是人格心理学的诞生地，但在其传统文化中蕴含了丰富多彩的人格心理学思想。古代思想家所用的“人性”、“天性”、“心性”、“人品”等术语都或多或少地包含了人格的意味；文学家、戏曲家在小说、戏剧中刻画了一个又一个典型人物，对其人格的描写也栩栩如生；即便是史学家在史书中对许多人物的刻画和评价也无不体现了他们对人格的理解。诸子百家对于人都有相关的阐述，对人性的理解、对为人处世的要求、对人的判断与分类等等方面都包含了与人格有关的思想和理论。

(一)人性论

从道德这个维度出发，中国古代思想家围绕人类本性这个基本问题，提出过大约五种假说：①性善论。“人之初，性本善。”以孟子为代表的思想家主张人的本性是善良的，“人皆有不忍之心”。②性恶论。荀子等人认为“人之性恶，其善者伪也”，即人天性就有自私好利等恶的成分，只顺从本性便会造成坏的结果，唯有通过后天学习和努力才能向善。③无善恶。告子等人认为人的本性无所谓善恶，善恶是后天形成。④善恶混合。王允、扬雄等人认为人性中有善的一面，也有恶的一面，“论人之性，定有善有恶”。⑤人性有差异。持这种观点的人认为有些人本性善良，有些人本性则是恶的。如董仲舒“性三品”的思想，把人性分为上、中、下三等，即圣人之性、中民之性和斗筲之性。圣人天生即善，而下等的斗筲天生为恶，不受教化。

(二)古代有关人格的描述

我国古代对人的评判，更多重视道德和能力，如把才能与性格联系在一起称为“才性”，体现了对人格的一种整体认知。从这种整体的观点出发，孔子曾经把人划分为五种类型：第一种是庸人，其人心无规矩，口不择言，见小利而忘大义，迷恋物欲不能自持；第二种是士人，这种人心有所定，计有所守，虽不能十全十美，但必定有令人称道之处；第三种是君子，君子诚实守信，秉性仁义，明智豁达，守道不渝，自强不息，虽然可能他人看来无出众之处，但想达到其境界却很难做到；第四种是贤人，他们道德高尚，言行足以让天下人效法，能力超群，能够普济天下；第五种是圣人，这样的人已经达到天人合一的境界，通达无阻，有如神明。

《黄帝内经》中亦有对个体差异的描述，如《黄帝内经下卷·灵枢篇·通天第七十二》中按阴阳强弱把人分为太阴、少阴、太阳、少阳、阴阳和平五类。其分类更多偏重于对障碍人格特征的阐述：太阴之人，贪而不仁，喜欢索取而不愿付出，平时不动声色，但不识时务，遇事见风使舵；少阴之人，贪图小利，幸灾乐祸，心怀嫉妒，忘恩负义；太阳之人，喜欢表现自己，好高骛远，夸夸其谈，不顾是非，意气用事，不知悔改；少阳之人处事精细谨慎，自尊心很强，有小小地位就高傲自得，善于交际，不愿默默无闻地做事；阴阳和平之人，生活平静安稳不计较名利，心态平和无所忧惧，无大悲大喜，一切顺从自然，善于适应环境，又不固执保守。书中还提出不同人的外貌和行为表现，并强调了应因人施治。

三国时期的著名学者刘邵曾写了一部《人物志》，在这本书中他较系统地对人进行分类和鉴定。《人物志》在 1937 年曾被美国心理学家 Shryock 译成英文，书名为 *The Study of Human Abilities*：*The Jen Wu Chih of Liu Shao*。书中刘邵对人进行了详细的分类，将人的人格分为十二种，并讨论了每种人格特点的得失(表 1-1)。

笔记

表 1-1 《人物志》中提出的十二种人格特点

人格特点	特征	优缺点	交往、任用时注意事项
强毅	狠刚不和	厉直刚毅，材在矫正，失在激讦	可以立法，难与入微
柔顺	缓心宽断	柔顺安恕，每在宽容，失在少决	可与循常，难与权威
雄悍	气奋勇决	雄悍杰健，任在胆烈，失在多忌	可与涉难，难与居约
惧慎	畏患多忌	精良畏慎，善在恭谨，失在多疑	可与保全，难与立节
凌楷	秉意劲特	强楷坚劲，用在桢干，失在专固	可以持正，难与附众
辨博	论理赡给	论辨理绎，能在释结，失在流宕	可与泛序，难与立约
弘普	意爱周洽	普博周给，弘在覆裕，失在溷浊	可以抚众，难与厉俗
狷介	砭清激浊	清介廉洁，节在俭固，失在拘扃	可与守节，难以变通
休动	志慕超越	休动磊落，业在攀跻，失在疏越	可以进趋，难与持后
沉静	道思回复	沉静机密，精在玄微，失在迟缓	可与深虑，难与捷速
朴露	中疑实确	朴露径尽，质在中诚，失在不微	可与立信，难与消息
韬谲	原度取容	多智韬情，权在谲略，失在依违	可与赞善，难与矫违

清代的章回体长篇小说《红楼梦》，塑造了许多鲜明的人物形象。Fan 等（2018）从文化心理学的方面解读了《红楼梦》中有关障碍人格的描述，让我们从新的角度去思考古代中国文化中所蕴含的人格心理学相关内容。通过书中对人物的刻画，可以看出贾宝玉、王熙凤等典型人物存在的人格功能障碍和病理性特质，这些表现都有其家庭、社会及宗教因素的影响。

（三）人格的决定因素

我国古代也有许多关于人格形成和发展的观点，其中以“性习论”为代表。《尚书》中就提出了“习与性成”的观点。中国古代所说的“性”，一种是指先天生成的“生性”，另一种是后天习得的“习性”。古代思想家不论对人性的本质持何种观点，都认为人格是先天因素和后天因素相作用的产物，特别重视后天教育与环境对人格的影响。孔子说的“性相近，习相远”认为人的生性差别不大，人与人的差异主要是后天学习经验的结果。荀子认为“性”是“不可学，不可事”的，而善是“可学而能，可事而成”的，即善是后天环境和教育的结果。扬雄说“修其善则为善人，修其恶则为恶人”，也体现了类似思想。也有思想家强调后天学习对人的影响，如王夫之就提出“习与性成者，习成而性成也”。在强调教育和环境的同时，他们并未忽视人的主观因素。如孔子说“为仁由己，而由人乎哉？”一个人要成为怎样的人，也存乎于自己的选择。也有的思想家，对教育与环境的作用持不同看法。如老子、庄子就推崇人的自然本性，认为人的天性质朴完美，无需后天刻意教化雕琢。“绝圣弃智，民利百倍，绝仁弃义，民复孝慈，绝巧弃利，盗贼无有”。其观点虽然与其他思想家迥异，但其中对人本性的解读能够看到人本主义的影子。

（四）人格的评估

我国古代思想家很早就认识到心理现象如同物体一样是可以度量的。孟子就提出“权，然后知轻重；度，然后知长短。物皆然，心为甚。”古代对如何知人提出过许多颇有心理学意味的见解，其中某些具有人格评估的雏形。

《吕氏春秋》认为人“心隐匿难见，渊深难测”，但其外部有“微表”可审，并提出对人的“八观六验”。“八观”指鉴定人的八种具体观察方法，即“通则观其所礼，贵则观其所进，富则观其所养，听则观其所行，止则观其所好，习则观其所言，穷则观其所不受，贱则观其所不为”。“六验”是鉴定人的六种具体检验方法，即“喜之以验其守，乐之以验其僻，怒之以验其

笔记

节，惧之以验其特，哀之以验其人，苦之以验其志”。这种评估一个人的方法对后世有很大影响。

《人物志》的作者刘邵在总结了前人关于考核、品鉴人物的理论和方法后，提出“九征”、“八观”和“五视”。所谓“九征”就是通过人的神、精、筋、骨、气、色、仪、容、言的九种身体外部表现来了解人的人格和素质；刘邵总结的“八观”指从各个方面对人进行观察以对其才能和性情进行评判，总的来说即“一曰观其夺救，以明间杂；二曰观其感变，以审常度；三曰观其志质，以知其名；四曰观其所由，以辨依似；五曰观其爱敬，以知通塞；六曰观其情机，以辨恕惑；七曰观其所短，以知所长；八曰观其聪明，以知所达。”“五视”是通过观察人对居（普通）、达（发达）、富（富裕）、穷（穷困）、贫（贫贱）五种人生境遇的不同反应来鉴定其人格。刘邵的“九征”、“八观”、“五视”具备了现代人格心理学中观察法和心理测验的一些要素，他不但强调对人一时的观察和检验，也强调在不同情境状态下对人的观察和评估。

诸葛亮的《将苑》知人性篇中也提到了七种知人的方法。书中认为，虽然“知人之性，莫难察焉”，但可以通过“一曰问之以是非而观其志，二曰穷之以辞辩而观其变，三曰咨之以计谋而观其识，四曰告之以祸难而观其勇，五曰醉之以酒而观其性，六曰临之以利而观其廉，七曰期之以事而观其信”这七种方法对一个人加以评判。这种观察不是被动地，而是主动地创造条件来观察个体的行为，这与心理学研究中的实验法有一定相似性。

从上面我们可以看到，我国古代许多关于人及人性的思想与理论蕴含了人格心理学的雏形。其讨论的一些问题也正是现代人格心理学关注的主要领域，如人格的分类、影响因素和评估。但是这些思想还不系统，有的更多地偏向道德判断的成分，许多对人格评估的方法还处在幼稚的萌芽阶段，因此还不能成为一门科学。

第三节　现代人格心理学研究简史

人格心理学力图解决两个问题：一是理解人格的结构、起源及特点；二是根据此理解对行为进行预测。这些问题或多或少在人类发展过程中都有涉及。在很早以前人们就思考过，为了寻找这些问题的答案，前人提出了许多理论和见解。纵观哲学与科学发展史，能够发现大量对人格方面的论述，如人格的本质、人格结构、人格类型、人格动因、人格形成与发展等，这些论述对现代人格心理学的产生有深远的影响。现代人格心理学植根于这些古老的问题，其作为一门独立学科产生并发展起来也经历了较长的历史过程。了解人格心理学历史的有关内容，有三个很重要的原因：第一，寻源是人固有的兴趣所在，也只有通过了解一个学科过去的历史发展，才能知道“我是从哪里来的?”；第二，研究历史能帮助我们避免重走老路或重复过去的错误；第三，任何学科都不能脱离其周围的社会环境和价值潮流，只有这样我们才能更清楚地理解未来人格心理学的发展方向。

一、现代人格心理学的建立

人格心理学的正式出现通常被追溯到 Allport，Murray 和 Stagner 的时代。当时实验心理学倾向于元素的研究，关注外部刺激与可观察的反应之间的关系，力图寻求适用于个体的一般规律。德国心理学家 Stern 反对这种传统的元素主义心理学，他首先提出了人格的概念，并认为心理学要研究的是整体的人，即把整体作为研究的基本单位，关注的是人的动机，力图阐明人们是如何彼此不同又如何彼此相通的。

1921—1938 年是对人格的深入研究时期。在 1923—1928 年期间，美国心理学会依据其会员对人格研究不断增长的兴趣而定期召开例会，人格研究得到了众多方面的支持。美国第一篇关于“人格和性格”的心理学文献回顾出现在 1921 年（Allport，1921）。Allport 所

笔记

引用的大多数原始文献中都涉及特质，这说明在那个时期特质这一概念已经取得了理论上的优势地位（Parker，1991）。这篇文章主要关注“人格”与“性格”的差别，而当时的美国心理学家都将这两个概念通用。人格研究作为一个独立和自主的心理学研究领域出现的另一个迹象是 1921 年 *Journal of Abnormal Psychology* 扩展为 *The Journal of Abnormal Psychology and Social Psychology*。Allport 作为增加的编辑与 Prince 合作，在一篇联合的编者中，他们注意到心理病理学家和社会心理学都对“人类本性的动力”感兴趣，并在许多方面作出了贡献，包括“人类特质的基础研究”和“个体的人格”（Prince，Allport，1921）。发展后的杂志第一次出版的第一篇文章，是 Allport 兄弟的人格特质研究（Allport，Allport，1921）。1924 年 Allport 在哈佛大学开设了最早的人格心理学课程。1937 年，Allport 出版的 *Personality：A psychological interpretation* 标志着人格心理学成为独立学科。1938—1946 年这段时间是现代人格概念和方法真正得到巩固的时期，人格心理学作为心理系的一个学科也得到了广泛的制度上的认同（Parker，1991）。

从 20 世纪 30、40 年代至今，人格心理学经历了近一个世纪的成长。人格心理学建立初期，人格领域主要是由精神分析理论和特质理论主导。精神分析倾向于研究人格动力，寻求人们特征性行为的内在根源，强调潜意识和早期童年经验的作用。特质理论注重人格结构的分析，以创建人格特质的综合性描述的分类学为目标。随后的行为主义理论反对用人格特质、动机和基本冲突来解释行为，认为根据当前的刺激和个人在类似环境中过去的训练经验就可以解释行为的原因；认知理论则从个人构念、自我概念、自我效能等认知层面去寻找行为的动因，认为复杂的行为是按照人们的自我构念操作的，人们的认知不同因而行为也各异；人本主义理论则以正常人为研究对象，主要关注人格的目的和价值，研究人的存在、自我实现、生命的意义等重要问题。至今这些理论仍存在和发展着，它们及其相关研究构成人格心理学的主要部分，也推动着我们对于人格的认知向更深更广的方向前进。

二、早期代表人物

（一）Allport

Gordon Allport 的贡献是定义和系统化人格领域。他提出“应用必须以合理的理论为基础”（Allport，1967），并摒弃了当时已有的完全从实用角度而发展出来的特质测量工具，转而采用行为主义对特质的定义，设计出用于测量特质的工具。

1922—1923 年，Allport 在德国读博士后期间接触了完形的研究取向，如格式塔心理学、Spranger 的知觉方法以及 Stern 对人格整体性和唯一性的强调。这些影响特别明显地反映在 Allport 后来的一些观点中，如“特质”的定义、动机的概念以及对个人记述与共同规律方法的区分等。

Allport 1937 年对当时的人格定义和研究方法进行了调查，又一次强调将特质作为人格研究的基本单元。Allport 认为，特质是具有动力或动机特征的神经心理系统。John 和 Robins（1993）断言 Allport 是“五因子模型之父和批评家”。Cohler（1993）认为 Allport 对人格研究的首要贡献不在于理论概念、方法学的确定或实证研究等问题，而更多地在于理解该领域主要问题的卓越才能。

（二）Murray

Henry Murray 先从事精神分析和变态心理学研究，而后进入人格研究领域。他的主要贡献是拓宽了学科的界限。Murray 的折中、多方法研究取向反映了他的医学教育背景和非实证主义科学哲学以及精神分析的理论。同时，他深厚的化学背景也渗透到了他的工作之中，他用化学周期表的分类方法对“人格变量”进行分类。

Triplet（1983，1992）认为，Murray 的工作对于拓宽人格心理学的研究领域具有复杂的

笔记

影响作用，他证明了实验技术在研究精神分析概念中的作用，拓宽了人格心理学的定义，对提高精神分析理论的学术地位起了重要作用（Smith，1990）。他最有影响力的工作是对“人格变量”的分类和推动主题统觉测验（thematic apperception test）的发展，详见第二章。

（三）Cattell

在人格心理学的历史中，另一位重要人物是 Raymond Cattell。他师从 Charles Spearman——因子分析技术的首创者。Cattell 将许多概念上的改进和精细的方法，特别是将相关分析、因子分析及其他多变量分析方法引入人格领域。

在回顾已有的人格测量文献时，Cattell 首先区分了不同种类的资料：由熟练的评价者所做的评分（R 资料），实验情境或测验的测量资料（T 资料）和生活结果的资料（L 资料）（Cattell，1957）。Cattell 认为从长远看测量资料最好，而从预测性来看，他更倾向于评分法。

与 Allport 一样，Cattell 也把特质作为人格的基本概念单位，但他同时也继承了 Murray 的精神，将动力特质、气质特质、能力特质区分开来。根据他的观点，每一种特质在构成它的变量与外界情境之间都有着自己的相关关系模式：动力特质会随刺激的变化而加以反应，并表现出相关关系，而气质特质变量则相对稳定。Cattell 对人格研究的主要贡献在于通过数学和统计学的方法对特质所做的分析。

考虑到人格心理学家手头大量可以利用的研究资料——相当多的变量以及变量后大量的影响因素——Cattell 采用相关和多变量分析方法来简化资料。他认为特质的本质在于共变和相关，并通过计算各变量之间的相关系数来寻求共同的因素（Cattell，1946）。

Cattell 的第一项大规模的人格调查（1945）是要求 208 个人用 Allport 和 Odert（1936）所选出的 4504 个特质词划分为 335 组特质词对同伴进行评估。在对这些数据进行因子分析后，他尝试了各种旋转方法，最后根据斜交旋转得出了 12 个因子，这一结果与其他探究进行聚类分析的结果一致（这种旋转过程若现在采用电脑计算只需几秒钟，而当时 Cattell 花了 6 个月的时间）。

三、后期发展

到 1946 年，人格心理学的主要概念和议题已经建立起来了。对几乎所有人格心理学家来说，特质都被视为人格的主要元素。很多人甚至认为特质是唯一的人格元素（Buss，1989），但也有人主张动机与此有明显的不同并强调它的重要性。等级评定量表和问卷在人格测量，特别是特质测量中，已牢固地确立为首选的方法。下面从特质、动机、心理测量技术以及文化对人格心理学近 50 年的发展状况加以介绍。

（一）人格特质

在人格心理学中，特质这一概念用以指代一致的相互关联的行为模式，特别是表现性的或风格性的行为，详见第二章。人格心理学家常使用三种不同的策略：因子分析和相关的数学方法；推论或先验理论，往往包含类型学的构建；以及个人记叙研究取向。关于人格特质的因子分析理论和其生物学基础得到了广泛关注。

1. 特质的因子分析研究 随着计算机技术的发展，因子分析成为理解特质的可选方法。到 20 世纪末，许多人格心理学家已经达成了这样一个共识，即特质领域的代表性理论——大五理论。大量的研究以不同的方式测得的正交旋转因子：外向性（extraversion）、宜人性（agreeableness）、严谨性（conscientiousness）、神经质（neuroticism）和开放性（openness to experience）。在 20 世纪末，五因子的特质模型并没有取得完全的霸主地位，比如 Eysenck 和他的追随者倡导的三因子模型——外向性、神经质和精神质（psychoticism）。Gough（1957）编制的加州心理测验（California Psychological Inventory），该量表包含了一些诸如“成就感”、“社会性”或“支配性”的概念。在其后来的一个版本中（Gough，1987），他采用聚类

笔记

方法构建了与Eysenck三因子有些相似的三个维度。

2. 特质的生物学基础 从Galen著名的体液学说开始，人们已在思索人格或精神与生物体之间的联系。在20世纪中期，Eysenck开始不懈努力将外向性、神经质和精神质等特质因子与神经系统结构和功能的个体差异联系起来。刚开始时（Eysenck，1957，1967），他使用的是Pavlov的兴奋和抑制概念，后来（Eysenck，Eysenck，1985；Eysenck，1990）转向了唤醒和网状结构、边缘系统等大脑结构。Cloninger（1991）从相反的方向着手，通过神经生化通路的个体差异来界定反映人格特质的量表。评估遗传对特质差异所起作用大小的遗传率研究曾轰动一时。虽然有一些进展，但将人格与生物学联系在一起的明确的、可重复的研究成果直到20世纪末仍不多见（Buss，1990；Zuckerman，1991）。

（二）动机概念

动机——这一人格概念是建在这样一个基本假设上的，即大多数行为都有一定的目标指向，并在趋避目标的过程中表现出智力性反应。

Freud把动机置于人格的核心地位，他主张所有的行为都是动机驱动的。Freud关于所有行为都为动机所驱使的主张使得引入潜意识动机和意识外的动机这一概念成为必须。为了解释动机为什么会是潜意识的，Freud假定了本我、自我和超我这些结构。为了回答动机如何变成潜意识的问题，他引入了防御机制这一概念。防御机制能以各种方式改变动机而缓解焦虑。

多年来，心理学家做过大量的实验研究来评价精神分析理论，特别是其中的防御机制。20世纪70年代后，随着认知研究的发展，研究者从复杂的信息加工机制的角度来理解或解释精神分析概念（Erdelyi，1974，1985；Kihilstorm，1990）；同时，关于阈下动力激活的研究也为潜意识过程和特殊的心理动力的存在提供了实证（Weinberger，Silverman，1990）。另有心理学家采用理论上中性化的概念如"内隐"的心理机制（Greenwald，Banaji，1995）来描述这些"潜意识"效应。

Allport（1961）认为精神分析过分注意研究成人的行为在童年期的动机根源，他提出动机的""功能自主"概念，这一概念是指在某一时点影响成人行为的动机并非起源于童年时期原始的内驱力，而是存在一种"习得系统"。

Murray在其著作*Explorations in Personality*中介绍的主题统觉测验无疑是最著名和应用最广泛的。心理学家发展出了许多方法来解释和评估主题统觉测验，特别是McClelland开创的源于实证的动机测量。McClelland在行为主义鼎盛时期在耶鲁大学学习。他及其同事利用实验程序唤起了诸如饥饿、成就（McClelland et al.，1953）、从属和权力等动机（Smith，1992），通过观察用主题统觉所唤起的变化来界定动机评定体系。

利用主题统觉测验，McClelland将人格心理学的应用拓展到了其他社会学科中。例如，成就动机在企业发展和经济增长中是一种重要的人格推动力量（McClelland，1961；Spangler，1992），而权力动机则与感召力及管理成功有联系。在一定的情境下，权力动机与交感神经系统兴奋有一定的联系，因而导致心血管疾病、免疫系统功能减弱及易患传染病等（McClelland，1989）。高权力动机和低从属动机与攻击和战争有联系（Winter，1993）。

（三）心理测量技术

智力测验在20世纪初所取得的声望和成功使得很多人格心理学家相信人格也可以用相似的方式通过量表来加以测量。虽然因子分析是这一想法的典型代表，但在同样的普遍信条指导下人们发展出许多其他不以因子分析为基础的量表、调查和问卷。

随着量表构建与修正所使用的统计方法日渐复杂，心理测量规则手册也逐渐扩展而开始诸如重测信度、内部一致性、聚合-区分效度、衰减校正以及"特质"与"状态"的区分等内容。一些心理学家则坚持认为，心理测量规则不恰当地限制了人格理论的构建和研究，因

笔记

为它们没有考虑到一个概念各部分之间非线性、交互作用的或功能是可替换（但不相关）的关系（Atkinson，1982；Fleming，1982）。有关人格测量的内容，详见第八章。

（四）文化和人格的关联

文化和人格运动产生于20世纪30年代，当时人类学家和精神分析学家都对对方的学科产生了兴趣（Inkeles，Lewinson，1954；Kluckhohn，1954）。其隐含的理论观点是，起源于文化中的较一般的特征和价值观，其儿童教养模式形成了该文化的儿童独特的人格特征。第二次世界大战期间，文化与人格的研究主要通过研究敌人和盟军来实现。第二次世界大战后，许多跨学科学者涉足特定文化与人格研究（Kluckhohn et al.，1953；Cohen，1961；Le Vine，1982）。到20世纪50年代后期，随着第二次世界大战的胜利，政治学家和经济学家中冷战猜疑和传统占主导地位，学术气氛出现了明显的变化，该领域几乎完全依赖于感想或小样本的方法，到20世纪60年代早期，文化和人格研究几乎绝迹，只有少数学者还在进行一些跨文化人格研究（McClelland，1961）。20世纪80年代后，部分学者详细阐述了人格对社会结构与文化的不同影响（Barrett，Eysenck，1984；House，1981）。

在20世纪最后的10年中，随着社会的日益全球化，人格心理学开始受到文化心理学观点的影响（Shweder，Sullivan，1990；Shweder，1991）。有些学者研究了特定文化中的心理过程；另有一些学者试图寻找一个更全面的跨文化框架（Berry et al.，1997）。Hofstede（1980）确定出四个不同的文化维度：个人主义 - 集体主义、权力范围、不确定倾向以及男女关系的形成。但迄今为止，只有第一个维度受到对文化感兴趣的人格心理学家的关注（Markus，Kitayama，1991）。

四、未来的方向

（一）背景重要性

首先，我们认为人格心理学家需要增加对背景事件的注意。无论人格在遗传基础或生理基础怎样，人格表现都会以很复杂的形式受到社会背景众多维度影响，如情境背景、同辈群体、家庭、协会、社会阶层、国家文化历史以及性别等。各种不同的环境会改变人格的变量，例如Jeronimus（2014）的研究中发现，神经质与生活事件相互作用，无论其是正性还是负性事件。

（二）人格多样性

人格研究的历史涉及过去一个世纪里许多杰出人物的学术背景和他们所受的教育。Freud是一位精神病学家，Murray是一位具有生物化学博士学位的外科医生，Cattell在统计学方面有很深的功底，Rogers在转入心理学界之前曾在神学院学习，Eysenck最初曾准备学习物理，Kelly开始是航空工程师，而Allport的研究中糅合了心理学和社会伦理学的内容。

因而作为一门学科，人格研究的内容因为这些学者跨领域的知识、观点和兴趣而得到极大地丰富。随着社会越来越认同人格多样性，人格心理学需要确保它的理论家和研究者在未来具有不同的学术背景和职业培训经历。

第四节　研究方法

一、相关研究

人格心理学中研究的许多变量本质上是相关的，因此相关研究是人格心理学常用的方法之一。相关法（correlational method）或相关分析（correlation analysis）是运用统计方法确定两个或多个变量之间是否存在着相关关系的一种方法。其一般表现形式为研究两个变量

笔记

是否以某种方式一起出现或变化。如童年时期的体罚经历是否与青少年的暴力行为有联系？具有较高冲动-感觉寻求特质的个体是否更容易出现药物滥用的行为？诸如此类。

相关研究的主要特征是对被试的环境不做任何人为的操纵或构建，只对研究变量进行观察测量，运用统计学方法计算两个变量之间的相关系数（r 值），根据相关系数是否具有统计学意义和实际意义以及相关系数的正负和大小来揭示两观测变量之间的关系。

相关研究能够帮助我们揭示许多人格相关变量之间的关系，但根据相关关系的结果并不能得出因果结论。同时有些变量之间的联系并不是直接相关那么简单，两个变量之间没有发现显著的相关性不代表二者之间没有任何联系。另外由于统计检验中的 p 值受到样本量等因素的影响，大样本数据中两变量的相关很容易得到显著的结果，但 r 值可能很小，而可能不具有实际意义，这都是相关研究中需要注意的问题。

二、实验研究

实验法（experimental method）要求研究者严格控制实验条件，系统操控或改变某些变量，观测它们对其他变量的影响与作用。研究者操控的变量称为自变量（independent variable），其他受自变量影响而变化的变量统称为因变量（dependent variable）。实验法的优点是能够提示和验证因果关系，但是严格控制实验环境和条件，难免有人为的不真实的成分，因而其结论常常难以直接推广到现实生活中。同时实验结果有时会受到潜在混杂因素的影响，使得得出的结论不够准确。对于前一个问题，一种解决方法是采用现场实验法（field-experiement method）。这个方法兼具自然真实和严格控制的特点，其结果可能更加真实可靠。

人格心理学的实验研究由于是以人作为实验对象，它尤其重视伦理学问题。实验开展之前整个实验设计需要得到伦理委员会批准。在实验之前有时虽不能告知参与者整个实验的本质，但需说明可能对参与者造成的不利影响，并告知参与者的权利，如有权利选择是否参加以及随时退出。得到参与者口头或书面知情同意（informed consent）之后方能进行实验。实验结束后，实验者有义务向参与者解释实验的目的和确切本质。

三、个案研究

个案研究法（case study method）用多种方法收集一个或几个被试的各方面资料并进行较长期的集中研究。它以个体为研究对象，通过访谈、观察、测验等多种方法广泛收集个体的成长史、生活史、家庭关系、生活环境及人际关系等资料，以便对个体的人格进行全面而准确的定性描述。

个案研究是人格心理学早期的主要研究方法，Freud 和 Allport 都采用过个案研究的方法，并在此基础上提出过许多观点和理论。个案研究的优点是能够使我们对于特定的个体有深入的了解，从而有新的发现与想法，提出新的研究思路和假设，并通过其他的研究以完善理论的发展。但个案研究法存在较大的局限性，由于个体行为具有独特性，所以它所涉及的数据不能推广到普通人群。

在进行人格研究时，根据研究目的和性质需要选择合适的一种或多种研究方法，以便互相补充，取长补短。同时这些方法也是随着研究工作的推进及技术的更新而逐渐改进。

（王　伟　王佳薇）

笔记

第二章　人格理论

心理学家们一直试图对人格进行系统的探索。由于理论性质本身容许理论创建者从某一特殊的观点进行思考，再加上创建者自身因素的影响，从而出现了人格理论的百花齐放，像 Sigmund Freud、Alfred Adler、Carl Jung 和 Hans Eysenck 等，都推动着理论的发展。要指出的是，一种理论的效用并不取决于其常识价值和与其他理论的一致性，而是取决于它能否推动研究，能否在实践中得到有效运用。

第一节　人格的精神分析理论

一、Freud 经典精神分析理论

Sigmund Freud（1856—1939）是第一个被认可的人格理论家，他的精神分析理论对心理学的发展产生了极其广泛和深远的影响。他对人格理论最重要的贡献在于他对无意识的探索和他坚持认为本能力量是激励人的主要因素，人格理论内容主要包括人格结构、人格发展动力、人格发展阶段和人格适应等内容。

（一）人格的心理结构

Freud 认为人的精神活动会在不同的意识层次里发生和进行，不同的意识层次就像深浅不同的地壳层次一样，包括了意识、前意识、潜意识这三个层次。意识是心理结构的外表，是人的精神结构中很小的一部分。意识来源于感官经验，指的是能够被自己意识到的心理活动，是人们可以用语言描述并可以进行逻辑思考的部分。前意识位于心理结构的意识与潜意识之间，是二者的中介环节，其功能主要是审查，将危险性和破坏性不大的潜意识放过关卡，而将危险性和破坏性大的内容挡在关卡之外，对其保持警惕。潜意识处于心理结构的最底层，由各种最原始的、未经丝毫雕琢掩饰的、赤裸裸的本能和欲望构成。Freud 将潜意识看做是这些本能和欲望的仓库，但进入潜意识并不意味着消失不见。潜意识中的本能经常力求进入意识，只是不再以原来的形式，而是以伪装或歪曲的形式出现，推动着个体的活动，是人类一切活动的动力源泉。

1923 年，Freud 在 *The Ego and the Id* 中提出人格结构学说，认为人格结构包括本我（id）、自我（ego）、超我（superego）三部分，三个部分相互作用导致了人格的复杂性。

本我，是与生俱来的，是人格系统中最隐私、最原始的部分，是人的本能需求在心理上的表示，是心理能量之源。本我包含生存所需的基本欲望、冲动和生命力，是人的本性的自然性或动物性的一面。它遵循快乐原则（pleasure principle），追求本能冲动和被压抑的欲望的满足，不受理智和逻辑法则的约束。当这些本能和欲望不能及时满足就会带来紧张，本我则通过初级过程（primary process）形成心象来满足需要，消除紧张。心象一般是对本能所指向的可以获得满足的事物或人的幻想、梦或错觉，所以无法单独长久地起到作用，因而

笔记

这种紧张的消除只是暂时的。

自我，原意即指“自己”，指可意识到的执行思考、感觉、判断或记忆的部分。自我在婴儿期由本我产生，是本我与外部世界之间的中介，代表着理智和理性。自我大部分发生在意识和前意识层面，同时因为和本我的联系，使得自我也可以发生在无意识层面。它遵循现实原则（reality principle），为本我服务，一方面将外部世界改造成为本我所用或将本我的需要转化为行为；另一方面，自我控制或延缓本能愿望的满足，让本能愿望在合适的时机得以满足或压抑本能愿望。自我这种根据现实来调整本我无节制的本能愿望的过程称为次级过程（secondary process）。

超我，人格结构中代表理想的部分，是个体在成长过程中通过内化道德规范、内化社会及文化环境的价值观念而形成，主要功能是监督、批判、奖惩及管束自己的行为，遵循道德原则，追求完美，要求自我按社会可接受的方式去满足本我。超我大部分也是无意识的。超我最初来自于父母。儿童为了获得父母的爱、避免惩罚，去做父母认为对的事情，避免作出不对的事。超我和自我一样，在意识、前意识和潜意识三个层面起到作用。当超我出现在潜意识层面时，我们往往意识不到情感、行为的来源。当超我过分强大，使自我难以达到超我的标准，人们就会体验到“道德焦虑”。

本我、自我、超我并没有好坏之分，三者通过冲突达到一种微妙的平衡。本我要求本能的愿望立即得到满足，而这常会与超我的道德标准发生矛盾，本能的冲动会受到自我和超我的控制，自我要平衡本我和超我两方面的要求，还要使行为符合外部世界的要求。一个人在社会化时要保持心理健康，这三个部分必须是和谐的。

（二）人格发展动力

Freud 认为人是一个复杂的能量系统，推动个体行为的内在动力被称为 Trieb。Trieb 一般被翻译为本能，也有研究者将其译为内驱力。Freud 将本能分为两类：生本能（life instincts）和死本能（death instincts）。

生本能，又称性本能或爱洛斯（Eros），是一种生存、发展和繁殖的力量，是潜伏在生命自身中的一种进取性、建设性和创造性的活力，指向生命的生长和增进，也常常表现在人们的乐观、向上、爱等方面。它含包生存、繁衍以及快乐等一系列的内驱力。Freud 十分强调和注意生本能的地位和作用，认为生本能是所有本能中最重要和最活跃的因素，性的冲动是神经病和精神疾病的重要起因。生本能所产生的能量叫力比多（libido）。Freud 把 libido 概念泛化为一种包罗一切爱的或生命本能的力。

死本能，又称死与攻击的本能或塔那托斯（Thanatos）。Freud 认为所有生命最终的目标是死亡，并提出死本能的概念，但死本能的表达常常被生本能所阻止，所以死本能大多是无意识的并很少表现为明显的自毁行为。而在大多数情况下，死本能由于生本能的阻止并不指向自身，而是转向外部，表现为攻击行为。研究者认为，攻击性行为表达的是自我破坏的欲望，只是这种欲望向外投射到了他人身上。

（三）人格的适应-心理防御机制

Freud 在 1926 年最先提出防御机制的概念，其女 Anna 作了进一步的补充。心理防御机制是自我的一种防卫功能，是自我处理超我和本我之间的冲突，使超我的监督可以接受本我的欲望，得到满足，缓解焦虑、减少痛苦的一种方式。自我建立防御机制的目的就是避免直接与性和攻击本能冲动打交道，避免由于本能冲动带来的焦虑。建立和维持心理防御机制需要消耗心理能量。如果在心理防御上消耗了过多的能量，那么能满足自我冲动的心理能量就会减少。Freud 提出的防御机制，主要包括压抑、升华、替代、否认、反向形成、合理化、投射、退行等各种形式。人们在正常和病态情况下都在不自觉地运用。运用得当，可减轻痛苦，帮助渡过心理难关，防止精神崩溃。反之，就会表现出焦虑、抑郁等病态心理症状。

笔记

1. **压抑**(repression) 是防御的基本机制，是自我通过努力将那些具有威胁的或引发痛苦的东西排除在意识之外。压抑可以是有意识的，但大多数发生在无意识层面，是一个主动、稳定的过程，看似有效，但需要自我持续消耗能量。压抑大量强烈的想法和欲望会耗尽自我的能量，使得自我没有能量运作，最终会导致病态的心理症状。

2. **升华**(sublimation) 将本我的欲望和冲动转化为被社会所接受的形式进行表达。如当我们把攻击性的冲动直接表现出来，可能会被惩罚，但如果把这种冲动升华为武术、运动比赛之类的活动，就可以被接受，并且因为这些活动而得到奖励和赞誉。通过升华，本我可以表达冲动和欲望，且自我无需消耗能量，因而 Freud 认为升华可以有效地防止问题发生，是成功、成熟的防御机制。

3. **替代**(displacement) 与升华相似，替代将冲动由原先可能会带来威胁的目标转向没有威胁的目标上，如孩子将对父母的愤怒转移到弟弟妹妹身上。Freud 认为许多不合理的恐惧都来自象征性的替代。

4. **否认**(denial) 即个体拒绝承认那些可以引起焦虑的事件或情况的存在。和压抑不同，否认并不是不记得这些事件，而是即使有充分的证据也坚持认为这些事件是不真实的。当个体运用否认越多，与现实的接触就越少，会使得心理机制的运作产生困难。

5. **反向形成**(reaction formation) 即我们按照无意识欲望相反的方式行动来回避具有威胁的冲突和欲望。如当一个孩子对新出生的弟弟妹妹怀有敌意，他可能会通过反向形成，表现出对弟弟妹妹过分的关注和爱。Freud 认为我们很难用言语表达一个行为是源于表面动机还是源于反向的冲动，因而反向形成往往要反应范围来表现。如果一个人的行为或反应似乎与情境相脱离，那么这可能就是反向形成。

6. **合理化**(rationalization) 是在行为发生后进行逻辑解释的防御机制，由内部潜意识动机驱动，即我们有时候对于自己行为的解释并不一定和真正原因一致，甚至和真正的原因相去甚远。过多地使用合理化，会导致不合逻辑的行为，并带来危险的后果。

7. **投射**(projection) 即我们把个人无法接受的冲动、欲望或特质归咎于他人，以减轻自己的焦虑。如当我们讨厌某人时，直接表现出讨厌的情感或作出敌意行为会给我们带来焦虑，通过投射，我们会发展出类似“他讨厌我”的解释。在这种情况下，我们再表现出对对方的敌意就不会给自己带来焦虑和威胁。因而投射可以帮助本我的欲望以一种自我和超我都无法辨认的形式释放，并避免威胁和焦虑。

8. **退行**(regression) 指当人们面对威胁或压力时，放弃成熟的应对策略，回到生命早期的固着的阶段，以一种简单幼稚的方法应对。如一个成年人在焦急无助的情况下像个孩子一样嚎啕大哭。

(四)人格的发展阶段

Freud 根据性兴奋的不同部位提出了人格发展各年龄阶段，主要包括 5 个阶段：口唇期、肛门期、性器期、潜伏期和生殖期人格。具体内容详见第四章。

Freud 的理论是第一个综合性的人格理论，而且是以往人格理论中最全面的理论，涉及性、发展、能量、攻击、冲突、神经症、梦等诸多方面，为人格心理学提出了重要的研究问题，并且一直影响着心理治疗的理论和实践。另外，Freud 的理论在心理学之外的领域，如艺术创造、教育及其他人文科学等各方面都曾得到过广泛的应用。但是，Freud 过度夸大了潜意识和本能的作用，贬低了意识的调节指导作用，忽视了人的社会属性。

二、新精神分析理论

Freud 理论曾经对心理学发展起到了重要的影响。许多心理学家在其影响下，也不断发展新的内容，如 Adler、Jung、Horney、Fromm 和 Murray 等接受了 Freud 的某些观点，但各

笔记

自研究的侧重方向不同，提出修正意见，被归类于新精神分析。

(一)Jung的分析心理学

Carl Jung(1875—1961)，瑞士著名心理学家、精神分析学家，现代心理学的鼻祖之一，创立了分析心理学(analytic psychology)。他率先对成人心理进行发展理论的研究，从整体上把握个体发展的历程。他重视潜意识和精神整体，认为发展心灵的平衡力量是追求人生未来、幸福的金钥匙。

1. **人格的结构** 对于人格结构，他将人格分成意识、个体潜意识和集体潜意识。意识部分即"自我"。他进一步指出，"自我"直接展示给外部世界的并不是个体的本来面目，而是表现给其他人看的"公开的自我"，表现着人所选择的特定角色，而较深层的情感则隐藏在后面。他认为自我不是从原始性本我分化出来的，也不仅仅是在本我与超我之间发挥作用，他具有独立性、连续性和统一性。一个人格健康的人，实际上是一个自我发展良好的人。

Jung将个体潜意识和集体潜意识看作是自我发展的本源。个体潜意识有些类似于Freud概念体系中的潜意识，其中蕴含着过去的经验，这些经验是被遗忘了的；还包括一些无法意识到的微弱的感觉经验(Jung, 1969)。集体潜意识则是最难触及的意识层面，也是心灵中最为神秘的领域，可以看作是人类发展过程中长期积累形成的一种普遍存在的原始观念，受种族、文化等影响。集体潜意识由原型(archetypes)组成，这些原型从人类产生就存在，为人类所共有。原型可能来自于远古人类在艰难的生存过程中获得的宝贵经验，是人类在漫长历史中智慧的结晶。Jung理论中几个著名的原型包括：

(1)阿尼玛(anima)和阿尼姆斯(animus)：阿尼玛是指男性具有的女性的一面，是男性潜意识中女性化的对应物；阿尼姆斯则是女性具有的男性一面，是女性潜意识中男性化的自我。在Jung的理论知识中，我们的爱情就是将潜意识中的男性或女性的原型投射到对方身上。交往的对象越是与我们的阿尼玛或阿尼姆斯匹配，我们就越愿意与对方发展恋爱关系。

(2)人格面具(persona)和阴影(shadow)：是彼此对立的原型。人格面具是我们展现出来、可以被社会接受的一面，代表了每个人理想中的自我；阴影则是我们人格中阴暗的、不被接受的一面。阴影包括我们被压抑的情感、不被接受的动机和欲望，这一部分阴影存在于个人潜意识中；阴影还有一部分存在于集体意识中，是人类遗留下来的恶的一面。

2. **人格的动力** Jung将人格结构视为由很多两极相对的内动力所形成，例如意识与潜意识，升华与压抑，理性与非理性人格的内向与外向等。他用心灵能量(psyche energy)来代替libido，认为"自我"的行动可能反映两种态度，即能量指向内部的"内向态度"或能量指向外部的"外向态度"。人格的成熟是不断趋于平衡的人格结构，只有心灵达到平衡(包括意识与无意识之间的平衡、感觉与直觉之间的平衡、人格面具与真我之间的平衡、内向态度与外向态度之间的平衡)的境界时，人才会变得更充实，并更具有人性。获得平衡的过程是自我实现的过程。

3. **人格的发展** Jung认为人格发展是连续化、统和化、个体化的成长历程。在这期间，最重要的是两极相对的内在动力，不断调和，趋于并偏向稳定。个体发展由内在的两极相对达到相互融合的程度，人格发展即基本成熟。由此，Jung认为30岁以后的成年期是人格发展成熟的年龄。

(二)Adler的个体心理学

Alfred Adler(1870—1937)是人本主义心理学的先驱，他推动了由生物学定向的本我转向社会文化定向的自我的发展。他认为人是社会性的动物，受社会驱力的支配，而不是生物本能。Adler将自己的理论称为个体心理学(individual psychology)，他认为个体的动机是独特的，强调个体的目标指向，关注社会环境对个体的影响。

在Adler(1930)看来每个人生下来就有一种自卑感(inferiority feeling)，正是这种自卑感促进个体不断改善，人格的发展也是在对自己的不完美状态不断进行抗争的过程中得

笔记

以进行。Adler 认为当我们在克服自卑感时就会激发一种补偿过程，促使人们去追求卓越(striving for superiority)。但如果自卑感过于强大，则会导致自卑情结(inferiority complex)，妨碍个体对卓越感的追求。Adler 指出有两种情况会导致自卑情结：一种是被忽视，忽视会使个体自我价值感丧失，且带来巨大的难以克服的自卑感，从而导致自卑情结；另一种是童年期的溺爱，Adler 指出对孩子的溺爱会阻碍他们追求卓越，导致自卑情结。具有自卑情结的人会有无助感，且自我评价较低，无法应对生活的要求，在行为上表现为消极或者逃避。但有时，强烈的自卑情结也会表现为个体在生活中过度补偿，会进一步导致优越情结(superiority complex)，即过度地甚至不惜一切地去追求优越感。具有优越情结的个体会表现出夸耀、虚荣和自我中心的特点。

每个人的最终目标都是追求卓越，但每个人达到这个目标的行为模式都是不同的。Adler 把每个人在补偿自卑感、追求卓越的过程中形成的独特习惯或行为模式称为生活风格(style of life)。生活风格决定了我们会注意什么、忽视什么，以及我们所持有的态度，是指导个体行为的框架。Adler 提出了控制型、索取型、回避型以及社会型四种生活风格，但他认为应避免对个体进行严格的分类。

创造性自我(creative self)是 Adler 的理论中另一个重要观点。他认为，人类不是环境或遗传影响的简单消极的接受者，人可以有目的地生活，每个人都有机会选择生活方式。如 Adler 所说："正是他对生活的态度，决定了他与外部世界的关系"。Adler 认为是个体创造了自己的生活风格，而不是被动地由环境和遗传所塑造。相反的，个体能够基于遗传和环境予以我们的能力和经验去创造独特的生活风格。

Adler 也认为个体童年生活对个体成年后的人格形成是非常重要的。不同的是，他还强调了父母对孩子成长的影响以及出生顺序在人格中的影响。具体内容详见第三章。

(三)Horney 的文化心理学

Karen Horney(1885—1952)，德裔美国心理学家和精神病学家，精神分析社会文化学派的主要代表人物。Horney 主张文化环境尤其是人际关系对人格发展起决定性的作用。她不同意 Freud 的生理性本能和情结说，认为性本能说完全歪曲了自我和环境的关系，忽视了文化因素对人的影响。人的行为与人格发展的主要动力不是本能驱力，而是以环境因素为基础的。家庭环境与教育对社会行为方式与人格发展有着决定作用，而且精神病是后天造成的，是可以防治的。

Horney 提出基本焦虑(basic anxiety)的概念来取代 Freud 对性驱力的强调。基本焦虑是儿童对独处、无助和不安的恐惧，来源于儿童与父母关系中存在的问题。在缺乏温暖、关注和尊重的家庭中成长的孩子，其基本焦虑表现得更为突出。基本焦虑在童年时期形成，以一种潜意识的、非理性的动力影响着个体整个成年期的社会行为和人际关系。

为了应对基本焦虑，个体会采取不同的方式：认为顺从是最好的应对方法的个体会采取消极方式(passive style)；认为斗争是最好的方法的个体则会采取攻击方式(aggressive style)；认为以简单不掺杂情感的方式是最好的方法的个体会采取回避方式(withdrawn style)。Horney 根据人们应对焦虑的不同方式，提出了神经症患者的三种交往风格，即接近他人(moving toward people)、反抗他人(moving against people)和逃避他人(moving away people)。接近他人的个体，总是试图讨好别人，不加选择地依附于他人，争取被他人喜爱。反抗他人的个体，寻求权利、认可和钦佩，他们认为爱和其他积极的情感都是软弱的表现，更多地通过攻击和敌意的行为应对周围。逃避他人的个体在处理人际关系时不投入任何情感，以免受到伤害，他们普遍回避喜欢、爱和友谊，更多地选择独立和孤独。

Horney 的理论已经意识到畸形社会对人的心理、行为和人格的影响，并且以焦虑作为中心概念来阐述社会环境与行为之间的心理过程，重视家庭环境与教育，以及对失常行为治疗的乐观主义态度。这些都是精神分析论的积极进展。但她仅仅看到社会敌对性是人的

笔记

行为和人格发展的主要动力，却忽视了社会变革使人类互助合作成为现实的动力作用。

（四）Erikson的社会心理发展理论

Erik Erikson（1902—1994），美国著名精神病医师，新精神分析派的代表人物，提出了人格的社会心理发展理论。他在承认本能冲突的同时，考虑到生理心理因素和社会文化之间的相互作用对儿童人格发展的影响。他以自我作为人格的中心，将自我分为躯体自我、自我理想和自我同一性三个方面。其中，自我同一性指的是人们在所扮演的各种社会角色中获得有关自己的意象，这一概念主要包括四个方面的内容：①个体性，一种能被意识到的独特感，以不同的、独立的实体而存在；②整体性和整合感，产生于自我的潜意识整合作用的内在整体感，许多成长中的零碎自体表象整合成一种有意义的整体；③一致性和连续性，潜意识追求一种过去与未来之间的内在一致性和连续感，感受到生命前进的方向与意义；④社会团结性，感受社会的支持与认可，具有团体的理想和价值的内在团结感。

1. 有关自我发展的理论 Erikson认为人格的发展贯穿一生，个体在不断解决人生发展过程的各种矛盾中，实现人格的发展。他根据渐成原则（epigenetic principle），将人的生命周期分为八个社会心理发展阶段，每一阶段的发展都有其适宜的时间和主要任务，任何年龄段的教育失误，都会给一个人的终生发展造成障碍。Erikson的理论为不同年龄段的教育提供了依据和教育内容，解释了每个人心理品质的形成和多样性。

表2-1 Erikson的人格发展阶段

老年期 8								**智慧** 自我调整与绝望的冲突
成年期 7							**关心** 生育与自我专注的冲突	
成年早期 6						**爱** 亲密与孤独的冲突		
青年期 5					**忠诚** 自我同一性对角色混乱			
学龄期 4				**能力** 勤奋与自卑的冲突				
学龄初期 3			**目的** 主动与内疚的冲突					
儿童期 2		**意志** 自主与害羞和怀疑的冲突						
婴儿期 1	**希望** 基本信任对不信任							

修改自：Feist & Feist，2009

笔记

从表 2-1 中，可以看出人格的发展阶段的顺序是由遗传因素决定，每个阶段都需要解决好一对主要矛盾（如婴儿期对环境的信任与不信任），努力形成一定的品质特征（如婴儿期的希望）。归纳起来，自我发展的内容主要包括：成长遵循渐成原则，每一阶段的发展都是由另一个阶段发展而来；在发展的各个阶段都存在着冲突，在冲突中产生发展一种主要的自我品质，这就是 Erikson 所谓的基本力量；基本力量的大小或导向导致不同阶段的核心病理；自我同一性的形成受发展阶段中各种冲突和事件的影响，自青春期以后，每个阶段的人格发展是以同一性危机为特征的。

2. 自我认同与青春期的发展 Erikson 认为每个阶段都有一个特定的心理冲突影响着人格的发展和形成。这些冲突在青春期表现为同一性危机，它可能增强人格，抑或削弱人格，是人生发展的转折点。青春期的生理、心理以及社会等方面会变化，在本我、自我和超我之间的平衡被打破，表现出更多的冲动和欲望，同时也会出现更多的思考，尤其是更加关注自身的形象，感受到自身的内在要求与社会角色之间的冲突。这些促使个体重新认识、整合自我，发展新的自我同一性，并诱发了对成人角色的期望。青春期个体进行的整合在意识和潜意识两个层面同时进行，整合所有的同一性，同一性的形成贯穿于整个青春期。Erikson 认为青春期自我同一性主要是对自己本质、信仰和生活重要方面的前后一致和较为充实的意识，帮助青少年迎接人生的挑战。

如果青少年的同一性形成遇到问题或无法形成同一性，自我认知和社会角色之间就会发生冲突，产生混乱，导致社会适应困难，出现空虚、孤独和焦虑，还会表现出蔑视他人，脱离社会，违背社会准则，甚至出现反社会行为。因此，青少年需要时间来实现自我整合，以避免不成熟的同一性被提前固定，Erikson 将这一阶段称为“心理社会的合法延缓期”。要指出的是，在不同的文化和社会制度中这一延缓期都有所不同，有时会延续到成年早期。

（五）Murray 的需求压力论

Henry Murray（1893—1988），美国人格心理学家，他结合了精神分析与特质的理论来研究人格，创制的主题统觉测验（thematic apperception test）是对人格理论的重要贡献。Murray 研究正常人的人格，以整体观研究人格理论，确认人格是由来自内部与外部的多种因素所决定的，因而个人的习惯、情结、情感、向往、抱负、愿望、想象、需求、梦、幻想以及知觉等的研究都使其感兴趣。

Murray 接受了 Freud 的潜意识、童年期的重要性以及人格结构的三维度（本我、自我、超我）的观念，同时重视人格的社会因素，提出人格结构层度的第四个方面——自我理想。自我理想指的是个人的希望，即个人对某一未来时刻的自我所有的想法，与超我有密切关系。他把需要看作人格的基本成分，其工作重点是了解心因性需要，即“在某种条件下以某种特定方式作出反应的可能性或者准备状态”（Murray，1938）。Murray 认为，一种需要能否被激发取决于情节，他称之为压力，压力促使个体在环境中寻求满足而表现出行为。因某种需求产生压力之后又引起行为的过程，称为主题，主题可视为复杂行为的单元，个体的人格即由无数主题构成。因此，Murray 的人格理论被称为需求压力论（need-press theory）。

新精神分析并不是一个紧密而统一的派别，各种理论均有各自的侧重，但也有共同特征。他们都强调社会和文化因素对人的心理和行为的影响，强调家庭环境和童年经验对人格发展的重大作用。同时，他们都倾向于性善论，都重视自我的整合和调节作用，对精神病的治疗持乐观态度。其中一些研究对象和方法很值得推广，促进了社会、文化因素及对社会人格宏观方面的探讨。

笔记

三、自体与客体关系理论

（一）Klein的客体关系理论

客体关系理论是关注于研究心理动力取向的人格发展理论，认为人行为的动力源自客体，客体是相对于主体而言的概念，指的是个体的意愿、情感、行为所指向的对象。该理论更加强调环境对人格发展的影响，如更加看重稳定的人际关系的重要性；更加强调母亲对儿童的影响；认为人类接触和人际关系是人类行为的原始动力。代表人物有 Melanie Klein, William Fairbairn, Donald Woods Winnicott, Otto Kernberg 和 Margaret Mahler 等。这里主要介绍 Melanie Klein 的理论。

Melanie Klein（1882—1960），奥地利精神分析学家，是客体关系理论与儿童精神分析学派的主要奠基者。Klein 关注于儿童与其内部和外部客体的联系（即现实的和幻想的亲子关系），是心理动向的人格理论，被称为客体关系理论。该理论是由精神分析的驱力 - 结构模式向关系 - 结构模式的过渡。

1. 儿童心理发展观 Klein 深入地研究了儿童心理发展的过程，并发展出游戏分析技术。其客体关系理论的一个根本观点是：人类自诞生之初就存在一个虚弱的未整合的自我，客体关系也是从出生时即存在。婴儿与最初的客体——母亲乳房的关系是一切客体关系的开端，并决定着自我与超我的发展，影响着婴儿爱与恨的情感和不同焦虑及防御形式的出现。

Klein 的一个基本假设是婴儿与生俱来就拥有活跃的幻想世界，她刻意使用幻想（phantasy），来区别白日梦或意识的渴望（fantasy）。它不同于意识层面的幻想，Klein 将其称为无意识幻想（unconscious phantasy）。婴儿无法区分现实与它自己幻想的生命，幻想是拿来作为本能与冲动的想象性再现，也是婴儿对强烈驱力及感受的主动响应。Klein 认为每个冲动与本能都是和某一客体相联系的，对客体的研究也包括客体本身以及指向客体的关系模式。在婴儿早期发展阶段，婴儿感受到满足或被拒绝，如若被抱着且喂食就产生愉悦的感受，婴儿就感受到乳房是一个好的客体。Klein 还提出了内部客体的概念。内部客体是潜意识幻想的产物，是相对于婴儿自身的客体，不仅是本能所指向的客体，还是婴儿心灵中具有可依赖性、爱、贪婪、仇恨和嫉妒等心理特征的人格。为了对抗由于迫害幻想所引起的焦虑，Klein 认为婴儿初期就会采用投射、内射、分裂与投射认同等多种心理机制来保护自我。

2. 儿童心理结构：偏执分裂位态与抑郁位态 Klein 用位态观来取代 Freud 的阶段观来理解人格的发展阶段。她将人生理解成不断反复地从一种位态发展到另一种位态。Klein 认为婴儿的客体关系发展包括两个基本位态：偏执分裂样位态（paranoid-schizoid position）和抑郁位态（depressive position）。

偏执分裂样位态：婴儿在出生后的 3～4 个月里开始形成偏执分裂样位态，自我对外在世界的感觉主要是主观和幻想的，不是客观真实的。婴儿的焦虑是偏执的，是为了要保护自我所特有的一种偏执形式，并非基于外在世界真实的或即刻的危险。在此期间，婴儿无法区分内、外部客体，无法辨别挫折的来源。在与母亲乳房建立关系时，婴儿幻想着攻击，要吮干并掠夺母亲肉体内的好东西。在肛门和尿道冲动中有代表要排除掉危险物质及有害排泄物的幻想形式。

抑郁位态：婴儿大约从五个月开始将外部客体看作一个整体，认为在同一个人身上好与坏可以并存，对母亲有了更现实的表现。在抑郁位态期间，婴儿愈来愈认识到爱的客体是在自体之外的。它的职责是在自我核心中建立起一个好的、安全的整个内在客体。

（二）Kohut的自体心理学

自体心理学（self psychology）源于 Kohut（1913—1981）对自恋人格的研究，关注

笔记

的是自体的发展及自体客体转移关系。传统的精神分析普遍认为自恋是一种不健康的状态。自恋的人恰好是不具有移情能力的人，是不能够被治疗的。而 Kohut 认为一般个体的自恋是健康的，而且社会也是允许适度自恋的，只有过度的自恋才是不健康的。

1. 自体和自体客体 自体(self)指一个人自身内部真实的、固有的自己，是个人的自身经验，是个体在成长的过程中构建他们的情感、信念、记忆等作为“我”的感觉的一种途径。与自我不同，自体是对他自己的体验所构成的主体，比自我更强调个体的体验。

Kohut 认为每个人都有自恋的寻求，并且需要通过其他客体来满足这种需求。满足我们需要的客体存在于我们精神内的表象，被称为自体客体(self object)。自体客体不一定是某个人，它可以是音乐、才能、文化等等，可以存在于成熟的客体关系中，为自体提供支持。

2. 自体的发展 Kohut 从自体与自体客体之间的关系来看待发展。发展既不是隔离的，也不是源于内驱力，而是来源于人际关系。个体在孩童时期通过与父母的交互作用获得自体，父母则通过镜映(mirroring)来满足孩子自恋的需求。镜映是父母对孩子的一种共情的反应，是一种直正性反应，反映了自体的价值感受。孩子最初的自体是“夸大的(grandiose)自体”，是一种类似“我是了不起的，我是完美的”体验。与夸大的自体相对立的是理想化(idealization)，即认为别人是完美的、无所不能的，并且依附于对方。

父母通过镜映使儿童夸大的自体发展成为自尊和自我肯定。儿童将父母理想化，并从理想化的父母那里获得力量和舒适的感受，并发展出自体方向，以及设定具挑战性的、而且实际的目标的能力。Kohut 认为镜映在人的一生中都很重要，成年后的个体会把镜映从父母移情(transferences)到其他的自体客体上，即他人(或事、物)成为替代品，同时个体希望他们能像父母那样镜映出自己。Kohut 用爱的概念说明成年以后的镜映，他认为在爱的关系中的个体，每个人都是对方的自体客体，他们互相镜映，并且可以增强对方的自尊。通过爱和相互的镜映，正常健康的自恋可以被合理地满足。

3. 双极自体 Kohut 认为，自恋可以有两极：一极是夸大的自体与镜映性自体客体相对应的健康的自我肯定，以及雄心和野心；另一极是理想化的父母与被理想化的自体客体之间的健康的羡慕，以及完美典范。在两极之间存在着张力和心理能量，即在雄心的驱使和完美典范的引领下，产生个体行为。在自体的发展中，这两极可能在目标上是不一致的，儿童在发展中可以选择自体不同的一极发展，且其中一极可以弥补另一极的缺陷。后期 Kohut 又将另我(alter ego)的需要纳入，形成三极自体。另我，是感到与他人相似的需要，Kohut 将其作为自体的第三极，认为是自体的另外两极——镜映和理想化未得到满足的情况下个体可以发展的方向。

4. 在师生关系上的运用 Kohut 的理论被研究者扩展到师生关系上。对于学生，教师是其一个自体客体。在健康成功的师生关系中，学生可以将教师的功能理想化并内化为自尊的来源；而在不健康的师生关系中，教师不能满足所有学生的需要，学生会感到匮乏，并发展为夸大的自体。夸大的自体所带来的自恋需要得不到满足，就会使学生产生失望感，并造成低自尊，甚至产生抑郁。

(朱 琳)

第二节 人格特质理论

在日常生活中，我们经常用“聪明的”、“乐观的”、“自信的”等形容词来描述我们自己或其他人，这些描述人格特点的描述词可以称为“特质”。人格特质理论家认为特质是组成人格的基本单位，特质的不同造成人与人之间的差异。

笔记

一、Allport 理论

Gordon Allport（1897—1967）是特质论学派的创始人和代表人物。1921 年，他与 Floyd Allport 共同发表的 *Personality Traits：Their Classification And Measurement*，是被公认的第一部阐述特质论的著作，对特质论的形成起了奠基性的作用。

Allport 通过将人格特质假设为人格的基本单位来处理人格这一令人迷惑的复杂问题。他把特质定义为：一种概括化的和聚焦的神经生理系统，它具有使许多刺激在功能上等值的能力，具有激发和引导适应性和表现性行为一致的（等同的）形式（Allport，1937）。可见，特质是真实存在于个体中的一种神经生理结构，虽然不是具体可见的，但每个人都有其内在的、一般的行为倾向，因此可以推知它的存在。

特质具有动力性。特质不仅可以应答刺激产生行为，也能主动引导行为，使一个人的行动具有指向性，使很多刺激在功能上等值起来，从而导致人在不同情况下的适应行为和表现行为具有一致性。例如，一个具有害羞特质的人，可能在许多场合都表现出他羞怯的特点（图 2-1）。

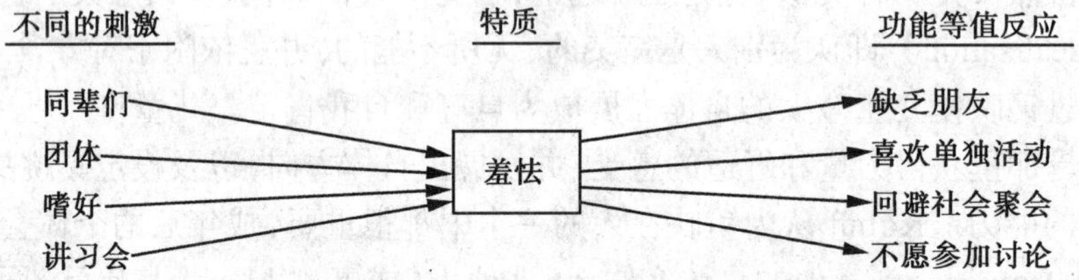

图 2-1　羞怯特质对不同刺激所产生的功能等值反应

总之，人以特质来组织经验，迎接外部世界。特质就是每个人都具有的内在的一般行为倾向。

（一）特质的种类

根据特质是描述普遍的人还是描述个别的人，Allport 把特质分为共同特质（common trait）和个人特质（unique trait）。共同特质是指在某一社会文化形态下，大多数成员共有的相同的特质。个人特质是指个体所具有的各种特质的独特组合。在其后期的著作中，个人特质也称为个人倾向。

Allport 按照对个体的重要程度进一步将个人倾向分为主要倾向、中心倾向和次要倾向。

主要倾向（cardinal disposition）也称首要倾向，是指几乎支配一个人所有行为的单一特质。例如《红楼梦》中林黛玉就是多愁善感的代名词。显然，只有少数个体可以用主要倾向来描述。

中心倾向（central disposition）也称核心倾向，是指能代表一个人人格的核心特质。一般而言，大多数人都会有几个中心倾向。

次要倾向（secondary disposition）是指那些不是个体很显著的人格特质。每个人都有很多次要倾向。次要倾向只在特殊情况下才表现出来，某些次要倾向除了亲近他的人之外，其他人很少知道。

（二）特殊规律研究方法

Allport 主张人格心理学应集中研究个人特质，认为要了解一个特定的人，唯一的办法就是研究这个人本身，即特殊规律研究法。特殊规律研究法关心的是如何能够较好地阐明个体人格的独特的特质组合。Allport 对一个名为 Jenny 的老年妇女的研究，就是特殊规律研究的典型案例。

笔记

(三)功能自主性

Allport 用功能自主(functional autonomy)来表达他对人格动机的看法。所谓功能自主是指一个成人现在进行某一活动的原因,并不是原来引起他去行动的同样原因(Allport,1961)。例如一个人起先为谋生而当了水手,后来产生了对航海的热爱,即使他富有了,没有继续航海的必要了,但他仍然喜欢当水手。换句话说,现在的动机虽然是过去动机的延伸物,但在功能上它独立于过去的动机,获得了自主权。

同时,如果一种动机在功能上是自主的,它本身就是对行为的解释,人们无须在它之外去寻找什么隐藏的或最初的原因。例如,如果积聚钱财是一种功能自主的动机,那么守财奴的行为就没有必要追溯到童年排便训练经验,也就是说,守财奴仅仅是喜欢钱财而已。我们的常识也告诉我们,有时候我们做事情只是因为我们喜欢做这些事情。

总之,Allport 认为,功能自主并不能解释所有的人类动机,人类的许多行为其实是由生物趋力、反射活动、强化和习惯或者某些病理症状引起的。他认为由功能自主动机驱使的行为才具有人类行为的特征,因此人格心理学家应该主要研究人类所特有的功能自主的动机。

二、Cattell 理论

Raymond Cattell(1905—1998)首次将因子分析的统计方法应用于人格心理学的研究,并编制出世界公认的最具权威的人格测量工具——16 项人格因子问卷(The Sixteen Personality Factor Questionnaire, 16PF)。

(一)特质及其分类

Cattell 认为,特质是构建人格结构的基本成分,就像门捷列夫的化学元素构成宇宙万物一样,不同特质的不同组合构成了不同的人格结构。Cattell 采用因子分析的方法寻找到这些人格特质,并进行了分类。

1. **个别特质与共同特质** Cattell 从个体与群体角度区别出两类特质(相对于 Allport 的个人特质和共同特质):把某个人具有的特质称为个别特质;把一个社区或一个群体所有成员共同具有的特质称为共同特质,并认为共同特质在每个成员身上的强度是不同的。

2. **根源特质与表面特质** Cattell 从特质的层次上区分出根源特质与表面特质。

根源特质(source trait)处于人格结构的内部,是人格结构中最重要的部分,也是一个人行为的最终根源。Cattell 认为每个人都具有相同的根源特质,只是各自的程度不同。例如,任何人都有乐群性,但每个人的乐群性的强度是不同的。并且根源特质的强度会影响一个人的各个方面,如阅读什么读物,与什么人做朋友,对高等教育的态度等。Cattell 通过因子分析法最终得出 16 个根源特质(将在第六章详细介绍)。

与根源特质相对的是表面特质(surface trait),是指从外部行为能直接观察到的特质。比如,一个人在人际交往当中表现出幽默、合群和无私等特质。

表面特质是根源特质的外在表现,根源特质是表面特质的内在原因。每一种表面特质都根源于一种或多种根源特质,且一种根源特质能够影响多种表面特质。

3. **体质特质与环境特质** 根源特质中,有些特质是先天遗传或身体内部的生理状态决定的,称之为体质根源特质(constitutional source trait);有些特质是环境和后天经验决定的,称之为环境养成特质(environment-molded trait)。Cattell 认为,一个根源特质要么归因于遗传,要么归因于环境,非此即彼,只受一方面的影响。因此,16 种根源特质中,有一些特质属于体质根源特质,比如乐群性,而另一些则是环境养成特质,比如实验性。

4. **能力特质、气质特质和动力特质** 有些特质是决定一个人处理问题或事情成效的,

笔记

称之为能力特质(ability trait)。智力被认为是最重要的能力特质。

气质特质(temperamental trait),是由遗传决定,它们表现为一个人的风格,例如情绪性、速度、支配性、敏感性、冲动性和自信心等特征,通常不受特定情景因素的影响。气质特质属于体质根源特质。

关于人格动力的特质就是动力特质(dynamic trait),它促使人朝着一定的目标去行动,是人格的动力性因素。

动力特质分为两种:能(erg)和外能(metaerg)。能为"一种先天的心理-生理倾向",是一种动力的、体质的根源特质。它与原始内驱力、生理需求或本能很相似。外能也是一种动力根源特质,但来自外界环境因素,属于环境养成根源特质。能和外能都是预先指向一定目标的动机倾向,区别只是来源不同,前者是先天的,后者为学习的。外能又可分为情操及态度:情操(sentiment)使个体注意某种或某类事物,以固定的感受对待该事物并以一定的方式做出反应。情操是经过长时间的学习而形成的,主要集中在一个人对自己的职业、家庭、配偶、所属的团体、宗教信仰及自己的事情上,例如宗教情操(我想要崇信上帝)、事业情操(我想做个科学家)、自我情操(我绝对不伤害我的自尊)等。与情操相比,态度更有特异性,是在特定的环境中以特定的方式对特定的事物进行反应的一种倾向,例如,一个女大学生,愿意跟某个同学一起学习英语,这就是态度。像所有的态度一样,她的态度包括特定的刺激或情境、兴趣(愿望的强度水平)反应和一个客体。

Cattell 认为,动力特质是层层从属的,它们之间有附属、补助的作用,这种关系即所谓辅助。情操是能的辅助者,由能衍生而来,态度是情操的辅助者,由情操衍生而来。能、情操和态度都可以用来解释个体行为的动机。

(二)因子分析法

Cattell 推断,人格结构中存在最基本的特质,可以通过一定的方法组合那些相关特质及分离出那些独立特质。为了揭示人格结构,Cattell 使用了因子分析技术。因子分析是从大量的相关变量中抽取出最基本的维度或因素并加以分析的统计方法。下面举例来说明因子分析是如何确定基本人格特质的数量的。

假如我们用一些测验测量下列十种特质:抱负(aspiration)、同情(compassion)、合作(cooperativeness)、决断(determination)、忍耐(endurance)、友好(friendliness)、仁慈(kindliness)、坚持(persistence)、创造性(productivity)和关怀(tenderness)。用这些测验对一组被试施测后,每个人都会得到十个分数,即我们会得到十组测验数据。然后,用相关分析的方法,我们可以检验各个测验之间的相关系数。从这些相关系数的情况看,我们会发现,其中五个测验之间高度相关,这五个测验我们归于 A 组(抱负、决断、忍耐、坚持、创造性);其他五个测验之间也高度相关,我们归于 B 组(同情、合作、友好、仁慈、关怀);并且两组的测验之间也不相关。

虽然我们最初测量的是十个特质,但因子分析的结果表明实际测量的是两个大的人格维度:A 组与成就有关,B 组与人际亲和有关。这是 Cattell 使用因子分析方法确定基本特质的一个简单说明。通过对不同来源的资料进行因子分析,Cattell 最终确定这些基本人格特质到底有多少个。

Cattell 认为可以从三种基本的来源中获得人格测量的资料:生活记录材料、问卷材料以及客观测试材料。

(三)关于障碍人格的特质

Cattell 认为障碍人格的个体与正常人有共同的特质,另外,他们还要表现某种障碍特质。Cattell 采用明尼苏达多相人格问卷(Minnesota Multiphasic Personality Inventory)的项目中得到的 Q 数据(一种标准化值)分离出这 12 种障碍根源特质。他还编制了临床分析问

笔记

卷（Clinical Analysis Questionnaire），用于测量障碍人格的障碍根源特质。

三、Eysenck 理论

Hans Eysenck（1916—1997），英国著名的人格心理学家，以因子分析法和传统的实验心理学相结合长期研究人格问题，并把研究内容从特质转向维度，从而确立了自己的人格理论。

（一）人格基本理论

Eysenck 认为，人格是一个人的性格、气质、智力、体格稳定的持久的组织，它决定一个人对环境的独特适应方式。他主张人格结构受少数类型支配，这些基本的人格维度对行为有巨大的影响力。

（二）人格层次模型

Eysenck 认为人格结构是有层次的，他建立了人格层次模型（hierarchical model of personality），主要包括类型、特质、习惯反应和特殊反应四级水平。最低层次是特殊反应（specific response），是指个体在实验或日常生活中的一次反应，可能是也可能不是他个性特有的。第二个层次是习惯反应（habitual response），即相似的环境下相同的反应。与特殊反应不同，习惯反应是可信和一致的。几个相关的习惯反应构成了特质 - 人格的第三个层次。例如，如果一个学生习惯于坚持完成课堂作业或者坚持做完其他工作，那么他就具有坚持的特质。最高层次是人格类型，是由几个相关联的特质构成的。例如，社交的特质可能与灵活、活泼、激动等特质有关，全部这类特质群聚集起来构成外向的人格类型（见图 2-2）。

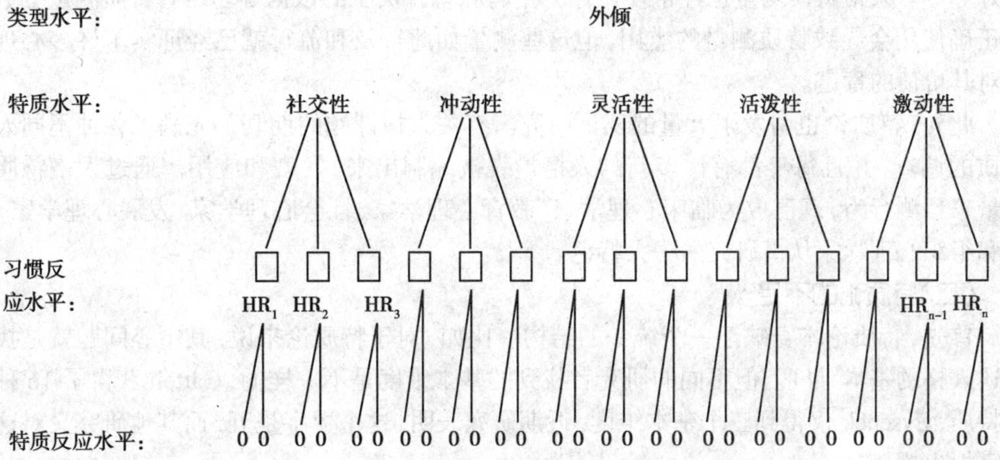

图 2-2　外向型人格的层次模型

我们可以看到，特质位于人格层次模型的第三层次，而类型位于第四层次，因此，Cattell 的特质与 Eysenck 的类型是无法进行直接比较的，他们得出的人格因子数量不同也是因为因子分析的层次不同。

（三）人格维度

Eysenck 认为人格由三个基本维度组成，即外向性（extraversion）、神经质（neuroticism）和精神质（psychoticism）。他认为，每个人在这些维度上都有不同程度的表现，而极少有单纯类型的人。大多数人的人格特征都在人格维度的平均值范围内，处于 16%～84% 之间；很少有人落于两个极端：0 或 100%，因而单纯的人格类型是很难找到的。人们在三个维度上的表现程度可以通过 Eysenck 人格问卷来测定。其具体结构将在第六章详细介绍。

笔记

四、大五人格模型

Allport 提出特质概念并将其定义为人格的基本单元以来，特质心理学家一直寻求人格结构的基本因素，但在这个问题上从来没有取得过完全的一致。20 世纪 80 年代以来，不同的研究群体从不同的人格资料中却有一个惊人的并且相当一致的发现，即五个人格维度存在的证据，被称为大五人格。大五人格模型的出现被称为“人格心理学领域的一场静悄悄的革命”。

一直以来，大五人格模型的五个因子的命名、含义和结构不尽相同。目前较为一致的命名由 McCrae 和 Costa（1985）提出：开放性（openness to experience）、严谨性（conscientiousness）、外向性（extraversion）、宜人性（agreeableness）和神经质（neuroticism）。这五个因子的头一个字母构成了“OCEAN”，代表了人格海洋（John，1990）。其详细内容见第六章。

五、对人格特质论的总体评价

（一）特质论的优势

第一，特质理论家使用客观材料，运用客观的测量方法来检验自己的理论构念，在一定程度上减少了仍困扰其他流派因使用模糊材料而带来的偏见和主观性。

第二，特质论拥有广阔的应用领域。许多从事心理卫生和心理治疗方面工作的心理学家，在评定当事人时，常常使用特质测量。许多教育工作者也使用特质测量区分学生品行的好坏等。人格特质测量也经常使用作为招聘和晋升员工的依据等。尽管特质测量分数的不正确使用会导致特质测量的滥用，但这些测量如此普及和流行就已经证实了许多心理学家对其价值的肯定。

此外，特质论也引发了大量的实证研究。有关人格课题的期刊都充满了各种不同人格特质的调查，并且每年都有许多新的人格量表被编制出来、发表和应用。通过人格特质的测量来预测行为，现已成为临床心理学家、教育心理学家、社会心理学家、发展心理学家、工业和组织心理学家从事研究的一大特色。

（二）特质论的不足

首先，特质论本身缺乏一个统一的结构。比如，对于特质论来说，其中心问题就是找出描述人格的基本维度。但不同的研究者找到的基本维度是不一样的，Cattell 获得了 16 种根源特质，Eysenck 仅得到三个基本维度，近期研究表明，这个数字是五，而其他研究又对这一数字提出挑战。

其次，特质论根据特质描述人，却不解释这些特质如何产生，或者怎样才能帮助那些得分过高或过低的人。比如在神经质上得分异常，怎么帮助当事人，特质论无能为力。因此，特质论在研究潜在问题或者心理应用中限制了自身作用的发挥。

第三，从系统论的观点来看，人格是由彼此密切联系的成分所构成的多因素、多层次、多水平的统一体，是一个“完整的构成物”。特质论者的人格结构却是几个特质的简单组合，倾向于用分离的特质来解释人格，没有指出这些特质究竟是如何有机地组织在人格结构之中，忽视了人的整体性。

第三节　人格的行为学习理论

20 世纪初，正当 Freud 的精神分析盛行之时，源于美国的行为主义也开始兴起。行为主义者把人格等同于行为，认为人格是个人一切行为的总和，是各种行为习惯的产物。一

笔记

个人在某一时刻的人格就是这个人的动作流在这一时刻的横切面。人们通过对一个人的行为进行观察，会发现其占优势的习惯系统或行为模式，从而确定其主要的人格特征。行为主义忽视遗传因素对于人格形成的作用，强调后天环境对于人格的决定意义；强调心理学应该研究动物和人的行为，而不是人的意识；强调研究方法的客观性和科学性，一般采用严谨的实验法，而反对内省法。

一、Watson行为主义理论

John Watson（1878—1958）是行为主义的创始人。1913年他发表的论文*Psychology from the Standpoint of a Behaviorist*，标志着行为主义的诞生。

Watson主张心理学应该成为"一门纯粹客观的自然科学"，只能用客观的方法进行研究。Watson还认为心理学研究的应该是行为，而不是意识，因为行为是外显的、客观的，能够直接观测的，而意识是隐蔽的、不可捉摸的，只能从行为间接地推知。

Watson认为，行为是有机体应付外界环境的全部活动。Watson把行为和引起行为的环境影响分析为两个最简单的共同要素，即刺激和反应。刺激是引起有机体行为的外部和内部的变化，而反应则是指有机体采取的一系列行为。Watson认为，一定的刺激必然引起一定的反应，而一定的反应也必然来自一定的刺激。因此，他认为心理学研究的目的和任务，就是确定刺激与反应之间的联系规律，以便预测行为和控制行为。

二、Skinner操作条件作用理论

Burrhus Skinner（1904—1990）是操作性条件反射理论的创始人，新行为主义的主要代表。

（一）操作性条件反射与人类行为的学习

Skinner把有机体的行为分为两种：一种是应答性行为（respondent behavior），即某种先行的、特定的刺激引起的行为，如柠檬汁引起唾液分泌；另外一种是操作性行为（operant behavior），即构成行为的反应是自发的，无法确定反应的出现是由何种刺激所引起，是个体操作其环境的行为，如人们散步，鸽子啄地等。操作性行为可以主动作用于环境以达到对环境的有效适应。Skinner进一步认为，应答性行为是存在的，但人和动物的许多行为并不是由明显的刺激引发的，人类的大多数有意义的行为都是操作性的，因此，操作性行为才是心理学研究的主要对象。

Skinner设计制作了比Edward Lee Thorndike的猫笼更为灵巧的箱子，即Skinner箱，来研究人和动物的行为。Skinner箱内有横杆与食物储存器相连接的食物盘，在箱内的白鼠有意或无意地按压横杆，就有一粒食丸滚入食物盘，白鼠便获得食物。研究发现，白鼠刚进去到处乱窜，随处摸索，偶然的机会，它会触碰并且按压到横杆，于是就会有一粒食丸落入食物盘中。白鼠会吃掉这粒食物。随后它又会无意间按压横杆，再次得到食物，若干次这样的事情发生之后，最终白鼠就会在需要食物的时候，直奔横杆而去并且按压它。Skinner认为，这个时候白鼠就形成了操作性条件反射（operant conditioning），它有目的地按压横杆的行为就是操作性行为。因此，Skinner认为，人的操作性行为是形成操作性条件反射学习而来的。

Skinner借助Skinner箱的自动装置对操作性条件反射的形成原理进行了深入研究，尤其是提出了强化并对强化进行了深入而精细的研究，这是他最为突出的贡献。

（二）强化理论

1. **强化**　在Skinner的实验中，食丸是在白鼠按了横杆落入箱中的，食丸的出现使白鼠按横杆发生的概率增加。Skinner认为，食丸就是按横杆这一操作行为的强化物，利用食丸

笔记

诱使按横杆的概率增加的过程就叫做强化。简单地讲，强化就是通过强化物使动物某种行为增加的过程。其中的强化物是指能够增加动物某种行为的具体事物。

2. **强化的类型** Skinner 区别了两种类型的强化：正强化和负强化。操作性行为之后，呈现某一刺激物，该行为反应概率增加，这一过程就是正强化；操作性行为之后，撤销某一刺激，该行为反应概率也增加，这一过程就是负强化。在白鼠形成按压横杆的操作条件反射中，呈现食丸或者撤销电击都可以增加按横杆的反应概率，因而正强化的效果与负强化的效果是相同的，两者都可以增加行为反应的概率。

负强化和惩罚常常容易混淆，但实际上两者有着根本区别。负强化增加行为的反应概率，而惩罚则是减少行为的反应概率。

3. **二级强化** 根据强化物的来源，Skinner 把强化物分为一级强化物和二级强化物。一级强化物是指那些不需学习也能起强化作用的刺激，如食物、水等满足有机体基本生理需要的事物，如果有机体长期缺乏其中任何一样东西，就无法生存下去。二级强化物是指那些开始时不具有强化作用，但经常与一级强化物多次结合，其本身也具备了强化性质的事物。对于人类个体而言，诸如名誉、金钱、分数、地位、表扬、关注等均可以成为二级强化物。

4. **强化程式** 在生活中，并不是每次行为之后都会立刻出现强化物，强化或是以连续的程式，或是以间歇的程式出现在行为之后。连续程式，即有机体每一次正确反应后都给予一次强化；间歇程式，即强化在某些时候出现。连续程式在生活中很少见，绝大多数时候我们遇到的都是间歇程式。常见的间歇程式如表 2-2 所示：

表 2-2 常见的强化程式

强化程式	说明	实例
固定时距	按间隔一定的时间进行反应才能得到一次强化	计时付工资，理论上讲工人会出工不出力，磨洋工
固定比率	必须做一定次数的反应才给予一次强化	计件付工资，理论上讲工人会生产许多产品以增加工资
变动时距	不按固定时间给予一次强化	如果渔夫平均每小时打一网鱼，但有时隔 15 分钟，有时隔 2 天
变动比率	每隔几次（次数不定）正确反应之后给予一次强化	如果自动售货机平均每次售 10 个，但有时售 5 个，有时售 15 个

修改自：Duke & Nowicki, 1979

可见，不同的强化程式所导致的行为反应不同。建议某一操作反应的最佳的训练组合可能是：最初使用连续强化程式，然后是固定时距的强化，最后是变动比率强化。

5. **行为的消退和自然恢复** Skinner 发现，当白鼠学会按压横杆获得食丸后，如果白鼠继续按压横杆而食丸不出现，则白鼠有目的地按压横杆的行为逐渐消退成学习之前的偶然行为，这种现象就是行为的消退（也叫操作性消退），即把某一操作性条件反射形成时所依赖的强化撤除，此操作性反应就会随之消退，直至恢复到最初未被强化时的水平。Skinner 又发现，将一只由于不再给予食丸而不再按压横杆的白鼠放到一边待上几个小时，再把它放回箱里时，尽管没有任何训练，它又开始按压横杆。这说明，一个已经消退的行为反应经过一段时间的休息，可能会在没有任何再一次的强化学习之后重新出现，这就是自然恢复现象。这种现象表明，行为消退不是一次就能完成的。在现实生活中，消退主要用于心理治疗或行为矫正，很少被系统地用于人类行为。

6. **行为的类化和分化** 类化又称为概括化、泛化，指的是一种条件反射建立之后，个体

笔记

不仅对条件刺激作出相应的行为反应，而且对与条件刺激相似的其他刺激也作出相应的行为反应。一般而言，新刺激与原来的刺激越相似，发生类化的可能性就越大；两个刺激差异很大，类化很难发生。我们在实际生活中能够举一反三、触类旁通都是类化的表现。

分化又称为辨别化，与类化现象相反，指个体能对不同的刺激作出不同的行为反应。

（三）行为的塑造

就大多数操作条件反射的情况而言，所期望的行为太复杂。Skinner 提出了“强化相倚原理”，认为只要把复杂行为分解成一系列小的循序渐进的步骤，精确安排强化的训练组合方式，使个体逐步向目标行为接近，学习的过程总会达到成功。

Skinner 曾经训练一只鸽子学会啄一只彩色小圆盘。开始，在鸽子从箱子中的任何地方朝盘子的方向稍稍转身时就给它喂食，等它学会这个后，不再强化这个动作，而是只有当它越来越靠近盘子时喂食，然后只在它走进之后将头向盘子转动时喂食，最后，只有当鸽子啄向圆盘时才予以喂食，多次强化之后，鸽子就学会了啄圆盘，行为塑造就完成了。Skinner 认为，人类个体的行为也可以照此训练。

三、Dollard 和 Miller 刺激 - 反应论

John Dollard（1900—1980）和 Neal Miller（1909—2002）同其他行为主义心理学家一样，也认为人类的大部分行为都是习得的。不同的是，他们认为精神分析所说的压抑、移置和冲突等复杂的机制也是习得的。两人最杰出的贡献是在严格的实验研究基础上，把严谨的学习理论和生动的精神分析结合起来，建立了与古典行为主义有所区别的理论体系，人们称之为非正统的行为主义。

（一）学习的四个要素

Dollard 和 Miller（1941）说：“只有当一个人想要些什么、注意些什么、做些什么以及获得些什么时，学习才发生”。Dollard 和 Miller 的学习理论就是建立在内驱力、线索、反应和强化四个概念的基础上。

1. **驱力（drive）** 是指能够促使有机体去行动的任何一种强烈的刺激。Dollard 和 Miller 把驱力分为一级驱力和二级驱力，前者与生俱来，关系到人类的生存，如饥饿、干渴、疼痛、性、排泄等，是原始驱力；后者是后天习得的，由文化决定，如焦虑、成就、恐惧、关注等。一级驱力是建构人格的基石，与 Freud 提出的本能类似，是所有二级驱力的基础和条件，但两者具有同等程度的动力作用。当然，驱力可以是内部的，如饥饿、恐惧等；也可以是外部的，如喧闹、寒冷等。在 Dollard 和 Miller 的理论中，驱力是一个动机概念，人格的能量单位。刺激越强，驱力越强，动机也就越强。

2. **线索（cue）** 是指一种决定有机体在何时、何地、作出何种反应的刺激。驱力驱使行为，而线索则引导行为。线索可以是内在的，比如吃某种食物的美味记忆让人继续选择购买；也可以是外部的，比如饭店的规模、价目和装潢决定人们是否要进去就餐。任何一个刺激，只要有机体能把它与其他刺激辨别开来，它就有可能成为线索。

3. **反应（response）** 是由驱力和线索共同诱发出来的，旨在降低或消除驱力的行为或心理活动。比如，一个饥饿（驱力）的人，看见一个饭店（线索），就会进去就餐（反应），以便降低饥饿的感觉或者消除饥饿。反应既可以是外显的动作或行为，也可以是内部的心理活动，如思维、计划和推理等。内部的心理活动也称为线索性反应，因为这些心理活动通常决定有机体随后的反应是什么。

4. **奖赏（reward）** 即强化，与降低驱力具有相等的意义，任何能够引起驱力降低的刺激都是一种强化物。强化物可以是原生的，如满足与生理和生存需要有关的刺激；也可能是二级的，由那些经常和原生的强化刺激配对出现的中性刺激转化而成，如母亲。

笔记

Dollard和Miller认为学习离不开上述四个要素，他们主要从习惯的形成对学习进行研究。如果一个线索导致一个反应，这个反应又导致奖赏作用，线索和反应之间的联系就会加强，最后则会形成牢固的习惯。

（二）内部精神现象与学习

Dollard和Miller认为，不仅外部的行为可以通过学习获得，而且某些内部的心理现象也是学习的结果。他们以小白鼠作为被试来研究这些精神现象与学习之间的关系，并试图验证Freud提出的理论。

1. 恐惧——一个获得性的内驱力 1948年，Miller做了一个著名的获得性恐惧的实验。他在实验箱中设置了黑色和白色两个隔间，用电击的方法使一个小鼠学会了从白色隔间跑进黑色隔间以避免电击。在停止电击后，Miller发现，只要将小鼠放进白色隔间，它就出现好像被电击了一样的反应：撒尿、排便、蜷成一团，然后跑进黑色隔间。这说明小鼠已经学会了对白色隔间的恐惧。随后，Miller让这只小鼠只有在先转动一只小飞轮时才能从白色隔间中跑入黑色隔间，即使没有电击，小鼠也很快学会了转飞轮。最后，Miller用杠杆代替小飞轮，在依然没有电击的情况下，小鼠转飞轮的动作迅速消退，它很快学会了新的按杠杆的动作。这个实验证明：恐惧是可以学会的；并且恐惧本身就是一种强有力的驱力，能够驱使小鼠学会许多可能导致恐惧降低的行为。而且恐惧这种反应具有很强的抗消退性，它一旦产生就很不容易消失。

Dollard和Miller由此认为，恐惧、焦虑都可能是由于类似的经验而产生的。比如，如果一个人童年时期曾经由于一次攻击性行为受到过粗暴的体罚，他就可能对攻击性行为和观念产生厌恶、焦虑和恐惧，甚至只要接近类似的行为、情境，乃至想法，就会引起强烈的恐惧，进而发展出一些不合常情的回避或逃离行为。这种恐惧可能十分强烈，以致个体无法拥有足够的时间来学会一种正确的处理方式。因此，对待这种恐惧反应的办法就是提供一种情境，使患者能在不受惩罚的条件下体验那些可怕的经验。这和Freud用自由联想和释梦来帮助患者发现并消除那些被压抑的观念是一致的。

2. 挫折和攻击 Dollard和Miller认识到，尽管挫折和攻击之间的关系并不一定是直接的、必然的，但挫折是引起攻击行为的一个必要前提，而攻击也是挫折所带来的诸多后果中备受关注的一种。

挫折是指目的性行为遭受阻碍时的一种伴随状态，攻击则是指以伤害某一有机体为反应目标的行为。Dollard和Miller总结了挫折-攻击的两条原则：首先，攻击行为的产生与挫折感的强弱，与遭受挫折的次数、对攻击行为后果的预期有关；其次，受挫者在遭受挫折后采取何种攻击形式与文化教养有关。人总是力图使自己的行为同自己的身份相一致。

当然，攻击性行为也不一定都会直接指向阻碍物本身。如果直接的攻击有可能带来消极的后果，那么攻击的诱发力可能表现在其他客体上，这一现象也称为“攻击的转移”，也就是把攻击和矛头不是指向挫折的直接根源，而是指向某种其他的、通常是“无关的”对象。攻击的转移理论跟Freud提出的移置作用是一致的。

3. 冲突 Dollard和Miller通过动物实验研究过四种冲突。个体必须对同时出现的两个具有同等吸引的目标进行选择时所产生的“鱼与熊掌”难以取舍的冲突，成为双趋冲突，比如两个你都喜欢的女孩同时向你发出约会的邀请。个体必须对同时出现的两个具有同样强度的否定目标进行选择时所产生的冲突，称为双避冲突，比如一个战士前临悬崖、后有追兵。个体同时被同一目标物所吸引和拒斥时所产生的冲突，称为趋避冲突，比如吸烟之瘾君子又怕得肺癌。个体同时对两个目标产生趋避冲突的矛盾心理，称为双重趋避冲突，比如找工作有两个选择，一个是做公务员，一个是去企业工作，公务员稳定但没有活力，在企业工作不稳定但具有活力。

笔记

四、Rotter 社会学习理论

Julian Rotter（1916—2014）在临床心理学、学习理论和实验研究方面都有经验，使他形成了独特的人格社会学习理论。

（一）行为预测理论

Rotter 关注一个有着自己的行为经验的人在面临一种特殊的社会情境时，将会如何进行行为选择，即如何决定要这样做，而不是那样做。

Rotter 认为，一种行为被选择的可能性，不仅取决于个体行为之后的回报（强化），还取决于他认为实施该行为能带来该回报的可能性（即有多大的成功率）。他用下面的行为预测公式来表达这个观点：

$$BPx, s1, Ra = f(Ex, Ra, s1 \& Rva, s1)$$

其中 $BPx, s1, Ra$；$Ex, Ra, s1$ & $Rva, s1$ 分别表示行为 x 在情境 $s1$、可能带来强化 a 的条件下出现的潜势（即可能性、概率）、行为 x 在情境 $s1$ 能带来该强化 a 的可能性以及在情境 $s1$ 的条件下能带来的强化 a 的大小。f 表示函数关系。

上面的公式处理的是与单一强化相联系的特殊行为的预测。在一些复杂的情境中，我们常常会面临与某种需要相联系的多种相关行为的预测。Rotter 认为，我们可以相应地由这些行为所导致的若干强化的共同价值和对这些行为的总预期来决定。

1. **行为潜势（behavior potential）** Rotter 用“行为潜势”一词来表示在一个特定的社会情境下，某一个体发生某种行为的可能性大小。在特定的情景中，个体为达到某一目标所能采取的行为通常都可能不止一个。例如，为了通过考试，学生可能认真复习很多天，也可能只是考前突击学习一下，还可能铤而走险作弊通过等。这里，每个行为都可能发生，都具有潜势。潜势越高，该学生发生该行为的可能性越大。

2. **预期（expectancy）** Rotter 用“预期”这一概念指个体对在某种特定情境下选择了某种行为，其产生特定强化的概率的预测，即他对自己在该情境下作出该行为会得到该结果有多大信心，多大把握。可见，预期是指一个人在主观上认为自己会成功的可能性，并不是他的真实的成功可能性。个人的预期并不一定与实际符合。

3. **强化值（reinforcement value）** 强化值是指个体对于很多不同的强化发生的概率都相同时对某种强化的偏爱程度。比如，一个 6 岁的小女孩更愿意选择一个芭比娃娃而不是一个精美的、价格昂贵的皮包作为自己的生日礼物。因此，每个人对于不同的强化所赋予的价值是不同。

4. **心理情境（psychological situation）** Rotter 认为，行为预测中仅仅了解一个人产生反应时的外部情境是不够的，还需要了解这个人的心理情境，即他是如何对外部情境进行解释和定义的。换句话说，人们总是根据自己对外部刺激的感知而对情景作出反应的。如果别人的脚踩了你一下，你会作何反应呢？一般来说，你的反应取决于你认为这是故意的还是偶然的。

（二）控制点理论

Rotter 认为，在追求目标的过程中，基于人们各自面临许多问题情境时的独特的经验，个体会发展出如何对情境作出最佳的建构的类化的预期或态度，叫做问题解决的类化的预期。Rotter 发现个体存在内 - 外控的类化预期。

Rotter 发现很多人在经验成功之后并没有提高个人的预期，而有些人多次失败后也没有降低他们的预期。进一步研究发现，有些人往往把成功归因于运气或机遇，把失败归因于自己；而有些人即使多次失败，也认为通过自己的努力和能力一定会成功。Rotter 把这一发现叫做控制点，即内 - 外控制的类化预期。Rotter 这样定义：“当受试者知觉到某项强化跟

笔记

随他的某些行动之后而来，但又非全凭其行为而定时，在我们的文化中，会将它视为运气、机会或命运的结果，或在其他有力的控制之下，或无法预测——因为周遭有许多复杂的力量，当个人对事件做上述解释时，我们称为外控的想法；如果个人将事件看成全凭自己的行为或自己的特质而定时，则称为内控的想法。”简而言之，内控，是一种信念，相信强化是由我们自己的行为造成的。外控，也是一种信念，相信强化是由他人、命运或运气控制的。在实际生活中，极端内控和极端外控的人是很少的，大多数都处于内 - 外控这个连续尺度的某一点上。

五、Bandura 的社会学习理论

Albert Bandura（1925—）是现代社会学习理论的奠基人之一。Bandura 创立的观察学习被认为是行为学习的三大原理之一，是对学习理论的重大的、突破性的贡献。

（一）交互决定论

同传统的行为主义一样，Bandura 也认为人的行为主要是后天习得的，但他并不认为人的行为完全由环境塑造的。Bandura 认为，人的行为是由环境、行为和人三种变量的交互作用决定的。也就是说，行为并不总是扮演一个被决定的角色，而是会反过来影响人和环境。Bandura 认为个人的行为是交互决定论的产物，所谓交互决定论是指环境、行为与人三方面的交互作用。

（二）观察学习

1. 观察学习的概念 Bandura 认为，人的学习不仅仅是反应学习，人们可能仅仅是通过观察别人（榜样）的行为就能学会很多行为，即观察学习，也称为模仿学习。

首先，观察学习使人们不必有任何行为就可以学习。比如，看过母亲化妆，小女孩会很快学会给自己的玩具娃娃化妆，尽管不一定很美。其次，观察学习比直接经验学习更有效，避免了许多不必要的错误。比如看到别的小朋友因迟到被老师批评，自然也不必以身试法之后才明白上课不应该迟到。最后，观察学习不仅仅是对榜样行为的简单模仿，个体要对所观察的行为进行总结，形成自己独特的行为法则。因此，我们很难说是哪一个榜样教会了观察者哪一个行为，但观察者自己的行为风格确实是观察了很多榜样形成的。

2. 一个经典的实验研究 1965 年，Bandura 做了一个关于儿童攻击性行为的观察学习经典实验。该实验以 66 名幼儿园的小朋友为被试，男女各半，让他们观看不同的榜样攻击行为，观察他们的学习结果有何不同。

影片一开始，示范者走向一具成人大小的充气娃娃，命令它走开。在注视对方片刻之后，示范者表现出四种不常见的攻击反应，每种反应都伴随着清楚的言语。首先，该示范者把充气娃娃推倒，坐在它身上，一面打它的鼻子，一面说：“砰，对准鼻子，砰、砰”。接着拉起充气娃娃，并用一支木棍打它的头，每个反应还伴随着以下的话语：“给我躺下”。在用木棍攻击完后，示范者开始以脚踢充气娃娃，每踢一次就喊：“飞喽”。最后，示范者用橡皮球砸向充气人，每砸一下都叫一声“砰”。

然后，将被试分为三组，分别看三种不同的结局。第一组被试看到另外一个成人用饮料、糖果等奖励攻击充气娃娃的示范者，并且大大地表扬了他一番。第二组看到攻击充气娃娃的示范者被用卷起来的杂志打了一下，并被严厉警告说“不许再有这样的攻击行为”。第三组被试看到的是：示范者攻击充气娃娃后没有任何事情发生，这是控制组。接下来，所有被试被带入一个房间里自由活动。这个房间里有很多玩具，其中有一个充气娃娃和许多用来表现他们看到过的攻击行为所需要的东西（比如木棍、橡皮球等）。实验者通过单向玻璃来观察和记录儿童会自发地表现他们这四种攻击行为中的几种。10 分钟后，实验者进入玩具室，对每一个表现出一种或几种攻击行为的儿童一杯果汁和一个小玩具作

笔记

为奖赏，然后实验者离开让他们自己继续玩耍一段时间。这样做是要看一看孩子们愿意时，他们是不是能表现这一行为，也就是说，他们是不是已经通过观察示范者学会了这些行为。

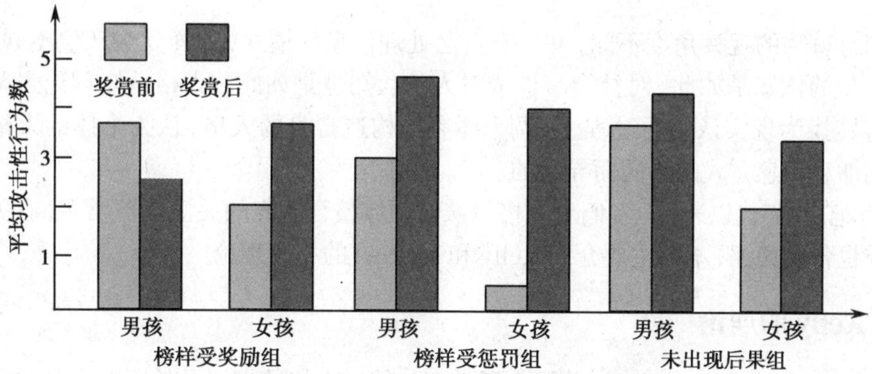

图 2-3　榜样受奖励与儿童攻击性行为的关系

资料来源：Bandura, 1965

这一实验结果如图 2-3 所示。孩子们自发表现出的攻击性行为，取决于他们观察的榜样强化结果。看到榜样受到惩罚的孩子表现出的攻击行为明显少于另外两组，而另外两组则没有差别。当惩罚的行为被奖赏后，三组的孩子表现出的攻击性行为没有差异。可见，替代性惩罚仅仅影响被试适应新环境的行为表现，比如，看到榜样受罚，攻击性行为表现减少或者不表现；而不会影响被试的行为习得，即儿童已经学习了攻击的行为。换句话说，个体只需要通过观察就可以学会很多行为，榜样行为的强化结果不是行为习得的必要条件，但这一强化结果会影响被试在新环境中的行为表现。

3. 观察学习的过程　Bandura 将观察学习的全过程分为四个阶段。首先，注意过程，个体身边每时每刻都会发生很多行为，这些都可以作为我们学习的榜样行为，实际上个体常常是选择其中的部分行为作为自己的模仿对象，这些行为首先要引起个体的注意。第二，保持过程，为了能够在将来重复榜样的行为，学习者必须将注意到的示范行为保持在自己的记忆中。为了达到这一目的，我们需要对所观察的内容进行编码，并且进行符号化表征，主要有言语符号和图像两种表征方式。第三，动作再现过程，这是运用被模仿行为从象征性符号指导自己的行动过程，人们需要进行大量的练习，借助于反馈信息，经过自我矫正使该行为精确化。最后，动机过程，模仿学习的动机会影响对榜样行为的注意和选择。一个想得到老师关注的学生更有可能注意和选择被老师关注的学生的行为去模仿。当然，动机的强度也会影响观察学习者是否表现已经通过模仿学会的行为，被奖赏的榜样行为会得到更多的表现，而被惩罚的榜样行为则更少的表现。

（三）自我系统

Bandura 将自我系统视为一组使人的行为具有某些一致性的认知结构。自我系统包括自我评价、自我调节和自我效能，它可以使人们观察并使用符号表达他们自己的行为，以及根据预期的结果评价自己的行为。Bandura 认为，在某一情境中，人们会有什么行为表现取决于环境和认知条件的交互作用，尤其是与自我效能这一认知因素有关。自我效能是指人们相信他们有能力在一定程度上控制自己的功能和环境事件。自我效能高的人相信自己能够改变环境事件，而自我效能低的人则认为自己对于环境事件产生不了什么影响。

（李颜苗）

笔记

第四节　人格的认知理论

人们对事物的观察角度不同，并且有自己处理信息的模式，这样就会产生不同的反应。对客观事物的认知是如此，对社会事件或对人的认知也是如此。人格认知理论强调个体将感知内容转换为现实认知的过程，强调个体参与构造自身的人格，认为个体的人格差异是由于人们加工信息方式的不同而导致的。

20 世纪 90 年代以来，学者们对人格与认知领域整合研究的关注日益增多，有关认知方式的研究也备受关注，本节主要介绍 Kelly 和 Mischel 的相关理论。

一、Kelly 的理论

George Kelly（1905—1967），美国心理学家。他对人格的探讨开始于对人类的一个独特概念，他称之为科学人（man-the-scientist）的观点。他从临床心理学经验中得到启示，所有人都会努力去理解自己的境况，并且都有能力去预测在不远的将来自己可能碰到的事情。

（一）人是科学家

Kelly 对人性的假设是，人即科学家。科学家的目的就是努力去解释世界，对现象进行预测和控制。我们每个人不断经历各种事情，形成自己看世界的观点，并用已有的人生经验去预测未来，像科学家一样，通过创立能使自己准确地预期未来的理论去理解、预测和控制生活当中的事件，力求减少不确定性，使生活明朗化。

根据 Kelly 的理论，当个体受到刺激时，他会去了解所有作用于自身刺激的意义，像科学家试图预测和控制将要发生的事情。没有任何两个人会使用相同的观点去认识世界，因此也就没有两个人的行为会完全一样。Kelly 认为，人格差异主要来自于人们解释世界的不同方式。假设你和我都与张三有交往，我可能用聪明、友好、坦诚来形成我的印象，而你可能用有趣、敏感、外向来形成你的印象。我们在建构世界时，那些相对固定的方式成为我们行为上相对固定的反应模式。

（二）个人构念及 CPC 循环

Kelly 人格理论的核心就是构念。一个构念就是一种思想、观点和看法，人们用它来解释自己的经验。个人构念（personal construct）就是被个体习惯化地用来解释和预测事件的构念。个人构念理论突出强调人对自身主观世界的主动地、积极地认知性的构造，认为人们通过运用自己的构念，根据自己对事物的理解来解释、推测与判断事物。

构念会随着个体认知的变化而得到修正。生活中，人们会按照自己的方式理解周围世界，依据自己的行为不断丰富、改变着构念。人们为了适应环境，会有多个可供选择的构念。Kelly 提出了模板匹配的概念，他认为人们关于世界的看法与模板匹配相似，模板上有人们自己所经历过的事情，如果看法和经历相匹配，那么我们就会保留这些模板，如果他们是相悖的，那么我们就会对模板进行修正，直到模板被修改得适合做解释或预测。

Kelly 假设，每个人都在努力通过持续地界定和阐述其个人构念系统来增强对世界的理解，这种倾向是天生的。他提出了 CPC 循环（circumspection-preemption-control cycle）理论来解释个体如何利用环境信息决定当前的行为，即人遇到新情境时，其行动是依照详察 - 先取 - 控制三个阶段的循环来进行的。

详察期（circumspection）：就是在接触事物的最开始，人们会谨慎地考虑各种可能性，尝试各种构念。

笔记

先取期(preemption):通过反复尝试,选择对情境最合适的构念。

控制期(control):选择一个自认为最有助于解决问题的构念,从而决定行动。

由此可见,人们通过 CPC 周期的循环,在自己的生活中减少不确定性,逐渐形成人格和获得良好的适应。

(三)基本假设和推论

Kelly 提出,个人构念理论的基本假设是:个体的行为过程在心理上是由他预测事件的方式引导的(Kelly,1955)。这一假设是 Kelly 的理论基础,它是人格和行为背后的基本力量,由此他推导出了 11 个推论。

1. **建构推论**(construction corollary) 一个人通过对事件的反复建构来预测事件。在自然和社会现象中存在很多有规律的现象,由于生活存在有规律的重复,所以使预测成为可能。

2. **个体推论**(individuality corollary) 人们之间是有区别的,因而每个人的建构也是不同的。

3. **组织推论**(organization corollary) 人们可能有相似的个人构念,但人们组织其构念的方法却存在着差异。

4. **二重推论**(dichotomy corollary) 一个人的结构系统是由有限数量的二重结构组成的,也就是说任何建构都是存在两极的,这对于正确预期未来是很重要的。另外若要使一个建构有意义,必须要具有两个相似的要素和一个相反的要素,例如 A、B 是男人,而 C 是女人,Z 是性别,对于 Z 而言,A、B 是相同的,C 是不同的,此结构既可使用于 A、B,也可使用于 C。

5. **选择推论**(choice corollary) 是个体在二分建构中作出选择,是确定建构还是扩展建构。人们在解释和预测世界时,会有两条选择途径:一条是确定且安全的,另一条是扩展但冒险的。如果一个人用熟悉的旧建构来解释相似的新事物时,是比较安全的方式。如果一个人尝试用一种新建构去解释新事物时,会有风险性,新建构解释有效将纳入个体的建构系统中,扩展了系统。因此,一个人会在确定与扩展两条途径上作出选择。

6. **范围推论**(range corollary) 每个建构都有其适用范围,一个结构仅对有限范围的事件的预测是有效的。

7. **经验推论**(experience corollary) 是指个人建构系统随着个人连续对事件所做的解释而改变。人在一生中会建立许多建构,这些建构会不断地被验证、被调整。预测有效的建构会被保留下来,错误或无效的建构会被修正或者淘汰。

8. **调整推论**(modulation corollary) 个人构念系统的变化会受限于该系统的通透性。通透性强的系统会不断吸纳新的建构,使之不断扩展、丰富,更好地解释和预测复杂世界,适应外部环境。

9. **片段推论**(fragmentation corollary) 是指个人可以连续使用各种不同的、不关联的建构系统。在这个建构系统中,会存在着许多彼此不同的亚建构。这使得人们会使用不同建构解释相似的事物,用相同的建构解释不同的事物。

10. **共同性推论**(commonality corollary) 当一个人使用的经验结构和另一个人使用的相同时,他的心理过程和另一个人的心理过程也是相同的,因而,在同一文化群体中的人或多或少地使用相似的方式来建构世界。

11. **社会性推论**(sociality corollary) 是指人们解释他人的建构系统时,就可能要在包含那个人的社交活动中扮演角色。在与人的交往中,只有了解了对方的建构,才能了解对方看问题的方式,或按照别人所期待的方式去行动,这就是角色扮演。如果两个人扮演的角色是互惠的,就会产生良好的社会互动。

笔记

二、Mischel 理论

Walter Mischel(1930—)出生于奥地利的维也纳,后移居美国。他是在俄亥俄州立大学完成他的研究生学业,在那里他与 Rotter 有密切来往,也受到 Kelly 个人建构理论的影响,试图建立一种截然不同的人格理论。这种理论主要强调三个方面:①情境的具体性,个体的行为被视为具有高度的可变性和相对的情境具体性;②强调人类认知功能的鉴别力,人们一般都能识别与不同情境有关的奖励和需要,并据此调整自己的行为;③强调人格功能适应的自我调节方面,Mischel 对人们怎样以适应的方式在不同情境中改变自己的行为感兴趣,即人们是怎样改变自己的功能来满足某个特定情境需要的。

Mischel 和 Shoda 在多年研究的基础上,于 1995 年完整地提出了人格新理论——认知-情感系统理论(cognitive-affective system theory of personality, CAPS),用以说明个体内在行为跨情境的可变性及稳定性,弥补了特质研究忽视情境因素的缺点。CAPS 理论强调个体在不同情境下所表现出来的差异正是内部稳定而有机的人格结构的反映,人格倾向与其背后的心理过程是同一系统的两个方面。该理论以个体水平上的人格系统加工模型作为基础,对个体倾向和其背后的心理过程进行整合研究。

(一)认知-情感单元

1973 年,Mischel 提出了 5 个与情境相互作用、决定行为的变量,这些变量包括编码、预期和信念、情感、目标和价值、能力和自我管理计划等 5 种类型,构成了人格系统中复杂的认知-情感单元(cognitive-affective units, CAUs)(表 2-3)。CAUs 是指一个人有效的认知和情感或感情。人格系统通过 CAUs 很容易激活特定的认知和情感心理表征或单元,它们交互作用和互相影响,共同构成了人格结构的核心,并制约它们的活动效果。

表 2-3 认知-情感单元的五种类型

名称	内容
编码	对自我、他人、事件和情境进行分类或建构
预期和信念	涉及社会世界,有关社会、特定情境中的行为结果、自我效能的预期和信念
情感	涉及感受、情绪和情感反应(包括生理反应)
目标和价值	涉及符合心愿的结果和情感状态、厌恶的结果和情感状态、目标、价值和人生计划等元素
能力和自我管理计划	涉及学习者个体潜在的行为和能力以及用于组织行为、影响个人行为和内部状态的计划和策略

修改自:Mischel & Shoda, 1995

(二)CAPS 系统中的动力结构

CAPS 理论不仅假设个体在每一种 CAUs 上存在个体差异,而且假设 CAUs 之间存在稳定的组织关系,构成了人格系统的稳定结构,反映了人格特征的独特性。这种稳定的人格结构是个体经验和社会学习、气质、遗传-生化决定因素相互作用的产物。如图 2-4 所示,当个体感受到一个特定情境的特征时,认知和情感(用圆表示)的特征性模式就通过不同的网络被激活。系统的中介单元被激活,就会与一些情境特征发生积极的关系(用实线表示),也会与其他情境特征出现消极的联系或受到抑制(用虚线表示)。这些消极的连接会降低激活程度,且不受其余情境因素的影响。单元之间的关系或联结表示:①单元之间存在众多可能的关系,但只有某些关系在功能上是重要的;②某单元可以被情境和人格系统中的其他单元激活;③在不同时间能产生反馈激活并保持激活模式;④被激活的单元通

笔记

过关系网中独特的结构能激活其他单元，最终产生可观察的行为。不同情境有不同的激活，这便是行为不一致的原因。CAPS 是一个以社会世界为背景、并不断与社会世界交互作用的系统。与外部世界的交互作用包括以下两种：人格系统产生的行为影响社会世界，这在一定程度上是通过营造和选择个体的人际环境来实现的，而这种环境反过来又会影响到个人。

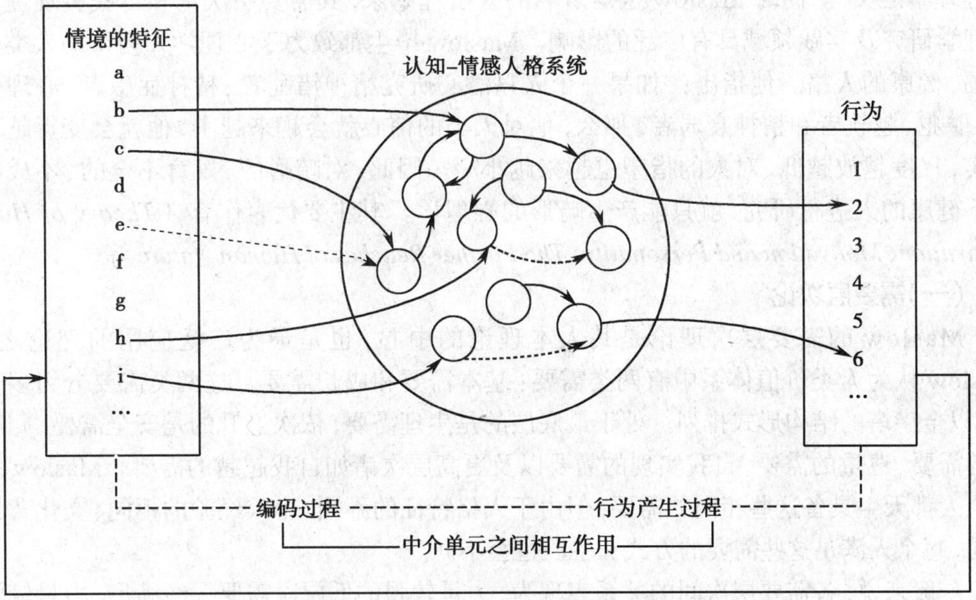

图 2-4 认知 - 情感加工系统说明图

三、人格认知理论的意义

人格的认知理论侧重于个体对情境的认知，并用认知结构来解释个体行为的差异。在人格建构过程中，认知理论家认为人格是个体与情境之间相互作用的产物。人格的认知理论形成了许多新的思想和观念，如原型、图式等概念被不断深化，扭转了人格心理学长期忽略认知因素的现象，突出了人格与认知之间的双向互动作用，符合当前心理学发展的趋势和潮流。许多治疗师受人格认知理论的影响，逐渐重视从认知角度对心理治疗进行探讨，关注于来访者的认知过程或者想法，认为认知不良是引起情绪困扰和挫折行为的原因，并由此发展了许多强调改变患者认知的心理治疗方法，如固定角色疗法、合理情绪疗法、自我指导训练和问题解决治疗等。

（曲海英）

第五节 人格的人本主义理论

人本主义心理学（humanistic psychology）是西方心理学的重要理论流派之一，被称为西方心理学的第三势力。它兴起于 20 世纪 50 年代的美国，在 20 世纪 60、70 年代得到迅速的发展和普及，成为当代西方心理学的主要研究取向之一。人本主义心理学既反对行为主义心理学又反对精神分析心理学，主张把研究的重点放在健康人身上，而非动物或精神障碍患者身上，着重研究人的主观世界，突出人所特有的选择性、创造性和自我实现等，恢复人的价值和尊严，帮助发掘人的潜力和追求人类幸福。

在人格心理学研究领域，人本主义对人格的关注和研究被归为现象学范型，是几个重

笔记

要的人格研究学派之一。本节主要介绍人本主义学派的代表人物 Maslow 和 Rogers 的相关理论。

一、Maslow 理论

Abraham Maslow(1908—1970)是人本主义心理学的主要创始人之一,被誉为"人本主义心理学之父"。同时 Maslow 也是著名的人格理论家,其需要层次论和自我实现理论在心理学研究及实践领域具有广泛的影响。Maslow 毕生都致力于心理学如何帮助人类建立幸福、健康的人格。他指出:"如果一个人只潜心研究精神错乱者、精神症患者、心理变态者、罪犯、越轨者和精神衰弱者,那么,他对人类的信心就会越来越小,他就会变得越来越现实,尺度越放越低,对人的指望也越来越小……因此,对畸形的、发育不全的、不成熟的和不健康的人进行研究,就只能产生畸形的心理学。"其主要代表作有 *A Theory of Human Motivation*, *Motivation and Personality*, *The Farther Reaches of Human Nature* 等。

(一)需要层次论

Maslow 的需要层次理论是其人本理论的中心,也是最为广泛应用的理论之一。Maslow 认为人类价值体系中有两类需要:基本需要和成长需要。这两类需要分为多个层次,以金字塔的结构形式排列。处于最底层的是生理需要,依次上升的是安全需要、归属和爱的需要、尊重的需要、自我实现的需要以及更高层次诸如自我超越的需要。Maslow 指出每个人都天生具备这些相同的需要,但由于人格特征的不同、个人经验的不同、文化背景的不同,每个人满足这些需要的方式和手段也会不同。

一般来说,各需要层次间的关系表现为,力量较强的低层次需要一经满足,力量较弱的高级需要就会出现。一种需要满足后,下一个更高层次的需要继续主宰这个人。但并不是说只有满足了低级需要才会有高级需要,也可以是低级需要部分地得到满足时,就有高级需要产生。也就是说,在某一个阶段,只要下一级需要部分地得到满足,上一级需要就会启动,人类需要由低级到高级发展并不像爬楼一样,低一层需要完全满足之后,才能产生高一层需要。Maslow 指出,需要的发展是连续的、重叠的和波浪式地向前推进的。

(二)自我实现的理论

自我实现是 Maslow 的一个重要理论,它包含自我实现的本质、自我实现者的特征、自我实现的途径等方面的内容。

1. 自我实现的概念　Maslow 的自我实现概念有两层含义:一是作为一种人格的自我实现,二是作为一种基本需要或动力的自我实现。人格是一个人独特的稳定的心理行为模式,从这种心理行为模式的角度达到自我实现,只有少数的人才能够做到,这种人可以称为自我实现的人。但是作为一种基本需要或动力的自我实现,是人的潜能的实现,是人的高级需要,任何人都有可能体验到的。

2. 自我实现者的特征　Maslow 基于对 48 位杰出人士的研究,概括出自我实现者的 15 种共同的人格特征:①准确地认识现实;②悦纳自己、他人和周围世界;③能自然表达情绪和思想;④以问题为中心,而不是以自我为中心;⑤具有超然独立的性格;⑥具有较强的自主性和独立性,超越环境和文化的束缚;⑦对日常生活永感新鲜;⑧常有高峰体验;⑨爱人类并具有帮助人类的真诚愿望;⑩有至深的知交,有亲密温暖的家人;⑪具有强烈的民主精神;⑫具有强烈的道德感;⑬具有幽默感;⑭有创造性;⑮对现有文化具有批判精神。

3. 自我实现的途径　自我实现的途径主要有两条:第一条是个人成长和自我实现的途径,这条路强调自我修养,关注个人潜能的发挥,培养健全的人格,使个人的生活完满幸福。这是一种个人内在发展的途径。第二条途径强调改变社会环境,为自我实现创造更好的外部环境,为多数人的成长提供所需的资源,这是一条通过寻求改变社会来改善所有人的生

笔记

活环境，促进共同发展的方法。无疑，两条途径是可以统一起来的，一个人在追求个人成长的同时，也应该关注环境、影响和改造环境。这样，环境的改善可以促进个人的自我实现，而个人的自我实现又会反过来要求社会环境的改善。

二、Rogers理论

Carl Rogers（1902—1987）是人本主义心理学的重要代表人物之一。他毕生致力于建构人本主义理论，是人本主义心理治疗的先驱。代表作有 *Counseling and Psychotherapy：Newer Concepts in Practice*，*Client-centered Therapy：its Current Practice，Implications and Theory* 等。Rogers 的人格理论认为，我们每一个人都有朝着健康、积极的方向发展、成长、变化的潜能，这种潜能引导着所有人的行为。这是 Rogers 自我实现理论的核心主题。以下将主要阐述 Rogers 理论中的自我理论、自我实现倾向及积极关注。

（一）自我理论

Rogers 深受现象学观点的影响。他认为，现象场就是人的经验世界或内心世界，包含个体在任何时间所能感知或经验到的一切现象。因每个人都以独特的方式感知世界，所以，其现象场也就不同。在个体现象场中那些与自身有关的内容就是自我或自我概念，集中体现为对“我是谁?”这一问题的回答。它既包括主格“我”，也包括宾格“我”，还包括所有格“我的”。例如，个体对自己相貌、需求、性格、能力、理想、目标、人际关系、成败经验等各方面的看法与评价。

Rogers 对于自我概念的发展还体现在划分了“现实自我”（real self）和“理想自我”（ideal self）。现实自我或真实的我是指此时此刻真实存在的自我，我现在是什么样的人，我目前的真实状况。理想自我象征着个体最喜欢拥有的自我概念，包括与自我有潜在关联的、被个体赋予很高的价值的感知和含义。真实自我与理想自我的现实统一就是自我实现。二者之间的差别能够作为衡量一个人的心理是否健康的指标，这一差距常常是那些向罗杰斯寻求心理治疗的患者所具有的典型特征，伴随着治疗的发展，两个自我会逐渐趋向一致。

（二）自我实现倾向

在人格发展动力上，Rogers 反对 Freud 将先天本能冲动作为人格发展的动力，也反对行为主义所倡导的后天外在环境决定人格的机械决定论。在他看来，人格发展的动力是人的自我实现倾向。

所谓自我实现倾向（actualizing tendency），指的是有机体所具有的一种天生趋向自我实现的动机。Rogers 认为，有机体有一种基本趋向和驱力：实现自己、维持自己并提高自己。他还提出：在人类有机体中有一个中心能源，它是整个有机体而不是某一部分的功能。也许最好的概念是把它定义为对有机体的履行、实现、维持和提高的趋向。

Rogers 相信所有行为都受自我实现倾向的制约，“机体以保持和增强自身的方式发展其所有的潜能”。在不良环境中，自我子系统的实现可能会和人的既往经验发生冲突，而这种冲突会导致心理障碍。在适宜的条件下，人才有可能形成与机体经验相和谐的自我概念，促进人的整体性与整合。

（三）积极关注

在 Rogers 看来，积极关注分为两类，一类为有条件积极关注，而另一类则是无条件积极关注。有条件积极关注是指这种积极关注是需要个体以他们自己的行为作为交换条件的。这种有条件的积极关注的结果就是，个体学会了抛弃他们自己的真实感情和愿望，而只是接受他人赞许的那一部分自我，他们拒绝自己的弱点和错误。这样发展，个体会变得越来越不了解自己，在将来也越来越不可能成为一个完善的人。无条件积极关注是指与个体相关的积极关注是无条件的，不需要任何事物来交换才能获得。在 Rogers 的心理学理论中，

笔记

非常强调无条件的积极关注。他认为只有通过无条件的积极关注才能达到对自我的统一和发展。

无条件的积极关注不应该被看作是一种绝对的完全的概念，绝对性的无条件积极关注是不可能存在的，重要的是在具体情况下对他人及其情感和思想的尊重。无条件地积极关注能为个体的成长提供一个积极的环境，当个体体验着积极的关注并表达着积极关注的时候，个体的人格维持和改善也在进行着。

三、人本主义理论的应用

人本主义理论的应用范围相当广泛，涉及教育、医疗、心理咨询以及管理等各种行业，并且人本主义理论的应用不仅仅是一种固定在某个行业内的理论，而是成为了一种思想逐渐被更多的人所接受和应用。

（一）教育

Maslow 提倡，教育者首先需要把学生看作一个人，承认学生的差异，尊重学生的不同需要、兴趣，因此要深入了解、理解学生，真正使学生在学校里处于主体地位，激发学生产生向上的动机和行为。

Rogers 在 1969 年出版了 *Freedom to Learn* 一书，阐述了人本主义的教育思想，即以学生为中心的非指导性教学。在教育目标上，Rogers 认为教育的目标是促进学生发展，培养学生成为能够适应变化和知道如何学习、有独特人格特征而又充分发挥作用的人。在教师角色上，Rogers 认为教师应该是“促进者”，而不是教导者。在教学方式上，Rogers 重视意义学习，反对重知轻情，甚至知、情分离的传统教育。Rogers 所强调的意义学习不仅在教育的方式上得到了较大的重视，并且在随后发展起来的认知心理学的记忆研究中，都得到了较多的支持。

（二）心理健康

Maslow 把心理健康理解为人性的丰富实现即自我实现，心理疾病则是人的基本需要或自我实现的受挫与失败。在此基础上，Maslow 把心理疾病分为两大类型：缺失性病态与超越性病态。前者是因患者无力认识并满足自己的缺失性需要所导致的心理病态，如安全感的缺失、归属感的匮乏等；后者则为人的超越性需要或存在价值被剥夺所酿成的人性萎缩，无信念、无价值状态等则属于此类。这样，心理疾病的范围不再止于惯常意义上的神经症或精神分裂症，而是涵盖了由人的基本性质被否定、歪曲所导致的一切人性萎缩。由此，Maslow 认为心理治疗的本质在于帮助患者步入自我实现的轨道，自我实现的机制便是各项心理治疗工作必须遵循的基本原理。

在心理治疗的发展史上，Rogers 的以人为中心疗法是一个重要的里程碑，并影响了各个治疗流派。Rogers 认为，一个治疗师不可能像来访者一样完全了解求助者的问题，对改变状况负责的应该是来访者自己而不是治疗师。Rogers 认为，人之所以心理失调，甚至导致障碍，完全是由于受到外部文化因素影响，其坚信在人体中蕴藏着实现的强大推动力和积极的成长力量。在治疗过程中，来访者并非被动地为治疗者所引导，而是人本身就存在着引导、调整和控制自己、不断地适应新经验的能力。基于这种认识，Rogers 提出了以人为中心疗法。这种疗法的特点就是以来访者为主导，治疗者在整个治疗过程中就是为来访者创造适宜的气氛和环境，以减轻来访者面对矛盾时的焦虑。

（三）管理

Maslow 强调，管理学的研究应该着眼于如何将人真正当做人来管理。Maslow 把管理学的着眼点拉回到了人性健康积极的发展上。Maslow 人格理论还认为，商业经理应该让他的员工承担更大的责任和享有更多的自由，开发他们独特的和创造性解决问题的潜能，鼓

笔记

励他们在工作中充分运用他们的智慧和想象力。

四、人本主义理论相关研究

人本主义研究模式在心理学研究中是独树一帜的。人本主义心理学认为：不能把人还原为一系列的数字，在一套人格测验上的得分并不能反映一个人的内部力量、情感和特性。所以，人本主义心理学家的研究对象不再仅仅是实验室中的被试，而是现实生活中的人。在研究中采用开放性模式，强调主观性，但不排斥客观性；不忽视外部因素，但重视人的内在体验。

在对于 Maslow 理论的相关研究中，对在校大学生（包括男学生和女学生）的调查表明，大学生对自尊的需要要强于对归属感的需要。被调查者显示出对安全需要的较少的关注，这和需要层次理论提出的假设是相符的。而另一项运用了需要层次满足量表，对代表整个美国大众的典型样本进行的一项研究表明，几大基本需要之间的顺序关系与 Maslow 需要层次阐释的关系一致，同时该项研究还显示了被试者如何从最低级的需要满足到达最高级需要的。

Rogers 坚信以人为中心疗法的有效性。他热衷于在实际的治疗过程中进行他的理论研究，他录下整个治疗的过程，使研究者能仔细研究来访者与治疗师之间的互动过程。在 Rogers 采用这个方法之前，关于治疗的相关研究资料只能来自治疗师的个体报告，这难以避免因时间原因导致的治疗师的记忆的曲解，而这个治疗师的个体报告也仅仅是一个认知材料的重建；书面的报告还会丢失关于来访者的声调语气变化、肢体语言等方面的信息，而往往一个面部表情、一次语调的变化就能提供大量有价值的信息。Rogers 采用的录像方法使研究者能观察到治疗过程中的一切信息。他曾说："我们好像是在用显微镜去观察每一个人格'分子'的变化。"

除了对 Maslow 和 Rogers 的理论及观点进行验证性的研究外，后来的心理学家们对人本主义理论中更多的概念和假设进行了更深入的、扩展性的研究，这其中最深入的就是关于孤独的研究。临床及有关资料表明，孤独感已成为现代人的通病。这种现象也是人本主义心理学家对孤独感关注的原因。Rogers 认为"今天的人们可能比历史上任何一代人更清楚地意识到自己内心深处的孤独感"。正如 Maslow 在需要层次理论中指出的，当人们不再需要为住所和工作及安全感而担心时，发展富有意义的、持久的关系的需要就变得尤为重要。随着生活的富足，人口的流动性，越来越短暂的人际关系代替了旧时稳定的生活，现代社会激烈的竞争导致的戒备心理，他们不愿与自己单位和公司的同事发展深入关系。于是，他们把眼光转向了网络，在网络里寻找知心朋友，定期聚会以求相互的慰藉。

人本主义人格理论兴起于 20 世纪初期，在 20 世纪 70 年代发展至顶峰。它对于后续心理学的研究提供了独特的关于"人"的视角基础，对近来人格理论的发展有着深刻的影响。

（张秀琴）

第六节　人格理论的发展

人格理论学家一直在试图寻找或创立一种"大一统"的人格理论。然而，随着人格理论研究的不断深入发展，越来越多的人格心理学家意识到，没有一种理论能全面地解释人格和行为的所有方面。随着人格理论的不断发展，人格理论的整合已成了人格理论发展的趋势，时代也呼唤着整合的人格理论从不同维度认识"人"。

笔记

一、人格理论中的整合

20世纪以来，人格心理学家的研究可以分成两类：人格倾向或人格特质研究，和人格加工动力(personality process dynamics)研究。人格倾向研究假定个体差异的基本单元是稳定的特质、因素或行为倾向。这些特质、因素或行为倾向在不同情境中保持不变，并决定个体的行为。近年来，该领域最热门的研究就是五因子模型研究。加工动力研究则认为人格是由中介单元组成的系统(如编码、期待、目标、动机)，是与环境相互作用的心理过程或认知-感情动力，主要关心的是当人与环境相互作用时，心理是如何操作和如何影响社会行为、如何内化到社会-认知理论框架中。

二、整体交互作用论

从经典行为主义的鼻祖 Watson 开始，心理学家便将“精确的预测作为心理学科学性的重要标准”和“个体功能发生发展研究的主要目标”。在这种思想的指导下，决定论和还原论成为当前心理学中占主导地位的方法论，即集中于研究个体功能和/或某个时间点上情境的一个或少数几个方面，其他同时起作用的因素未加以考虑和说明。但心理学大量的研究已经表明，独立于个体功能其他方面的单个变量，对所有的个体并不具有同等重要的心理意义，因此难以得出关于个体心理的整体性、系统性阐述。

现代整体论观点强调，个体和人-环境系统都是有组织的整体，以整合的总体在起作用。在每个水平上，总体通过诸多元素的参与起到交互作用，而不是以各自独立的部分影响整体而形成其特征性和性质的。结构和过程的每个方面(包括知觉、计划、价值观、目标、动机、生物因素、行为举止)以及环境的各个方面是通过个体在整体功能中的影响来体现其意义的。特定元素则通过它在所组成系统中的影响，而不是它的结构来体现其意义的。

心理学研究的整体论观点不是把某些孤立的东西收集在一起，或者把没有相关的知识碎片纳入一个共同的理论框架中。现代整体论观点的主要特征是它构成了理解和解释个体为什么在现实生活中思考、感受、行动和反应，以及这些方面是如何发展的等所有知识的综合。

三、人格与文化

心理学者越来越认识到，文化对理解人格有十分重要的作用。不同的文化中的不同经验影响着人格发展。西方发达国家一些人格心理学者发现，作为我们描述和研究人格方法的那些观点，并不能应用于不同文化的人们。研究者在个体主义和集体主义文化之间发现了最重要的差别。如，个体主义文化强调个人的需要和成就，生活在这种人文中的人倾向于把自己看作独立的、独特的人；而生活在集体主义文化中的人倾向于把自己归属于群体，如家庭或国家、宗教。

对于中国人人格的研究，研究者也要从中国社会、文化和历史背景的实际出发，吸收西方人格力量的合理因素，多取向、多方法相结合，构建出既符合中国人实际又能为人格心理学发展的整合作出贡献的人格理论。

四、人格理论研究展望

过去一个世纪以来形成了形形色色的人格理论。人格心理学家们从不同的角度回答人们稳定的行为方式和内部心理过程产生的根源，好比是盲人摸象的故事。也就是说，每个流派的理论都查明并验证了人格的一个重要方面。例如，精神分析理论提出人的无意识心理对他们行为方式的差异影响很大，特质理论认为人是处在各种人格特征的连续体上的某

笔记

个位置，行为学习论则把稳定的行为方式说成是条件反射和期望的结果，人本主义理论相信人的责任感和自我接纳是造成人格差异的主要原因，认知理论倾向于解释行为差异的原因是人们信息加工方式的不同。

每一种理论都在帮助我们理解“我是谁”这一问题上提供了有价值的东西。有人建议，把所有人格理论综合起来，我们就能获得关于人格的更全面更详尽的图景。可是，对于人格的某一问题，很多时候，不同理论做出的解释是完全不相容的。例如，对于攻击行为的解释，精神分析理论认为每个人都有一种无意识的死的本能的驱动，而人本主义理论不承认有些人生来就有攻击性，行为学习论的解释是，人们像学习其他行为一样，学会攻击行为的。

那么面对人格理论中的争论和分歧，哪种理论才是正确的呢？怎样才能解决人格理论的迷惑与争端呢？最合适的答案是所有的人格理论都在形成个体的人格中讨论了一部分因素，每种理论都对上述迷惑做了部分解答，将来要做的就是有机组合这些组成部分，从而不断完善人格理论的整体“拼图”。

（曲海英）

笔记

03章

第三章　人格的形成因素

生活中我们发现人与人之间差别很大：有人朋友成群，有人形单影只；有人无私仁爱，有人自私自利；有人乐于进取，有人退缩自卑。是什么导致了人与人之间的人格差异，先天遗传？后天环境？在历史发展的不同阶段，人们对这个问题有不同的理解。我国两千多年前就存在着"性善论"与"性恶论"之争，其实无论性善、性恶，这本质上都是先天遗传决定论。而孔子认为"性相近，习相远"，认为后天教养对于人格的影响更大。在天性与教养之争中，近代 Galton 认为"非凡的天才主要起因于遗传因子"，创立了遗传决定论。而 Watson 等行为主义者则坚定地站在了教养这一边，持环境决定论观点。当代心理学家普遍认为，人格是遗传与环境交互作用的结果。人的性别、体型、神经系统和内分泌系统等因素都是由遗传决定，没有与生俱来的生物个体，人格也就无从产生。同样没有环境基础，人格也不能产生。环境基础是指个体所处的外部世界，包括能引起行为的各种事物和情景。遗传与环境共同影响着人格。

第一节　遗传与生理因素

人格的形成离不开个体的生物遗传基础。个体的神经系统（尤其是脑）的特性，体内的生化物质是人格形成的基础；身体外貌对人格的形成也有一定的影响。

一、遗传因素

生活中我们经常发现，孩子是父亲或母亲的"缩小版"，肤色、容貌、身高、体型与父母极为相似，甚至气质、智力等也一脉相承，这主要是遗传因素的作用。人格的形成离不开个体的遗传基础。遗传就是指经由基因的传递，使后代获得亲代的特征。一个独特的个体是由来自父亲的精子与来自母亲的卵子相结合形成受精卵之后产生的。父亲和母亲给予受精卵 23 对遗传的基本单位，即染色体。每一对染色体都含有 2 万个基因，就是这些基因决定了人的各种遗传特征，如身高、体重、肤色、内脏器官的结构和功能、细胞的数目和形状，以及某些酶的含量等等。染色体与染色体结合，基因与基因结合，依据概率统计，总的可能组合数为 16 777 216 种不同形式。因此，除了同卵孪生，两个人能要具有完全相同的遗传因素是不大可能的，即使是同父同母的兄弟姐妹也不可能。

探讨遗传对人格特质的影响，主要采用了行为遗传学方法。

行为遗传学（behavioral genetics）也称心理遗传学（psychogenetics），是结合心理学和遗传学两方面的知识，对个体身心变化进行系统解释的学科。该学科主要探讨个体人格的差异在多大程度上是由遗传和环境的差异造成的，解决遗传与环境之争的问题。为了能够将引起个体差异的遗传因素和环境因素分辨出来，行为遗传学已经发展出来一系列方法，主要包括：家谱法、群体调查分析法、双生子法以及选择性交配研究。

笔记

1. 家谱法 通过对某一家族成员的调查，将所得的有关某种特质或生理特性发生情况的资料，按一定格式绘成系谱图，再对它进行分析，以确定所研究的特质或生理特性在该家族中是否有遗传因素和可能的遗传方式。

英国人类学家Galton在探讨遗传对智力的影响问题上率先采用了家谱法研究。他根据名家传记和其他记载性资料，研究了1768—1868年100年间的977位政治家、法官、军官、科学家、文学家、诗人、画家、音乐家等名人的家谱，发现他们多出身名门。这些名人家属中有332位也是名人。他把杰出人物和他们直系亲属中杰出人物的比例进行推算，结果发现，杰出人物的家族中有31%～48%的杰出人物产生，而在当时的普通平民中，每4000人才能出现1个杰出人才。据此，Galton认为天才的出现是优秀家族遗传特质集结的结果，并于1869年出版了著作*Hereditary Genius*。

也有学者采用家谱法对障碍人格进行研究。Goddard对18世纪美国独立战争时期军人Martin的家谱进行研究。Martin在从军时曾经与一位精神不健全的女子同居，之后的150年间其繁衍的子孙后代约有480人，对其中189人的详细报告表明，正常者只有46人，余下的143人均有各种问题：有的精神不正常，有的是低能儿，有的犯罪，有的酗酒，有的卖淫……Martin从军队返乡之后与一位正常女子结婚，这一家系共繁衍子孙496人，全部是正常人。Martin的家族谱系图见图3-1。

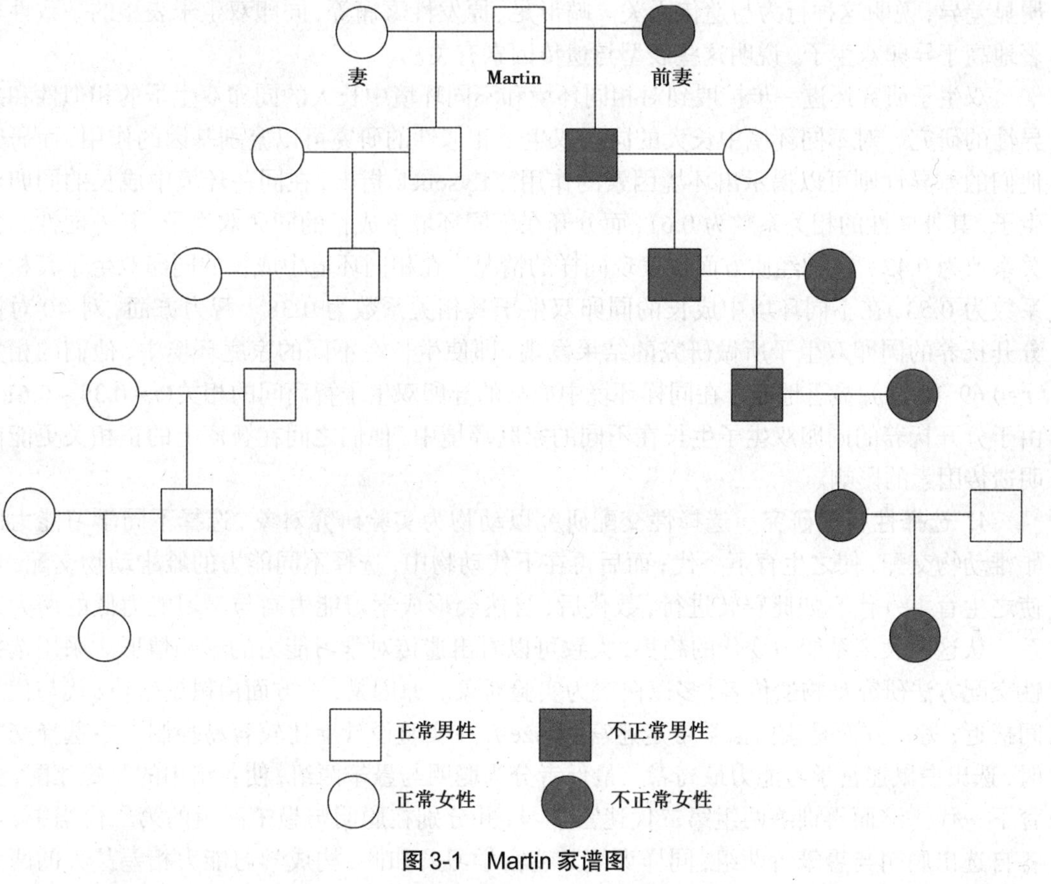

图3-1 Martin家谱图

家谱研究存在的最大的问题是，没有把环境因素和遗传因素分离开来。同一家族中不仅遗传基础具有共性，在其成长过程中的环境因素也是一致的。也就是说，家庭成员之间的相似性不一定是因为遗传，也有可能是由于共同的环境因素造成的。例如，我们常说的“医生世家”、“音乐世家”等除了遗传因素的作用外，家庭环境对人的熏陶也不可忽视。因此，仅凭家谱研究的结果还不具有完全的确定性。

笔记

2. **群体调查分析法** 调查某种异常现象在一般群体中的出现率与患者亲属中的出现率，测验其显著性，以确定这种异常现象是否与遗传有关。调查显示，精神疾病患者亲属的精神障碍发病率明显高于一般群体，而且与患者的亲缘关系越近，发病率越高。Stephens（1975）关于精神分裂症的调查发现，精神分裂症患者一级亲属中偏执型人格障碍患病率为9.0%，而对照组（正常人）一级亲属为4.3%。而Tsuang（1985）的类似调查则表明，精神分裂症患者一级亲属患精神分裂症的风险率为3.7%，而对照组（正常人）一级亲属的患病风险率仅为0.2%。我国学者的调查发现精神分裂症患者的一级亲属，精神分裂症的患病风险率为4.25%，而正常的群体一级亲属患病风险率仅为0.42%；情感性精神病患者的一级亲属患病风险率为6.8%，正常的群体一级亲属患病风险率仅为0.066%。

3. **双生子法** 该研究主要是通过比较同卵双生子和异卵双生子的差异来探讨遗传因素与环境因素的影响。同卵双生子由于是从单个受精卵分化出的双胞胎，所以基因完全相同，他们之间的任何差异都可归于环境因素造成；而异卵双生子则是从不同的受精卵而来的，因而基因是不同的，但相比于非孪生兄弟姐妹来讲，他们的成长环境又更接近，如出生次序、母亲年龄、家庭经济状况等，因此也提供了环境控制的可能性。通过比较同卵双生子和异卵双生子某一人格特质或生理特性发生的一致性，就可以看出遗传因素和环境因素在这些特性发生中的比重。有研究表明，在开始坐起的行为上，同卵双生子与异卵双生子无明显差异，说明这种行为与遗传无关。畸形足、原发性癫痫等，同卵双生子表型的一致性显著地高于异卵双生子，说明这些表型与遗传因素有关。

双生子研究还进一步扩展到对相同环境和不同环境中长大的同卵双生子的相似性和差异性的研究。对不同环境中长大的同卵双生子相似性的研究可以鉴别基因的作用，而研究他们的差异性则可以揭示出环境因素的作用。Eysenck指出，在同一环境中成长的同卵双生子，其外向性的相关系数为0.61，而分开在不同环境下成长的同卵双生子，其外向性的相关系数为0.42。在神经质方面也发现同样的情况。在相同环境中成长的同卵双生子其相关系数为0.53，在不同环境中成长的同卵双生子其相关系数为0.38。智力方面，对40对被分开抚养的同卵双生子所做研究的结果发现，即使生长在不同的家庭环境中，他们的相关（r=0.69～0.78），显著地高于在同样环境中成长的异卵双生子智商间的相关（r= 0.34～0.61）。由于分开抚养的同卵双生子生长在不同的家庭环境中，他们之间在智商上的正相关更能证明遗传因素的影响。

4. **选择性交配研究** 选择性交配研究以动物为实验研究对象，选择不同学习能力的雌雄动物交配，使之生育下一代；而后再在下代动物中，选择不同能力的雌雄动物交配，再使之生育下一代。如此辗转进行，数代后，自然会形成学习能力高与学习能力低的两大亲系。从这两大亲系能力变化的趋势，大致可以看出遗传对学习能力的影响情形。采用选择性交配方法研究动物遗传者，多以白鼠为实验对象。原因是，一方面白鼠繁殖快，代与代之间接近；另一方面是让白鼠学习走迷宫（maze），在实验设计上比较容易控制。在选择交配时，选出白鼠迷宫学习能力最高者与最低者分为聪明与愚笨两组，使各组中的雌雄相配，生育下一代。继而再训练两组第二代迷宫学习，并分别在聪明与愚笨两组的第二代当中，再各自选出聪明与愚笨者两组，同样训练其迷宫学习。如此，构成学习能力相差甚大的两个亲系。选择交配实验研究的结果发现，两大亲系的白鼠，在迷宫学习的能力上，一代不如一代。

这现象显示出遗传的确是影响学习能力的一个重要因素。在实验设计上，研究者控制了环境因素：除居住环境与食物营养两组保持相同之外，愚笨组与聪明组的幼鼠，有的分别交换母亲，借以避免“家庭环境”的影响。这种方法虽然能较好地解释遗传的影响，但是并不适合人类被试。

笔记

二、生理因素

身体生理因素是人格形成和发展的必要条件，大脑特质构造，身体器官的构造和功能，身体的外表及其他一些复杂的神经生物学机制都直接或间接地影响着人格的形成和定型。

（一）脑与人格

大脑是人格的主要物质基础，个体的人格和行为无论多么复杂，都是脑工作的产物。脑的局部病变或受伤会导致人格和行为的改变，同时人格的异常也会影响大脑的正常发育和活动。在探讨人格与大脑的关系时，常从两个角度入手：一是研究脑部病变患者的人格变化，二是研究障碍人格的脑电反应。在对割裂脑、脑损伤患者的研究中发现，患者的人格和行为与以前的表现大相径庭，简直是变了一个人；而在对障碍人格者的脑电反应的研究中发现，某些障碍人格的脑电图类似于儿童期的脑电，有较多的慢波成分，是脑电唤醒水平较低的脑电类型，这说明了这些障碍人格者大脑皮层细胞成熟不完全，发育迟缓，从而影响了大脑的正常活动。值得注意的是这些人的双亲也有类似的异常脑电活动（Hare，1970）。

南加州大学的Damasio研究了著名的Gage案例，表明了大脑与人格的关系。

Phineas Gage是一名建筑工头，曾在1848年的一次事故中被一根3.5英寸的铁杆刺穿头部，且奇迹般地生还。Gage在铁路上从事建筑工作，他的工作是负责开山，也就是炸开岩石，使之能够铺设轨道。这个工作具有一定的危险性，需要高度的谨慎和专注，容不得一丝马虎。但1948年9月13号上午，他把火药灌进洞里之后，转过脸来和同事说话，这一分心使他忘记了火药上面得盖上石棉才能用锤子往下敲击，而是直接开始砸铁杆。一锤下去，火药被引爆，Gage被爆炸所喷射出来的铁杆刺中了头部。铁杆冲入了他的左颊，刺穿了颅骨深处，横贯脑的前方，再从头顶穿出。不可思议的是，Gage从这个灾难中幸存了下来！但是身体康复后的他，行为上却发生了巨大的变化。他不再能够很好地控制自己的脾气，做事也不再专注而有计划。他的身体还活着，而且健康，但是那里面存在的是一个全新的灵魂。Gage再也不是原来的Gage了。Gage不再严肃，不再勤奋，不再充满活力，也不再负责任。现在的他不考虑别人，缺乏计划性，行动不计后果。Gage因前额叶受损而变得冲动、无法控制自己行为的这一事实已被记入神经科学史。

除了关注Gage这个历史人物之外，Damasio团队还关注与Gage类似的前额叶受损的患者。早在1990年，他们就发现前额叶受损的患者，在看到社会性信息时，其生理反应就与普通人不同。1999年，他们报告了两名儿童期就前额叶受损的个案，发现他们与文献中对Gage的描述相似：决策时只关注短期利益而不考虑长期后果、更加倾向于冲动型的攻击。这些行为的模式与具有反社会人格的个体相似，冲动是他们最明显的特征之一。

Eysenck在研究人格的外向性维度时，认为内向和外向之间的差异源于大脑的上行网状激活系统功能的差异。上行网状激活系统是向上贯穿于皮质的纤维网络，皮质的警觉和唤醒与上行网状激活系统功能及兴奋状态有关。Eysenck认为，内向者的皮质唤醒水平高，感觉阈限低，而外向者的皮质唤醒水平低而感觉阈限高。同样的刺激强度作用于内向者和外向者，内向者体验到的强度要显著高于外向者。因此，内向的人只需要少量的刺激就会放大地传递到中枢神经，这会使得他们在行为上更加喜欢安静。而外向的人更喜欢追求刺激以维持大脑皮层的兴奋性。所以，外向人比内向人更加积极地与人交往，参加聚会等社交活动以及进行蹦极、漂流等刺激活动。

（二）神经递质与人格

除大脑外，神经递质和激素也与人格密切相关。神经递质和激素含量的改变，会引起

笔记

个体情绪、行为的变化，从而影响其人格。

5-羟色胺（5-hydroxytryptamine，5-HT）是目前研究最广泛的神经递质，其主要生理功能与情绪以及自杀和暴力等行为有关。近年来的研究表明，5-HT水平较低的人群更容易发生抑郁、冲动行为、酗酒、自杀、攻击及暴力行为。科学家们甚至通过改变动物脑内5-HT的水平使它们更具有攻击性。而5-HT亢奋则可能是引起强迫症等神经症的生理因素。

多巴胺（dopamine）与人的趋向机制相联系（Cloninger，1987），是脑部负责快乐和兴奋的一种积极化学物质，与亢奋和欢愉的情绪有关。有学者提出，多巴胺分泌带来的兴奋，是爱情产生的一个重要的生理基础；它的缺乏会促使个体积极趋向有效物质或新异经验以增加多巴胺释放。吸烟和吸毒等上瘾行为都可以增加多巴胺的分泌，使人感到开心亢奋。但是也有研究表明，多巴胺分泌过量会导致精神分裂症，临床上某种治疗精神分裂症的有效药就是通过降低多巴胺的分泌来达到治疗效果的；而多巴胺分泌量不足则会使人体失去对于肌肉的控制能力，使得身体不由自主地颤抖，例如帕金森病。接受多巴胺治疗的精神分裂症患者有时也会出现帕金森病的副作用（Davison，Neale，1990）。

甲状腺素（thyroxine）是甲状腺所分泌的激素，其分泌不足或过量都会引起疾病。甲状腺素分泌缺乏会导致智力减退、记忆力下降、联想和言语活动减少、嗜睡、性欲减退等；而甲状腺素分泌过量又会导致神经系统兴奋性增高，出现易紧张、失眠、烦躁、多言、情绪不稳定等状况。去甲肾上腺素（norepinephrine）可以调节唤起机制，并发现信号唤醒大脑皮层来处理所面临的危险。这些都表明生化物质会影响人格。

但是人体内的生化物质是否会直接导致某种人格特征呢？这种因果关系的推论，必须谨慎。什么是原因？什么是结果？是否存在第三个因素在起中介作用？这些问题，都尚需进一步研究才能解答。

（三）身体外貌与人格

个体的身体外貌对人格的影响，古今中外都有论述。美国心理学家谢尔顿从胚胎学角度把人分为三类：内胚叶型、中胚叶型和外胚叶型。其中内胚叶型人柔软、丰满、悠闲，多思虑、镇静，行为随和，喜爱社交；中胚叶型人体格发达、健壮，精力充沛、大胆坦率、好自作主张、有强烈的权利欲、冒险、好斗及缺乏自我洞察；外胚叶型人体型瘦长，时而抑制时而神经过敏，思想灵敏、深思熟虑、内倾、不善社交、工作热心负责。

成书于两千多年前的中医典籍《黄帝内经》中对于身体外型以及身体构造与人格特征的联系也有涉及。《灵枢·通天》中将人分为金、木、水、火、土五种类型。金型人脸方肤白、头小肩背小、腹小手足小、足跟坚厚大，为人清廉、急躁刚强、办事认真果断；木型人肤黑头大、脸不光整、颊腮清瘦、两肩狭小、腹大、尻骨和脊背很长，禀性无所畏惧、但不够廉洁；火型人肤赤脸长、脊背肌肉宽厚、肩胛髀腹匀称，理解敏捷、真诚朴实、多气轻财；土型人肤黄、头大脸圆、肩背丰厚、腹大，内心安定、乐于助人、诚恳忠实。

关于体型与人格的关系更多的是一种猜测，缺乏科学依据。我们不能仅从一个人的体型来预见其行为，判定其人格。但是人在社会中生活，因而他的肤色、脸型、身高、体重等身体外貌的特点不可避免地要受到社会价值和所在群体的评判，从而对个体的人格形成和发展产生影响。符合社会期望的身体外貌可能使人形成自信、自尊的人格特点，而有生理缺陷的人在社会生活中容易成为人们讥笑或怜悯的对象，可能导致自卑感。但是生理缺陷也可能激发人去追求优越，以补偿身体的缺陷。因此，身体外貌对人格特征的影响主要由个人如何看待自己的身体特点而定的。

（郝丙辉）

笔记

第二节 环境因素

一、胎内环境

胎儿从受精卵到出生，大约需要270天，其中的每一天，对一个人的发展都是重要的。孕妇的营养、情绪、疾病和药物等都是影响胎儿发育的环境的重要方面。它不仅影响胎儿的健康，而且影响胎儿今后人格的发展。

纽约大学一些学者对胎儿进行了长期的研究，取得了丰硕的成果。他们认为，胎儿不仅有感觉、知觉、记忆和思维活动，而且还能够与母亲交流情绪信息。他们十分强调母亲和胎儿之间情绪交流的重要性，指出母亲的心理活动对胎儿的发育有重大的影响，母爱对胎儿来说是非常重要的。他们指出"……子宫是胎儿最初接触的'世界'，在这个'世界'中的体验将直接影响到胎儿人格的形成。"此外，母亲健康上的差异会影响子宫的环境，从而影响新生儿的某些特征。例如，母亲血清中的锌含量严重偏低会导致婴儿患各种先天畸形；有物质依赖的孕妇会使新生儿天生对物质形成依赖。母亲所处的不利环境也会影响胎儿的人格。国内学者对暴露于地震环境中6个月大的胎儿进行了追踪研究，发现这些胎儿成年后发展为分裂样人格的可能性更大，这可能是因为危险环境使23周的胎儿神经发育异常，因此增加了成人后患分裂样人格障碍的风险。

二、家庭

家庭是个体出生后最早接触的环境。家庭中的各种因素，例如家庭结构、家庭关系、父母的教养方式、父母的行为、出生顺序等都会对人格的形成起着重要作用。

（一）家庭结构

目前我国传统的家庭结构发生了巨大变化，占主导地位的家庭结构由原来的主干家庭（孩子＋父母＋祖辈）转变为核心家庭（孩子＋父母）。随着离婚率的增高，单亲家庭有明显增加的趋势。

与核心家庭和主干家庭相比，单亲家庭的儿童更容易出现人格问题，比如情绪不够稳定、易呈现冲动行为。单亲家庭有两种情况：一种是父母中一人死亡，另一种是父母离婚。研究表明，父母离婚比父母死亡对子女人格发展的影响更大。因为父母死亡会引起周围人的同情，而父母离婚则会受到一些人的歧视，特别是离婚后再婚。父亲或母亲死亡的时间对儿童人格发展的影响也不同。婴、幼儿时期丧母对孩子以后人格发展比丧父的影响大，儿童期丧父比丧母影响大。单亲家庭中的孩子往往很悲观，心情孤僻，一遇到不顺心事，易钻"牛角尖"，但也可能发展坚强和果断的人格特征。

但是，单亲家庭并不必然导致儿童的人格问题，家庭结构的不完整只是造成儿童心理问题的诱因。真正对儿童人格造成影响的，是监护者面对家庭缺损而产生的不良情绪和教养方式等。单亲家庭儿童情绪不稳定与其父母的不良情绪密切相关，而不是家庭缺损所致的必然和直接结果。

（二）家庭关系

家庭成员之间的关系对人格形成具有重要作用。家庭关系亲密的孩子能够理解他人、关爱他人，较为外向，和大多数人相处融洽，情绪稳定。反之，家庭关系淡漠的孩子比较自我中心、敏感、情绪波动较大，较为孤僻，也容易产生抑郁症状。家庭关系主要包括夫妻关系和亲子关系。

笔记

夫妻关系的好坏主宰着整个家庭的气氛，它影响着家庭其他成员之间的关系，也影响孩子的人格发展。如果夫妻关系是融洽的，则孩子安全感强，在家里感到愉快，能够顺利地完成学习任务；如果夫妻关系是对抗的，则孩子就缺乏安全感，经常提心吊胆害怕受到严厉的惩罚，容易产生紧张、焦虑，出现情绪和行为问题。

在亲子关系中，母爱是一个重要的方面。母爱是儿童人格正常发展的必要条件。乳儿在3~4个月后有一种"天真快乐"反应。如果母亲与乳儿接触很少，而且缺乏抚爱，对乳儿采取冷漠态度，这种情绪反应就会延缓出现。缺乏母爱的儿童会形成任性、孤僻、情绪反应迟钝和不合群等不良的人格特征。"母爱丧失"的儿童（包括受父母虐待的儿童），在婴儿早期会出现神经性呕吐、厌食、慢性腹泻、阵发性绞痛、不明原因的消瘦和反复感染，还会表现出胆小、呆板、迟钝、不与人交往、敌对、攻击、破坏等人格特点，这些人格特点会影响他们一生的顺利发展，出现情绪障碍、社会适应不良等问题。

父亲在儿童发展中的作用是亲子关系的另一个重要方面。研究表明，父亲对于儿童的性别角色发展上有着特殊重要的作用。父亲为男孩提供模仿同化的榜样，为女儿提供与异性成人交往的机会。幼年没有与父亲完全接触过的儿童，在性别的社会化方面，往往是不完整的。

（三）父母的教养方式

父母的教养方式是影响个体人格形成的重要因素。父母良好的教养方式如情感温暖理解有利于发展子女稳定成熟、负责等积极的人格特质，而父母严厉、拒绝、否认等不良教养方式则会造成子女童年创伤，导致情绪不稳定等消极人格的形成。

对子女过度保护的父母，其子女会变得过度焦虑；对孩子漠不关心的父母，其子女的成就动机和自我价值感都较低；溺爱子女的父母，其子女常缺乏爱心、耐性和挫折容忍力；父母如果经常体罚孩子，孩子会变得难以管教，而且会发生更多的攻击行为。Levy的研究中指出，过度保护型母亲在与子女的关系上有三个显著特点：一是与孩子接触太多，不离孩子身边左右；二是人为地延长孩子的"婴儿照顾期"，把长大了的孩子还视为婴儿看待；三是禁止孩子的独立行为。这种"过度保护型"母亲还会表现出两种不同的教养方式，从而导致了孩子不同的人格特点。"保护-纵容型"母亲会使孩子变成"小霸王型人格"，这是个被母亲宠坏了的孩子；"保护-支配型"母亲会使孩子变成"温顺的乖孩子"，男孩子会有"女孩子气"。这两类母亲对孩子的教养都造成了孩子的人格问题（表3-1）。

表3-1　两种保护型母亲与孩子的人格特征

母亲教养方式	孩子的人格类型	孩子的人格特征
保护-纵容型	小霸王型	冲动、残暴、执拗、支配、自我克制力差、脾气暴躁、提过分要求等
保护-支配型	温顺乖孩子型	顺从、温和、听话、胆小、整洁、有礼貌、学习勤奋，但竞争力与独立性差、懦弱

Becker描述了两种不同教养方式"温暖-敌意"与"限制-放纵"的交互作用，影响子女形成不同的人格特点（表3-2）。Becker汇总了一些研究，表明了"温暖"虽然是父母应该具有的良好特征，但其对子女所产生的效果却要看它与父母其他特征如何匹配的。如果教养方式是"温暖"与"限制"相匹配，孩子就会形成顺从、依赖、守规矩、懂礼貌、爱整洁等人格特征；如果是"温暖-放纵"的教养方式，孩子就会形成活泼、外向、进取、独立等人格特征；如果父母是"敌意-限制"型教养方式，孩子就会形成畏惧、退缩、自我攻击的人格特征，甚至出现心理问题等；如果父母是"敌意-放纵"式教养方式，会导致孩子攻击、反叛，甚至会犯罪。

笔记

表 3-2 两种教养维度交互作用对子女人格形成的不同影响

	限制	放纵
温暖	顺从、依赖、有礼貌、整洁 少攻击 守规矩的男孩 依赖、不友善、缺乏创造力 听话	活泼、外向、富创造力、进取 极不守规矩的男孩 促进成人角色的学习 少自我攻击的男孩 独立、友善、少投射的敌意、富于创造
敌意	常与同伴吵架，较害羞 与人相处时畏缩 不太能接受成人角色 男孩会有较多的自我攻击	少年犯罪 不顺从 极端攻击

另外，来自于浙江大学的研究表明（Yu et al，2007；Xu et al，2016），不当的父母教养方式，如父母双方的低关爱（care）、高自由控制（freedom control）或高主权否定（autonomy denial），均会对将来孩子一生中出现多型的人格障碍起到推波助澜的作用。

（四）父母的行为

父母是孩子最早学习的榜样，父母的一言一行潜移默化地影响着儿童的人格。父母的表率作用与儿童许多人格特征的形成和发展有关，如对人、对劳动和对困难的态度、自制力、自尊心、好奇心等等。

孩子的人格是在与父母持续相互作用的过程中逐渐形成的，比如攻击行为通常得到的是攻击反应，友好行为得到的是友好的回报。攻击型的父母往往有攻击型的孩子，父母的行为示范并实施攻击性行为，会使得原本具有攻击性倾向的孩子更容易产生攻击性行为。相反，感情丰富的父母将会示范并鼓励孩子采取更富情感性的反应，因此也加强了孩子的利他行为模式而不是攻击行为模式（Bandura，1986）。

（五）出生顺序

Adler 倡导的个体心理学在研究儿童生活风格时提出，出生顺序对人格特点有重要影响。这一观点引起了广泛讨论，很多研究者通过对历史名人或其他个案等，研究出生顺序对人格的影响。

1. **年长的孩子** 一般而言，最年长的孩子有可能会成为家庭中过分负责和克己尽责的孩子。由于他们有着在年幼同胞中处于权威地位，并且承担责任的经历，这使他们有了成为出色领袖的潜质。但是长子也是父母期望、抱负和野心的第一个承担者，他们常常感受到来自父母期望的压力，为了达到这一期望，他们内心往往容易焦虑。而且当弟弟妹妹出生后，家长关注的焦点转向其他孩子，自己的焦点地位明显受到影响，这种创伤性的地位下降带来一定的恐惧感，所以长子有易焦虑、紧张的特征。他们经常保持一种长者的姿态面对其他兄弟，更加强调规则和纪律，在父母看来一般更懂事，更稳重，也容易表现为更内向。

长女常常和长子一样有着相同的责任感、尽责意识和照料他人、领导他人的能力。但是，长女一般并不会有长子的特权，也不会被给予与长子相同的出人头地的期待。因此，她们可能一面要担负起最年长孩子所具有的责任，一面却无法享有特权，也不会因为长女的位置而提升自己的自尊。

2. **排行中间的孩子** 家庭中排行中间的孩子被夹在了兄弟姐妹当中，既没有长子长女成为家庭模范的地位，也没有幺子幺女做宠儿的权利。因此，排行中间的孩子就有被家庭忽略的危险，安全感最低，特别是当家中的孩子都是同一个性别的时候。另一方面，排行中间的孩子可能会发展成为最出色的谈判者，脾气也最温和，比他们更求上进的哥哥姐姐们成熟些，比最小的弟弟妹妹们少了几分放纵。他们也可能发展为更外向，因为需要学会各

笔记

种外交策略与政治手段，从外界得到更多的朋友。同时，为了从长子和幼子那里抢到父母的关爱，他们必须迎合父母的需求和喜好，形成一种容易受社会赞许性更多的倾向。当然也有研究指出，排行中间的孩子表现更为内向，对此还应该有更深入的研究。

Sulloway（1996）在一个大样本数据的基础上指出，晚出生的孩子，无论是排行中间还是排行最末，都会成为反叛者。年长的孩子已经占据了有利的位置，他们为了生存就需要寻找另外的位置。因而，他们倾向于不认同父母，不那么尽责，并且有更强的社交能力。在许多欧洲文化中，排行靠后的孩子，尤其是儿子，在传统上都要为自己另谋出路，因为长子会从父亲手中继承家业，排行靠后的儿子则会成为武士或牧师，或者扮演起在社会中不那么常规的一些角色。对于一个排行中间的女孩来说，虽然承担责任的压力会小些，但她通常需要更努力地让别人注意到自己的存在。

3. **年幼的孩子** 最年幼的孩子可能会有极富创造力的突破，有更多的发明与创造。Sulloway 对 16 世纪以来在科学史上做过重大贡献的 2784 位男性科学家进行研究，发现最富叛逆、创新和反抗精神的那些幼子占绝大多数，例如 Darwin 和 Copernicus 等。父母与哥哥姐姐们对他们百般呵护，他们往往可以不按父母的要求去做，容易形成独特的个性，也有更多时间和精力做他们喜爱的研究与创作，这也许是幼子更有可能成为科技或艺术巨匠的原因。

最年幼的孩子经常会被认为比较调皮、懒散和外向。因为他们没有什么竞争对手，集父母和兄弟姐妹的万千宠爱于一身。他们认为自己很特殊，没有长子长女们那种负担过重的责任感，这使他们变得自我放纵。一个家庭中子女的数量越多，这种模式便可能越明显。对于只有两个孩子的家庭来说，除非两个孩子之间有相当大的年龄差距，否则排行靠后的孩子可能会更多地感受到一种同伴或类似双胞胎的感觉。另外，最年幼的孩子经常会有作为家中独子或独女的经历，因为哥哥姐姐们在那时候都已经离家独立了。这段时间可以成为独享父母注意力的好机会。

4. **独生子女** 独生子女会同时表现出长子长女和幺子幺女的特点。事实上，他们可能会在同时表现出两者的极端情况。他们可能会有长子长女的严肃性和责任感，也会和幺子幺女一样笃信自己十分特殊并且有特殊的权利。因为没有同胞手足，独生子女倾向于更多地将视线转向成年人，去寻求他们的爱和肯定。一旦获得了这些，他们便会期待成年人给予他们所有的注意力。对于独生子女来说，他们所面临的最大挑战是学会如何和自己的同龄人相处。

有趣的是，Wang 等（2002）观察了受独生子女政策影响的一代孩子，当他们进入大学后，由于家庭经济和独生子女待遇方面的不同，非独生子女大学生比独生子女大学生更容易焦虑（尤其女大学生）和表现出攻击 - 敌意特质，非独生子女大学生的忧郁情绪也与自己家庭的经济负担有相关联系。原因可能是，独生子女受到了更多的良好教育，父母大部分精力几乎都放在他们身上，他们具有其他所有子女无法比拟的安全感，所以较外向，少焦虑，情绪较稳定。

三、学校

学校教育对人格的形成和发展有着深远的影响。学校不仅对学生传授文化科学知识，进行政治思想教育，还指导学生人格的发展。儿童一生有相当长的时间在学校里度过，学校组织学生许多有意义的和有目的的活动，学生在学校中与教师、同伴发生相互作用，影响着人格的形成。如果学生在学校里发展了健全人格，就能顺利地走向社会，适应社会生活。

（一）教师

笔记

教师对学生人格发展的影响，首先是教师的榜样作用。学生的年龄越小，受教师的影响越大。教师不仅在教学中影响学生，同时还以他的全部言行和整个人格来影响学生。教师不仅对学生进行言教，还要进行身教。

教师对学生人格发展的影响，还通过教师组织各种符合社会要求和学生年龄特点的活动，来有意识、有目的地发展学生积极的人格特征。无论是课堂教学还是班集体活动都是在教师组织下进行的。Lewin 等（1939）把教师管教学生的方式分为 3 种类型：专制型、放任型和民主型（表 3-3）。他们发现在不同类型的管理风格下，学生表现出不同的人格特点。

表 3-3　教师管理风格对学生言行的影响

教师管理风格	学生言行特征
专制型	作业效率提高，对领导依赖性加强，缺乏自主行动，但常有不满情绪
放任型	作业效率低，任性，经常发生失败和挫折现象
民主型	完成作业的目标是一贯的，行动积极主动，很少表现出不满情绪

教师期望对学生人格发展的影响。教师期望（teacher expectation）是指教师在对学生的过去和现状了解的基础上，对学生未来的学业成就、人格特征和行为表现等所做的预测性认知。教师对学生的期望越积极，越有利于学生形成较完善的人格特征，反之则不利于人格的发展。而且教师的学业期望对学生人格的影响最大。教师要重视对学生学业成就的积极期望，这对儿童人格的各个方面都会产生积极的影响。而且，学生知觉，即学生对教师给予的态度、行为的感知，在教师期望和人格关系中发挥中介作用，即教师期望部分通过影响学生的知觉，进而影响学生的人格。这也提示教师要善于将自己的期望传达给学生，让学生感受到这一期望，才能有助于学生人格的发展。

（二）同伴

儿童进入学校后，人际关系的重心逐渐由父母转向同伴，同伴关系作为一种社会支持，有力地影响着个体的人格发展。

儿童和青少年的同伴关系通常从同伴接纳（peer acceptance）和友谊（friendship）两个方面来考察。同伴接纳指个体被同伴群体重视和喜欢的程度，是对个体在同伴群体中的社交地位的反映；友谊指两个同伴之间双向、平等、亲密的关系。

同伴接纳是影响儿童人格发展的重要因素。儿童进入小学以后，同伴交往频繁成为同伴关系的一个最重要特点，能否被同伴群体接纳会直接影响儿童人格的健康发展。高水平的同伴接纳，可以帮助儿童在面对压力时，得到同伴的安慰和支持，缓解其压力体验，容易使儿童变得开朗、外向、积极乐观。高水平的同伴接纳还会使儿童有更多的机会与同伴交往，能够从来自不同经验背景的儿童身上学到知识，更可能与同伴分享、合作等，长此以往，影响儿童亲社会性的发展，促进儿童人格健全发展。相反，被同伴拒绝会产生许多适应困难，甚至会影响将来的生活。被拒绝儿童体验到更强烈的孤独感，更容易辍学、参与不良活动或犯罪，在以后的青少年期或成年早期更容易出现严重的心理障碍。

有研究者指出，儿童在亲密的友谊关系中与在一般同伴群体中所寻求的社会需要是不同的。爱、亲密和可靠的同盟更多是在亲密的朋友关系中获得；工具性或指导性帮助、抚慰、陪伴和增进自我价值既可以从朋友关系中，也可以从同伴群体中获得；而归属感或包容感则主要从同伴群体中获得。这样，每类同伴关系对个体都具有重要的社会功能。

（三）学校和班级氛围

学校的文化氛围潜移默化地影响着每一位学生。如果学校能够与时俱进，采用先进的教育观念，营造一种自由、和谐、平等、提倡全面发展的校园文化氛围，学生就会表现得更为积极、乐观、活跃和富有创造力，就会对个体的人格发展产生积极影响，反之，则产生消极影

笔记

响。学校可以经常组织一些活动项目，让学生参与其中，以促进他们社会化能力的发展，从而促进其人格的健康发展。

班级是学生最主要的学习环境和生活环境，学生通过班级接受各种环境影响，教师也是通过班级向学生实施教育影响。班级气氛作为反映班级心理特征的综合指标，比较恰当地反映出班级的精神状态和基本面貌。班级气氛与学生的人格显著相关，一个班级的气氛越好，对学生人格的影响就越好，学生人格发展越健全。在那些民主气氛、平等意识浓厚的班级里，班主任作风民主，班干部全心全意为同学服务，这种班级氛围中，师生关系、生生关系融洽，学生自然能形成独立自主、平等待人的良好人格。总之，班级是社会的投影，是学生走向社会的中介，学生作为未来的社会成员，能否形成与人相处、适应社会并能促进社会发展的健全人格，班级起着十分重要的作用。

四、社会文化

社会文化是一种深刻影响社会成员人格的社会存在。社会主流文化是特定历史时期占统治地位的生产方式所决定的，对社会成员的人格塑造有决定性作用。社会主流文化所宣扬的社会价值观要求社会全体成员认可和接受，因此社会主流文化决定社会成员人格特征趋于相同。比如，中国青少年表现出宽容服从、富有团队精神的人格特征，而美国文化中青少年往往表现出好胜、独立、富有个体鲜明特点的人格特征。

社会生态文化主要包括生态环境、气候环境、时空环境等自然环境。比如 Inuit 人生活在冰天雪地的北极，以渔猎为生，需要坚定、独立、敢于冒险的人格。他们以宽大仁慈的方式管教孩子并鼓励其个性化，以培养出成人所具备的人格特征。而生活在西班牙南部山区的 Semitic 人，以种植粮食为生，需要老实、服从、保守的人格。他们对孩子的关爱似乎只在断乳期之前，之后便严厉管教，甚至排泄也严格训练，不允许任何个性化，以便造就农家所需要的人格特征。

文化心理学者对集体主义和个人主义文化进行了深入的研究。一般认为东方文化是集体主义文化，它的特点是个人目标要服从集体目标。中国文化建立在儒家传统的体系上，重视和谐、一致性和社会等级秩序，在教育中强调孩子服从、谦虚和学业成就。许多研究发现中国被试在心理过程的许多方面都具有集体主义文化的特点。澳大利亚和欧美等西方文化被认为是个人主义文化，它的特点是将个人目标置于集体目标之上。身处个体主义文化中的个体认为自己比同龄人更具竞争性、更聪明和更有吸引力（Heine et al., 1999）。在集体主义文化中的人们表现出较低的攻击性，在情感表达方面，他们更多他人中心，有更多的同情、共感和羞愧感。对幼儿的研究也有相同的结果，中国幼儿具有集体主义人格倾向，澳大利亚幼儿具有个人主义人格倾向。

亚洲文化背景研究者认为人格动力不完全来源于人的内部，也来自人际关系或社会关系。Miller 和 Bersoff 比较了印第安人与西方人，西方人表明自觉给予他人帮助比社会要求给予他人帮助能带来更大的满足感，印第安人在两种情况下都表现出相同的满足程度。同样，美籍华人和美籍日本人的孩子，无论是对妈妈布置的任务还是自己选择的任务都有较高的兴趣。亚洲人和亚裔美国人较少从其他的个体身上获取建议和情感安慰，而是从他们所在的社会群体中受益；欧洲人和欧裔的美国人则恰恰相反，在压力情境下会从他人身上获得可靠的社会支持（Taylor et al., 2007）。在许多非西方文化社会中，如印第安人，完成责任、义务和社会期望的行为是一种成熟的标志，在这种文化背景中自决行为与社会责任之间没有冲突。

总之，文化塑造个体的人格，这种塑造作用在个体人格形成的不同阶段发挥的作用不同，其实质是个体接受文化影响的过程；而文化的变迁对人格又产生新的影响。

笔记

第三节　遗传与环境因素的交互作用

一、研究方法

双生子研究是研究遗传和环境因素影响作用的重要方法。经典双生子研究假设单卵双生子享有完全一样的遗传基因，其差异来自环境因素的影响；异卵双生子有50%的相同基因，其心理差异是遗传和环境共同作用的结果。对于共同生活的双生子，其差异主要是由遗传的不同引起的。

结构方程模型（structural equation modeling）具有可同时分析潜在变量及测量变量，能同时处理多个因变量的优点，可以定量分析遗传和环境对人格特征的贡献大小。现代对遗传与环境影响的研究，是基于双生子设计，运用结构方程模型定量探讨人格特征的遗传及环境的影响。双生子遗传模型将遗传效应分为加性遗传效应和显性遗传，将环境效应分解为共同环境（个体间共同经历的环境）效应和特殊环境（个体所经历的与其他个体不同的独特环境）效应，建立结构方程模型。运用这一现代研究方法，人们发现很多心理特征受遗传与环境的交互作用。比如，研究中发现DRD4基因与儿童的冲动性特质相关，但是受到亲子关系的调节。良好的亲子关系下非7R基因型的儿童冲动性更高，不良亲子关系条件下则相反（Sheese et al，2007）。Caspi等（2003）还发现儿童期被虐待的经历与MAOA基因交互作用影响个体成年后的攻击性。有研究发现，儿童的外向性行为如违抗、冲动、破坏性、攻击性等，在城市人群主要受遗传因素的影响，而在农村人群则主要是受共享环境的影响。这点提示我们，在不同群体外向性行为的影响因素可能不同，外向性行为遗传度的大小可能与生活环境和文化差异有关。

二、交互作用的类型

交互作用理论认为人格的形成与发展是人的自身特点与环境相互作用的结果。Caspi和Bern（1998）区分出三种相互作用的类型，这些相互作用从童年到成年的人格发展中持续起着促进作用。

1. **反应的交互作用**（reactive interaction）　是指个体受自我图式等认知结构的影响，对周围环境刺激做出不同的解释和过滤。儿童可能发展关于他们自己的和外界的认知风格特征。面对同样的环境，不同的个体会以不同的方式感受、体验和解释来反映这一环境。敏感的、神经质的孩子和顺从的、适应性强的孩子对父母的体贴关怀，反应是不同的。一起听同样的故事，聪明的孩子比不太聪明的孩子能获得更多的知识。处于同样的人际环境中，外向的孩子比内向的孩子与周围的人的联系更多、反应更频繁。每一个儿童的人格都能从客观环境中选取主观的心理环境。这种主观心理环境便构成了其以后的人格发展。即便是父母为其孩子们所提供的环境完全相同，孩子们在心理上所感受、体验到的环境也是各不相同的，因而其反应也各不相同。

2. **唤起的交互作用**（evocative interaction）　是指个体的人格特征和行为会引起周围人对他的特异反应。易哄、爱笑的婴儿比烦躁不安、大哭大叫的婴儿更容易得到父母和周围人的关怀。温顺的孩子比惹是生非的孩子自然受到父母较少的限制和训斥。父母的教养方式有时是由孩子的人格特征和行为唤起的。

3. **超前的交互作用**（proactive interaction）　是指个体主动选择和建构自己所喜爱的环境，而这种环境反过来又进一步塑造其人格。随着孩子长大，有了一定的主动性之后，便

笔记

产生了超前的交互作用。例如，一个攻击性强的儿童常选择与小伙伴在一起打架闹事的地方，而不是独自一个人待在家里，这一环境反过来又强化和维持了他的攻击性的人格特点。如果不允许他外出到惹是生非的地方去找小伙伴们，那么他将创造条件，例如把小伙伴们邀请到家里来，主动地促成有利于攻击性发展的环境。人们也倾向于与自己人格相似的人产生友谊，从而使相互的人格特质被强化。在通常情况下，高外向的人公开的玩笑和粗野行为会冒犯他人，而在运动俱乐部里却被容忍，甚至被鼓励。在一个具有过失倾向的人组成的同伴团体里，同样的过失行为或许被支持。

在人格发展的过程中，上述三种个体与环境交互作用方式在不同阶段其表现强度是不同的。幼小儿童仅限于在父母所提供的环境中活动的时候，其基因型与环境的内在相关最为强烈。随着儿童成长，开始选择和建构他们自己的环境时，基因型与环境的最初相关逐渐为超前的交互作用所代替。当个体有能力选择自己的环境时，具有不同遗传基因的个体就会寻求、改变和创造不同的环境，即遗传因素会影响个体对环境的选择和改造。

（阴山燕）

笔记

第四章　人格的发展

人格发展是指个体从出生至老年的整个生命过程中其人格特征的表现随着年龄增长、环境变化和社会经验的增加而逐渐变化的过程。人格是在先天的遗传因素与后天的环境因素的交互作用下逐渐形成并发展的。人格发展问题是人格心理学的主要研究领域之一，涉及从婴儿至成人的人格结构和人格动力的变化。人格结构注重静态描述，人格发展注重动态追溯，两者互为依托，共同构成人格理论研究的两条逻辑主线。从方法论上看，对人格发展问题存在着两种研究取向：一种是着重于各种人格变量的研究（variable-centered approach），另一种是着重个体的研究（person-centered approach）。前者是在不同时间考察某种人格变量的特征，研究这一变量的各种特征随时间的变化情况；后者是在不同时间观察个体的各种行为特征，比较各种行为特征跨时间的变化，研究个体的人格剖面图的变化情况。

对于人格的发展，不同的心理学理论学派所持观点存在较大的差异，无论是精神分析理论、人本主义理论、人格特质理论、行为学习理论等经典学派，还是近年来新兴的人格心理学假说，都无法回避对人格变化发展和人格稳定性等主题及其相互关系进行地深刻思考。不同的心理学理论学派从不同的角度对这些问题提出了假设和解释。有些理论认为某些人格特质是天生就具有的；另一些理论强调，人格是由婴幼儿时期的早期经验决定的；还有些理论认为人格是随着个体生理成熟的过程而逐渐发展的过程。这些不同的人格心理学理论在各自的领域里不断进行着深入广泛的研究。本章主要介绍目前获得较多共识和实际应用的人格发展的理论。这些理论普遍认为处于同一年龄阶段的个体，有着共同的生理变化、心理变化及相似的环境影响，所以人格的发展具有一定的年龄特征，提出了人格发展的阶段理论并总结了以下三个主要的特征：①人格发展具有阶段性，个体在不同阶段都存在着各阶段特定的特征，且不同阶段的特定特征也存在着显著的区别；②各种不同的人格变化特征都会在特定的年龄时期显现出来，不同个体相对会有一些差异，但总体来讲，都会有一个预期发生的时间段，例如有的男孩和女孩出现第二性征早一些，有的相对迟一些，但这些性征都存在一个预期出现的时间段；③各阶段人格特征出现的顺序是固定的，个体从出生到死亡，每个年龄阶段都有特定的人格发展任务，每一阶段都是以它前一阶段的发展为基础，又将为下一阶段的发展做好铺垫。

本章的内容中，首先将结合 Freud 的性心理发展论、Erikson 的心理社会发展论、Piaget 的认知发展阶段论及 Sullivan 的自我发展理论等对人格发展的不同年龄阶段的特征进行描述；然后，介绍依恋理论的形成背景及其对人格发展的影响，并阐述早期依恋关系的形成及其影响因素、不安全依恋关系与可能发生的精神障碍的关系。

笔记

第一节　人格发展的阶段特征

一、各年龄阶段人格发展的特征

在精神分析的理论学派中，具有代表性的理论是 Freud 的性心理发展阶段论及 Erikson 的心理社会发展论。Freud 在性心理发展阶段论中，强调个体的生物性和本能的发展，认为儿童早期的经历在人格发展中起决定性作用。Erikson 的心理社会发展论将人格的发展延伸到成年及成年后期，提出了人格终生发展的八阶段理论，认为人格在个体的一生中都在不断地发展，人格的发展包括机体成熟、自我成长和社会关系三个不可分割的过程，按一定的发展顺序和成熟程度分阶段地向前发展，强调每个阶段都有一个由生物学的成熟与社会文化环境、社会期望之间的冲突和矛盾所决定的发展危机。Erikson 使用“危机”这个术语是为了表示每个阶段的一个转折点的重要性。作为每个发展阶段特征的危机同时兼有一个积极的解决办法和消极的解决办法：积极的解决办法有助于自我的成长，进而形成较好的顺应能力；消极的解决办法削弱了自我，阻碍了顺应能力的形成。成功合理解决每个阶段的危机将导致个体形成积极的人格特征，有助于发展健全的人格。另外，Sullivan 的发展时期论认为，人格发展依据个体在不同年龄阶段与他人建立的人际关系的特点而形成不同的人格发展过程，特别强调人际关系在人格形成和发展中的重要性；认为人格是重复的人际情境的相对持久的模式，人在与他人的互动中，社会文化的某些成分内化于人格中；自我系统是儿童社会化过程中形成的一种具有自我知觉和防御动能的模式，是涉及人际安全的维持系统。Sullivan 的人际关系理论还强调语言的作用，认为语言是人际交往的动能；根据人自我系统、语言的动力作用和人际关系的模式，Sullivan 把人格发展分为七个阶段。

儿童道德的发展也是人格发展的一部分。瑞士心理学家 Piaget 认为道德的发展与认知的发展有着密切的关系，认知的发展和道德的发展是平行的，而认知的发展是道德发展的必要条件。因为，儿童道德判断的发展和对道德规则的学习均受到认知水平的制约，并且儿童的价值判断也是基于对事实判断的前提下进行的。Piaget 认为儿童的道德发展是一个连续的过程，具有明显的阶段性特征，从一个阶段向另一个阶段的发展，并不是简单的量的增加，而是有着质的差异；儿童的道德发展不仅取决于其对道德知识的了解，更是取决于儿童道德思维发展的程度，是一个由他律逐步向自律、由客观责任感逐步向主观责任感的发展变化过程。他律是指儿童的道德判断只注意行为的客观效果，不关心主观动机，是受自身以外的价值标准所支配的；自律是指儿童根据自己的主观价值标准进行道德判断。随着儿童年龄的增长，他们的道德认识也在不断发展，在评价某种行为的是非时，能依据自己掌握的道德标准对行为作出判断，这种道德判断具有了主观的性质，是一种自律水平的道德。Piaget 认为，道德是由种种规则体系构成的，道德的实质或者说成熟的道德包括两个方面：一是对社会规则的理解和认识；二是儿童对人类关系中平等、互惠的关心，这是公正的基础。

基于以上经典的人格心理学的阶段发展理论，本章节将人格的发展分为八个年龄阶段来进行描述。

（一）婴儿期

婴儿期是指从出生到一岁，这个阶段的主要任务是满足生理上的需要，相当于 Freud 性心理发展阶段的口唇期。Freud 认为，处于口唇期的婴儿，其获得满足和兴奋的身体部位在口唇。通过吸吮、舔舐等动作对口唇部位的刺激使婴儿获得满足和快乐。这个阶段的婴儿

笔记

在不饥饿的时候，也喜欢吸吮奶嘴或手指头。如果此时期婴儿的口唇活动未得到足够的满足，则会在以后的发展阶段尝试去补偿这些缺失的口唇满足，倾向于形成将来的“口唇期人格”，并伴有相应的异常行为，常常会出现咬指甲、抽烟、贪吃、唠叨和嘲讽他人等行为，这些都是口唇快感的延续。“口唇期人格”的特征包括自恋、被动、依赖、退缩、贪婪和嫉妒等。如果此时期婴儿的口唇活动过度得到满足，婴儿会固着在这个阶段，影响进一步的人格发展。

Erikson 则认为这一阶段婴儿发展信任感，克服不信任感，体验着希望的实现。这个阶段的婴儿对成人依赖性是最大的，如果照顾者能以慈爱和持续稳定的方式来满足婴儿的需要，婴儿就会形成基本信任感；如果照顾者经常拒绝婴儿的需要或以变化无常的方式来满足他们的需要，婴儿就会形成不信任感。这一阶段中，婴儿与照顾者（通常是母亲）在养育情景中建立了一种信任与否的关系。该阶段最突出的特点是对成人完全的依赖。信任感发展的核心是依赖性，这种依赖性不只是停留在口唇周围，而是体现在婴儿对母亲照料的体验上。如果照看者在此阶段能够满足婴儿需要的抚爱和照料，对婴儿的照料是有规律的，婴儿便会懂得不必担心失去可以信赖和照顾他的人，就会产生信赖感和安全感，进而发展为对一般人的信任。但是如果此时婴儿没有得到相应的关怀和照料，或者照料没有规律，态度反复无常，婴儿便会对人、物及环境产生不信任和不安全感，以致会影响到下一阶段的顺利进行。Erikson 认为，一旦某一阶段的特征危机得到积极地解决，在个体的人格中就形成一种品质。在这个阶段中，婴儿要解决的危机是信赖 - 自主，这一阶段危机解决导致人格中“希望”品质的形成，也就是说，如果儿童具有的基本信任超过基本不信任，就形成“希望”的品质。这样的儿童敢于冒险，能够忍受挫折和失败，不会过多地为个体需要是否得到满足而忧虑。一旦这个阶段的危机不能够被成功地解决，则在人格中形成“恐惧”的品质。

Piaget 认为，在环境的影响下，儿童的图式经历不断地同化、顺应、平衡，就形成了本质不同的图式，形成人格发展的不同阶段。处在婴儿期的新生儿运用最初的图式对待外部世界，逐渐开始调节感知和动作之间的活动。新生儿运用简单笼统的无条件反射，逐渐形成越来越复杂和丰富的条件反射，并通过积极主动地探索而获得动作经验，获得一些低级动作图式，以适应外部环境，进而逐步完成人格的发展过程。这一时期的新生儿尚不能觉察周围的东西，甚至不能觉察自己的存在，分不清“物”与“我”，缺乏自我意识。随着年龄增长，他们的行为逐渐有目的，开始能预料行为的效果，有意地运用已有行为模式去达到一定目的，出现比较完备的实际智力即通过动作解决问题的智力，会伸手去取用布盖着的物体。婴儿有了明确的客体永久性观念，会寻找消失了的东西。而这些动作图式便形成人格发展的基础。

Sullivan 认为，口腔是婴儿与环境交互作用的主要部位，从乳头那里得到的满足或焦虑的经验，会人格化为“好乳头”或“坏乳头”的形象，进而形成“好母亲”或“坏母亲”的形象。相应地，自我系统中“好我”与“坏我”的概念开始形成。母亲的喂养使婴儿初次有了人际交往的体验，这种交往使儿童心中形成了 4 种不同的乳头的概念：①标志满意的好乳头；②婴儿不饿时的好的但不满意的乳头；③无奶可供的错误乳头；④焦虑母亲的坏乳头。这一阶段的另外的特点是：①脱离冷漠、混沌的活力显现；②认知方式从原始的经验方式向平列的经验方式转移；③诸如坏的、焦虑的、拒绝的、挫折的母亲和好的、轻松的、接受的满意的母亲的人格结构形成；④学习经验的形成和初始的自我系统的出现；⑤婴儿能区辨自己的身体；⑥学习手 - 眼、手 - 口、耳 - 声音的协调运动。Sullivan 强调在这一时期母子交流情感是非常重要的。

（二）幼儿期

幼儿期约从 1~3 岁，相当于 Freud 性心理发展阶段的肛门期。Freud 认为，幼儿获得满

笔记

足和兴奋的身体部位在肛门，幼儿通过大便的潴留及排泄获得满足、得到快感，但是这种与排便有关的快感会与父母让幼儿延迟排便、养成规律的要求相冲突，幼儿必须学会控制自己的排便行为以适应社会的要求。这个阶段父母开始对幼儿进行排泄训练，如果在排泄训练过程中，一方面幼儿想根据自己意愿排便，追求满足；另一方面他受到父母的控制，必须忍耐和等待。这个阶段幼儿经历的排出与保留等方面的冲突，其肛门期欲望的满足和在大小便训练过程中所学到的人际关系方式，对未来的人格形成产生较大影响。如果父母对幼儿的要求过分严格或过分随意，使幼儿满足太少或过分满足均可导致人格发展的滞留，形成所谓“肛门期人格”。肛门期人格的特征包括吝啬、强迫、固执和要求过分整洁有序，对时间和金钱严格预算以及其他过分控制的行为，或是走向另一个极端，如过分慷慨大方、随意花销。肛门期人格的个体内心冲突较多。

Erikson 认为这个阶段是儿童社会化迅速发展的阶段，其主要任务是获得自主感，避免怀疑感与羞耻感，体验着意志的实现，并形成“意志”品质。意志指的是不顾不可避免的害羞和怀疑心理而坚定地自由选择或自我抑制的决心。Erikson 认为对这一阶段而言，重要的不是因为肛门排泄获得的快感，而是因为排泄训练是这一时期一种重要的社会情景，它可能使儿童形成一种自主感，也可能使儿童产生羞怯、自我怀疑。这一时期的儿童的自我意识逐渐增强，对环境的探索活动增多，逐渐掌握了大量的技能，并希望能够按自己的意愿行事，并容易与父母发生冲突。这个阶段的儿童开始学会对自身身体的控制和大小便排泄，因而使儿童介入自己的意愿与父母等养育者的意愿相互冲突的危机中。如果父母等养育者能够理解儿童的行为，以引导、鼓励和适当批评结合，对儿童的行为限制适当，给予儿童一定自由，就会使儿童建立起自主性和自我控制的意识，增强自信心，促进自主危机的解决，形成意志坚强的品质；相反，如果父母等养育者在这一时期对婴幼儿管束太多，对儿童过分限制、对其不当行为过分责备甚至惩罚，就会使儿童感到羞怯、产生怀疑的特性，并对自己的能力产生疑虑。如果这一阶段的危机得到积极解决，就会形成“意志”的品质，成年后倾向于坚强、独立、克制、自律等人格特征；如果这一阶段的危机是消极解决，就会形成羞怯感，成年后人格倾向于意志薄弱、依恋、随意、敷衍等消极特征，则在人格中形成“自我怀疑”的品质。

Piaget 认为这一时期幼儿开始对不同的物体，会做略为不同的动作，看会出现什么结果。出现追求目标的动作，这是感觉运动智力发展的顶点。而后，幼儿由感觉运动向心理意象活动过渡，产生了不在眼前的物体的意象，开始有象征行为。由于表象的形成和言语的发展，幼儿能运用心理符号、语词或物体代替或表示不在眼前的东西。幼儿能运用语言，并形成心理意象，能使用符号在头脑中再现外部世界。幼儿还没有形成概念，不能用概念反映事物间的联系。根据儿童道德发展中的公正观念的发展水平，Piaget 将一到两岁这一阶段称为前道德阶段。儿童处于感觉运动时期，行为多与生理本能的满足有关，行为直接受行为的结果所支配，缺乏规则意识，道德观念发展处于朦胧状态。

Sullivan 认为这个阶段的儿童从掌握语言到产生对玩伴的需要的发展，儿童的人际关系主要是家庭关系。由于语言和知识的掌握，儿童对父母的态度开始有了初步的理解能力。如果父母经常表现出焦虑、情绪不稳定和敌意的话，则会引起儿童贬义的经验和坏我的人格观念；如果父母经常冷漠地对待儿童，他也会形成有敌意的人格；如果父母过分溺爱，容易形成依赖型人格障碍。

（三）学前期

学前期约从 4 ~ 6 岁，相当于 Freud 的性心理发展阶段所定位的性器期。Freud 认为，儿童性生理的分化导致心理的发展，儿童表现出对生殖器的极大兴趣。学前期儿童将兴奋和紧张集中于生殖器，儿童不仅通过抚摸或显露自己的生殖器获得快乐和满足，而且通过想

笔记

象获得满足。这一阶段，男孩开始有勃起现象，这种新的兴奋使得儿童对生殖器的兴趣日益增加，并开始意识到女孩没有阴茎。这一切再加上因为对母亲的爱恋而发展起来的与父亲的敌对状态即“恋母情结”，便会因为害怕失去阴茎而导致出现阉割焦虑。这一阶段的女孩对生殖器也会出现类似的兴奋体验，并意识到自己缺少阴茎而产生阴茎妒羡。女孩因为爱恋父亲而形成与母亲的敌对状态即“恋父情结”。为了解决男孩的阉割焦虑和女孩的阴茎妒羡等冲突，即解决对同性父母的嫉恨和对异性父母的爱慕所造成的内心冲突，男孩试图认同父亲，即仿效父亲的行为，学习父亲的言谈举止，而女孩试图认同母亲，从而获得男性或女性行为风格，顺利进入下一发展阶段。如果这一时期的发展无法顺利完成，处理不好这些情结，可能导致各种性变态或心理失常。

Erikson认为这个阶段儿童的主要发展任务就是获得主动感，克服内疚感，体验着目的的实现。这个阶段的儿童身体活动更为灵巧，口语表达能力逐渐增强。更重要的是，这个阶段是儿童思维尤其是表象性思维发展最快的时期，想象力极为丰富，已开始了创造性的思维，开始了对未来事情的规划。因此，这个阶段的儿童富于幻想，喜欢童话故事、拟人化的游戏等，并倾向于通过自己的想象去解释周围的世界。这个时期也称为“游戏期”，在游戏中儿童学会各种规则，如何与别人相处，如何解决矛盾。

Erikson还认为这一阶段的儿童除对外界的攻击行为会增多以外，也常表现出强烈的好奇心和求知欲。他们喜欢探索外界环境，常以父母作为榜样进行模仿，他们对性别差异有较多的兴趣，日益清楚男女的差别，学习认同性别角色。他们的自我概念进一步发展，并表现出较强的自我中心倾向和独立性，开始违拗、拒绝父母的要求，不按规则行事，凭自己意愿和想象尝试不同事物。他们希望独立，愿意与人交往，希望被重视，但又害怕这些事情。如果父母肯定和鼓励儿童的主动行为和想象力，儿童就会获得积极的自主性，使其想象力和创造性充分发挥，形成追求有价值的目标即所谓“目的”的人格特点；反之，如果父母对儿童的行为和想象力不能很好地理解和引导，经常限制儿童的主动行为，讥笑儿童不切实际的幻想，儿童就会丧失主动性，变得无所适从，难以建立自信心，并且对自己的能力感到怀疑和内疚，表现出被动和倾向于循规蹈矩的生活。这种主动感和内疚感的冲突构成了这个阶段的心理社会危机。这阶段主动性的发展对个体今后的学习、工作都有着重要的影响。如果这一阶段的危机得到积极解决，就会形成“方向”和“目的”的品质，即“正视和追求有价值的目的的勇气，尽管这种目的曾被幼儿期的幻想、内疚、被惩罚的失魂落魄的恐惧所阻止”，其成年后倾向于自动自发、计划性、目的性、果断等积极的人格特质；如果这一阶段的危机是消极解决，则在人格中形成“无价值感”，成年后倾向于不思进取、无计划性、优柔寡断等消极的人格特质。

Piaget认为这一阶段幼儿主要对事物的表面现象作出反应，根据所见事物的表面特点考虑事物间的关系，既无归纳推理也无演绎推理，只会从一种特殊情况推到另一特殊情况，并将无关的事情说成有因果关系。自我中心思想是这一阶段的突出特点。幼儿用自己的观点看一切事物，不知有别人的观点，而且幼儿在同一时期内只能注意事物的某一方面，思维缺乏可逆性，没有守恒概念。从道德发展阶段论的角度来讲，Piaget称2～8岁这一时期为他律道德阶段，儿童主要表现为以服从成人为主要特征的他律道德。其中，二至五岁为自我中心阶段，这一阶段儿童处于前运算思维阶段，其特点是单向、不可逆的自我中心主义，片面强调个人存在及个人的意见和要求。五至八岁为权威阶段，思维以表象思维为主，但不具备可逆性和守恒性。因此，这一时期儿童的道德判断是以他律的、绝对的规则及对权威的绝对服从和崇拜为特征。他们了解规则对行为的作用，但不了解其意义。他们常以表面的、实际的结果来判断行为的好坏，认为服从成人就是最好的道德观念，服从成人的意志就是公正。如果违背成人的法则，不管动机如何都应该受到惩罚，而且惩罚越厉害越公平。

笔记

Sullivan认为，这一阶段的儿童开始从寻求玩伴到与同性少年朋友形成最亲密关系。这个时期的儿童也开始具备了初步的经验综合模式，已能认识不同符号之间的逻辑关系，开始实现社会化，懂得竞争与合作，但人际关系仍具有不成熟的特点，并对他人的个人价值不敏感，如果交往中遇到不顺，就会借助幻想逃避现实。由于言语能力的增强，而且对玩伴的进一步需求，其自我系统的结构逐步明确，并能发挥防御焦虑的功能。为避免惩罚，儿童可能升华某些欲望以寻求接纳或赞扬。如果在人际关系中产生过多的焦虑而不能得到消减，儿童就会感到孤独、产生敌意，其顺利成长受到妨碍。

（四）学龄期

学龄期约从7～12岁，相当于Freud的性心理发展阶段的潜伏期。Freud认为，潜伏期是一个相对平静的阶段，性兴趣被其他的兴趣，如知识学习、游戏、文体运动或同伴交往所代替，儿童更专注于社会情感的发展。解决了恋父情结或恋母情结后，儿童的发展呈现出一种停滞或退化的现象，并且男孩与女孩的性欲对象为年龄相似的同性别者，并有排斥异性的倾向。

Erikson认为本阶段是儿童自我成长的决定性阶段。儿童投注大量精力在学习、体育及游戏当中，开始与别的孩子展开竞争，包括在学习和游戏中的表现。他们努力追求成功，但同时又惧怕失败。因此勤奋感和自卑感的冲突构成了本阶段的心理社会危机，这个阶段的主要任务是获得勤奋感，避免自卑感，体验着能力的实现。儿童在这一阶段最重要的是“体验以稳定的注意和孜孜不倦的勤奋来完成工作的乐趣”，可以从中产生勤奋感。如果不能发展这种勤奋感，他们会对自己能否成为一个对社会有用的人缺乏信心，从而产生自卑感。当儿童的勤奋感大于自卑感时，他们就会获得“能力”的品质。Erikson说“能力就是灵巧和智力在完成任务时的自如运用，它不为儿童期的自卑感所削弱”。这一阶段的儿童大多在学校接受教育，儿童勤奋感的形成与父母和老师的态度有极大关系，如果儿童的努力得到赞赏强化，勤奋感便得以发展，使其进一步对学习课程发生兴趣，这使他们在今后的独立生活和承担工作任务中充满信心；反之，如果儿童的努力得不到关心，并受到责骂、嘲笑和反对，儿童产生自卑感和丧失信心，则在人格中形成“无能感”。

Piaget认为这一阶段儿童形成了初步的运算结构，出现了逻辑思维，已有可逆性，但可逆性有两种形式，即逆向性和互反性。一般说来，儿童6～7岁能掌握连续量守恒（把一个容器里的液体倒入另一个形状不同的容器之中，其量不变）和物质守恒（物质的量不因分割而变化）；9～10岁能掌握重量守恒（把泥球捣碎，其重量和泥球相同）；11～12岁可掌握体积守恒（把泥球捣碎，放在液体里，所占的体积和泥球一样大）。随着去中心化的发展，儿童只站在自己角度看问题的自我中心思想也就消失了，开始能站在别人的角度看问题，能利用别人的观点来鉴定自己解决问题的办法是否正确。就儿童道德认知的发展阶段来讲，在大约8～12岁这阶段的儿童处于自律或合作道德阶段。儿童思维发展已达到具有可逆性的具体运算，儿童已认识到规则是由人们根据相互之间的协作而创造的，因而它是可以依照人们的愿望加以改变的。公正感不再是以“服从”为特征，而是以“平等”的观念为主要特征，逐渐代替了前一阶段服从成人权威的支配地位。儿童意识到规则是一种保证共同利益、契约性的、自愿接受的行为准则，并表现出合作互惠的精神，对行为的判断建立在行为的动机和行为的后果上。他们开始以动机作为道德判断的依据，认为公平的行为都是好的，提出的惩罚与所犯的错误更加贴切，而且把错误看作是对过失者的一种教训。

Sullivan认为，这个阶段的儿童开始更多地参加群体活动，社会化程度提高，有较强的竞争意识，也懂得与人合作，懂得如果不顾及他人就会受到排斥。从9～12岁，儿童会从同性朋友的亲密关系到逐渐的性成熟。这时候的突出特征是不像以前那样有好几个同伴，而是结交同性密友，视其为知己，相互交换内心隐秘，能体谅他人、关心他人，表现出平等和慷

笔记

慨等特性。如果这一阶段没有建立良好的亲密关系，就会陷入很深的孤独。

（五）青春期

青春期约从 12～18 岁，是儿童向成人转变的过渡阶段，相当于 Freud 的性心理发展阶段所定位的生殖期。Freud 认为，潜伏期和生殖期对于个体人格基本结构的发展是无关紧要的。他认为青年男女随着性的成熟、对性的日益追求，生殖器成为主要的性感带。这个时期的个体对异性产生了浓厚的兴趣，喜欢参加两性组成的集体活动，并开始发展两性关系。他们也开始试图从父母那里摆脱出来，建立自己的生活方式。同时，青春期容易产生类似成人的抵触情绪和冲动，也容易产生性冲动，可见青春期是一个多事的时期。

Erikson 认为这个阶段的主要任务是获得自我同一性，避免角色混乱，体验着忠诚的实现。这个阶段中，一方面青少年本能冲动的高涨会带来问题，另一方面青少年面临新的社会要求和社会冲突而感到困扰和混乱。所以，青少年期的主要任务是建立一个新的同一感或自己在别人眼中的形象，以及他在社会集体中所占的情感位置。在这个阶段，个体必须思考有关自己和社会的各种信息，确定自己的生活策略、努力方向；如果个体做到了这一点，就获得了自我同一性。Erikson 承认具有破坏性的青年期驱力的增加是这个时期存在的一个问题，但他认为新的社会冲突和要求促使青年变得困扰和混乱才是这个时期的关键。Erikson 认为"成长中的青少年面对自己内部生理发育的飞速变化以及摆在他们面前成年人的任务，此时他们关心的是把他们在别人面前的形象与他们对自我的感受进行比较，以及如何将早年培养起来的技能和角色与眼前的职业联系起来"，并指出"自我同一性是一种知道自己将会怎样生活的感觉"，"一种不断增强的自信心，一种在过去经历中形成的内在持续性和同一感。""固定于青年期末的同一性，对之前从婴儿期以来的过去所有单个同一性都起了概括的作用，并将之改造成一个独特而连贯性的整体"。这里的"同一性"指的是个体自我认知的原则导向，自我情绪情感体验的信念化，自我调节的监控化和自我评价的固着化。也就是说，自我同一性既是一种自我体验，也是自我认识与自我调节，是个体自我一致的心理感受。可以理解为社会与个人的统一，个体的主我与客我的统一，个体的历史性任务的认识与其主观愿望的统一；也可理解为对自己的过去、现在和将来，个体都能够全面认识到意识与行动的主体是自身的统一等。青少年未获得自我同一性就会产生角色混乱，没有明确生活目标和生活的意义，在两性问题上同样会发生同一性混乱，认识不到两性之间的相同与差异等。Erikson 也指出影响自我同一性形成的另外一些因素，即青少年早年培养的技能和角色无从适应经济、文化、科学技术和政治的迅速发展和变化，也能导致出现个体角色混乱。

这一阶段的个体必须思考已掌握的关于自己和社会的信息，为自己确定生活的基本原则和策略。如果做到这一点，就获得了自我同一性（心理社会同一感），否则就会产生角色混乱，即个体不能正确地选择适应社会环境的角色，形成与社会要求相背离的同一性。如果这一阶段的危机得到积极解决，就会形成"忠诚"的品质，即"尽管价值体系有着不可避免的矛盾，仍能小众发自内心誓言的能力"；如果危机是消极解决，就会形成"不确定感"。同一性的形成标志着儿童期的结束和成年期的开始，标志着个体人格的成熟。只有建立了积极的同一性，才能顺利地度过青春期，也才能顺利地解决成年后的人格发展任务。

Piaget 将十二岁以后的阶段称为公正道德阶段。这个阶段个体开始形成了完整的认知结构系统，个体的思维广度、深度及灵活性都有了质的飞跃，智力发展趋于成熟，能将形式和内容区分开来，能根据假说或命题进行逻辑演绎推理。此时才真正到了自律阶段，这一阶段的个体开始出现了利他主义。公正观念不是一种判断是或非的单纯的规则关系，而是一种出于关心与同情的真正的道德关系。也就是说，儿童不再刻板地按固定的规则去判断，在依据规则判断时隐含考虑到同伴的一些具体情况，从关心和同情出发去判断。Piaget 认

笔记

为公正观念是一种高级的平等关系，这种道德观念已经能够从内部对儿童的道德判断起着决定性的作用。基于公正感作出的判断已经不再是平等基础上的法定关系，而是人与人之间的道德关系。他们能将规则同整个社会和人类利益联系起来，形成具有人类关心和同情心的深层品质。从认知发展的角度，许多研究表明：因缺乏适当的教育和环境刺激以及才能上的个别差异，许多学生甚至大学生还不能进行形式思维。因此，Piaget 在 1972 年修正了原来的观点，认为所谓正常的人不迟于十五到二十岁达到形式运算阶段。然而，根据他们的才能和职业特点，他们在不同的领域里达到这一阶段。他指出，职业实践不同的人，在各自的特殊领域里表现着形式运算的能力。

Sullivan 认为，个体在这一阶段从性成熟到异性间的亲密关系。由于性功能系统的成熟，性欲能否被满足成为生活中的主要矛盾。但由于社会及父母对性欲的禁止态度，青少年在性活动中感到自尊被破坏，进而可能会导致记恨异性的病理心态，或是专门与自己不爱的异性结婚。这一时期生理变化急剧，性功能发育逐渐成熟，特别是需要与异性建立亲密关系，但这一要求在这一阶段往往得不到满足，又不容易得到升华，因而容易导致激烈的冲突甚至是偏激的行为。

（六）成年早期

成年早期约从 18～24 岁。这一阶段，已经发展了牢固自我同一性的青年人，开始热烈寻求与他人的亲密关系，敢于与人相爱。而没有形成有效工作与亲密能力的人则离群索居，回避与别人亲密交往，因而形成孤独感。故这一阶段的主要任务是获得亲密感，避免孤独感，体验着爱情的实现。所谓亲密感，是人与人之间的亲密关系，包括友谊与爱情。亲密的社会意义，是个人能与他人同甘共苦、相互关怀。亲密感在某种情况下往往会发展为一种互相承担义务的感情，它是在共同完成任务的过程中建立起来的。如果一个人不能与他人分享快乐与痛苦，不能与他人进行思想情感的交流，不相互关心与帮助，就会陷入孤独寂寞的苦恼情境之中。Erikson 认为，能否发展亲密感对是否能顺利融入社会有重要的作用。如果亲密感大于孤独感，青年人就会发展出“爱”的品质，即“永远抑制内在分裂功能的互相献身”，与人交流思想，分享感情。反之，就会回避与别人亲密交往，甚至形成混乱的两性关系即“乱婚”。

Sullivan 认为，成年早期个体开始形成适合于自己的生殖行为模式，与特定的异性建立稳定的亲密关系，开始关心职业生涯，并自己挣钱，婚姻、家庭生活和职业生涯及其他社会生活使其人际经验逐渐成熟，权利、义务、责任意识增强，自我系统趋向于稳定。

（七）成年期

成年期约从 25～65 岁，即从成年到老年，是成家立业的阶段。这个阶段的主要任务是获得繁殖感，避免停滞感，体验着关怀的实现。他们不仅生儿育女，更重要的是关心、培养下一代的成长，还有创造的含义，包括各种有利于别人和社会的物质及精神财富的创造。

这一阶段个体拥有自己的事业，并成家立业，不仅要繁殖后代，同时要承担社会工作，会努力创造能提高下一代精神和物质生活水平的财富，关心和指导下一代成长。如果这一需求得到满足，就会产生繁殖感（即成就感），缺乏这种体验的人就会因过度专注自己而产生停滞之感。Erikson 认为，即使有人没有自己的孩子，他们通过与年轻人的接触也能获得这种繁殖感的满足。反之，那些不关心年轻人发展的人，就会沉浸在自己的天地中，过于自我关注而产生停滞感，其特征是人际关系贫乏和自私。如果一个人的繁殖感高于停滞感，人格中就会形成“关心”的品质。他们能理解别人的问题和需要，给人关心帮助而不求报答；反之，则会形成自私的品质。

对于 Sullivan 来讲，个体经历了以上六个阶段，便会进入成年期，发展自己的职业生涯，建立稳定的友谊和长期的性关系，发展成为一个成熟的人。

笔记

（八）老年期

老年期是指从65岁持续到生命结束。这个阶段的主要任务是获得完善感，避免失望感，体验着智慧的实现。这个时期的个体会经历一系列的丧失，极易产生失落感和孤独感，出现各种心理行为问题。这里的"丧失"主要包括体力和健康的丧失，工作的丧失、权利地位的丧失以及配偶、亲戚和朋友的丧失。Erikson认为这是自我整合与绝望的冲突期，处于此时期的老年人必须作出自我调整来面对生活中的这些变化。如果前面七个阶段积极的成分多于消极的成分，就会在老年期汇集成为完美感，回顾一生觉得这一辈子过得很有价值，生活得很有意义，有充实和幸福感，不畏惧死亡。相反，如果消极成分多于积极成分，就会产生失望感，感到自己的一生失去了许多机会，由于生活中还有许多重要目标没有达到，不愿匆匆离开人世，于是产生了一种绝望的感觉，精神萎靡不振，马马虎虎混日子。当老人们回顾过去时，可能怀着充实的感情与世告别，也可能怀着绝望走向死亡。如果这一阶段的危机得到积极解决，就会形成"智慧"的品质，即"以超脱的态度对待生活和死亡"。如果危机消极解决，就会有失望和毫无意义之感。Erikson把它定义为：以超然的态度对待生活和死亡。因此自我调整在此时期显得尤为重要。所谓自我调整即是一种接受自我、承认现实的感受，一种超脱的智慧之感。

综上所述，人格的发展包括机体成熟、自我成长和社会关系三个不可分割的过程，个体的人格就是在这几方面因素相互作用的过程中不断得到发展的。在每一个心理社会发展阶段中，都存在着需要解决的核心问题，只有每一阶段的核心问题得到积极的处理，人格才能够顺利地进入到下一个阶段，并逐渐实现健全的人格发展，否则就会产生心理社会危机，出现情绪障碍，形成不健全的人格。

二、人格发展的一般问题

对于人格发展的不同阶段的研究有利于了解人格发展的特点，但是为了对人格发展有更全面的了解，还必须要从更广泛的视角去审视其发展模式和一些普遍性的问题。以下列举一些人格发展过程中的普遍性特征。

1. **个体在早年的经历中具有很强的依赖性**。尤其是婴幼儿时期，其最大的特点就是对成年人完全的依赖，需要有人照顾他们，否则他们就不能够顺利发育成长，甚至是会死亡。正是这十几年的幼稚期为塑造其适应社会所需要的人格提供了时间，并可以在这段时间使人类的社会实践及教育发挥作用。

2. **人类个体行为与动物的固有行为模式是不同的**。人类的行为以社会行为为主，而动物的行为以本能行为为主。动物出生以后我们很容易就可以对其未来进行预测，比如小猫出生后就会像老猫一样抓老鼠，小金钱豹长大后就会成为动物界的"短跑冠军"等。然而对于未出生或是刚出生不久的孩子，我们对其未来的人格及行为进行预测就会变得非常的困难，因为人类的人格和社会行为大都是靠学习获得的，没人敢断言一个未出世的孩子一定会成为国家领导人或是科学家或是艺术家等等。所以人出生后，为了适应不断变化的社会生活，就必须不断地进行学习。

3. **人格发展是一个连续不断的发展过程，其早期的发展是为后期的发展提供基础**。尽管在我们学习人格心理学理论时，很多心理学家会把人格发展的过程分为四个、五个或八个阶段，但实际上人格发展并没有明确的分界线，它是相当连贯的过程。很多人格心理学家非常重视个体的童年生活经历，例如精神分析学派的Freud、Erikson、Horney等，他们认为人的早期经验和实践对其未来发展有着重大的影响。

4. **从群体角度来看人格发展，其趋向于遵循共同的模式发展；从个体角度来看人格发展，其发展过程又存在着极大的个体差异**。人们都要经历某些共同的人格发展阶段，而在

笔记

这些阶段内部都有一些共同的人格特征，例如，口唇期的婴儿总是喜欢把任何物品放入口中，性器期的儿童总会出现“恋母情结”或“恋父情结”。尽管如此，哪怕是同卵双生子，在相同的环境下成长，他们的人格特征长大后也会有不同程度上的差异，不仅是在认知、价值观、运动、生活方式等方面，就算是在气质、人格、智力等方面也会表现出不同。

三、人格发展与疾病

我们前面介绍了人格发展的各年龄阶段的特征，也涉猎到很多各阶段的满足与未满足可能对未来的人格发展的影响，甚至有可能引起的异常人格特征。下面我们来阐述一下精神分析理论和特质类型理论对人格发展与疾病的理解。

（一）精神分析理论对疾病的理解

精神分析理论最早提出了心理冲突的概念，并认为心理冲突的性质及心理冲突出现的阶段决定了个体的人格发展及形成。人们依据这个概念在解释应激反应和心理疾病及部分躯体疾病方面做了很多研究，而这些研究就是对心身疾病的研究的一部分。心身疾病主要是指心理社会因素在疾病的发生、发展过程中起重要作用的躯体性疾病或躯体功能障碍，例如消化性溃疡、溃疡性结肠炎、高血压病和哮喘等。

“心身”这个术语最早是 1918 年由德国哲学家和精神病学家 Heinroth 提出的，而早期的心身相关研究是建立在 Freud 的心理动力学理论基础上。精神分析学派认为心理冲突是被压抑的精神活动能量的来源，当这种能量通过生理渠道被释放时，就会对人体构成损害，从而导致“心身疾病”的发生。后来美国著名心理学家 Alexander 认同和发展了这种观点。Alexander 认为心身疾病的发展有三个要素：①未解决的心理冲突；②身体器官的脆弱易感倾向；③自主神经系统的过度活动性。这里所提到的未解决的心理冲突大多产生于童年时代，常被压抑到潜意识之中而没从意识层面表达出来。而在个体人格发展的某个阶段一旦遇到生活变故或社会因素的激发，这些冲突会意识化。如果这些复现的心理冲突找不到恰当的疏泄途径，就会使得意识层面出现焦虑，导致自主神经系统的过度活动，从而引起自主神经系统的功能障碍和它所支配的脆弱器官的损伤。例如，在童年时期，由于与母亲隔离而引起的焦虑被压抑在潜意识中，可能一开始没有问题，但是在人格发展过程中由于生活压力或是某种威胁而把这个未解决的心理冲突激发出来。个体为了消除这种被压抑的情绪时，患者不是以意识的行为，而是以自主神经的过度活动来疏泄，恰巧个体最脆弱器官是支气管，最终导致了支气管的损伤和病变，这时哮喘便发作了。

（二）人格特质类型理论对疾病的理解

1. 人格特质与疾病 在临床工作中发现，具有人格缺陷的心身疾病患者对应激情境更易产生负性情绪，对疾病的担心顾虑等心理反应特别强烈，并且容易形成恶性循环。总的来说，能引起人们产生心理丧失感、威胁感和不安全感的刺激因素最易致病。一些负性情绪如愤怒、恐惧、焦虑、忧愁和悲伤等，若强度过大或时间过久，则导致神经系统功能失调、内分泌失调和血压持续升高等，从而导致某些器官、系统的疾病。个体不适应的价值观念和对事物不合理的认知模式，也会产生强烈的负性情绪体验和不良的行为方式，容易诱发心身疾病。

很多研究者在探讨并寻求某种人格特质类型和某种特定疾病的关系。他们认为基因系统决定着人类个体的体质、特质以及智力，而且在它们的相互作用下作为人类个体就可以形成独特的人格；或者可以说是基因与人格的关联决定着疾病与健康出现的概率。个体的人格特征、情绪和个体对事物的认知评价与心身疾病关系密切。哮喘病患者多情绪不稳定、易焦虑和激动，甚至有癔症样发作，易受暗示，内向，依赖性强。具有 C 型人格的个体癌症的患病率较高。研究发现，C 型人格者食管癌发生率高出正常人 3 倍以上；C 型人格往往表

笔记

现为内向、小心谨慎、克制压抑自己的情感和需要。常常过分地要求自己。A 型人格也称为 A 型行为模式，表现为较强的攻击性和敌意、好急躁冲动、时间紧迫感及很强的事业进取心等；其中，攻击性和敌意被认为冠心病的一个独立的危险因素。近年荷兰心脏病学家 Denollet 通过观察和研究，发现消极情感和社交抑制这两种人格特质具有跨时间和跨情境的相对稳定性。高水平消极情感的个体体验着更多的不愉快、忧伤、焦虑、紧张和担心，更关注生活中的负性刺激，体验到更多的压力。个体同时具有高水平的消极情感和社交抑制这两种人格特质时被称为 D 型人格。研究已证实 D 型人格是预测冠心病死亡和非致死性心肌梗死的独立危险因素之一。

2. **特质与焦虑** 就 Charles Spielberger（1927—2013）的观点来看，特质焦虑和情景焦虑有着本质的差异。特质焦虑相对来讲比较稳定，不随时间的变化而变化。高特质焦虑的个体的焦虑水平较高，他们比低特质焦虑个体在某个时间和情景下都更容易焦虑，较少的外部压力或威胁也会引起应激反应而出现疾病。情景焦虑是就某种状态而产生的。比如公务员考试的情景焦虑，这种考试往往决定着其未来的归属和职业性质，对于高特质焦虑的个体而言可能因为焦虑水平较高而被考试弄得惊慌失措，如果是低特质焦虑个体，考试焦虑不会很严重，甚至可以不费力地克服这种焦虑。应激领域的研究者们认为，慢性应激可能与焦虑特质有关。

（耿艳萌）

第二节 依恋理论

一、依恋理论的形成背景

依恋通常被定义为婴儿和他的照顾者（一般为母亲）之间存在的一种特殊的感情关系，产生于婴儿与其父母的相互作用过程中，是一种感情上的联结。普遍认为依恋是人类适应生存的一个重要方面，不仅提高婴儿生存的可能性，而且构建了婴儿终生适应的特点，帮助婴儿向更适应生存的方向发展。婴儿与其照看者间的亲密关系居于人类生活的核心。依恋理论所探讨的就是这些关系及其形成过程、与照看者的最初亲密关系中的方方面面及其对随后成长的影响。一个婴儿在与周围人不断复杂化的交往中，会逐步建立一个内部的工作模型，在这个模型的指导下，根据依恋对象对自己日常需求的反应速度和方式来建立不同情境里的反应方式。这种行为模型一旦形成，就具有了很强的保持自我稳定的倾向，将对儿童的各种社会人际关系如母子关系、师生关系和同伴关系等都产生长期影响。

（一）Bowlby 的依恋理论

第二次世界大战期间人们发现，孤儿虽然得到了身体上的照顾，但这些孩子并不与照料他们的成人形成新的依恋关系，还可能表现出严重的心理障碍。这种情况促使英国心理学家、儿童精神病学家 John Bowlby（1907—1990）对依恋开始了进一步的研究，提出了依恋理论的关键概念。Bowlby 认为依恋是儿童与特定的人建立强烈的情感联结，是人类最自然的反应，每个人早期依恋模式正是建立在婴儿时期与养育者关系的基础上，婴幼儿期的早年经历能够深深地影响到儿童今后的发展。Bowlby 认为依恋有三个显著的特点：①依恋是一种生物性需要，是婴儿本能反应的结果，他们需要与照看者产生亲密感。②当儿童依恋母亲或其他经常性照看者时，儿童能够以此人作为安全港湾，对周围环境进行探索；当依恋对象离开时，孩子会感到焦虑不安。③每个人都会形成对早年依恋体验的心理表征，它的基本成分是母亲的关爱和认可，这是儿童信任和自信的基础。和母亲之间的互动模式也形成了“依恋的内部模式”。这个心理模式也是儿童未来建立、维持并信赖亲密关系的基础。

笔记

Bowlby 认为婴幼儿依恋的早期发展一般经历四个阶段。第一阶段：无分化阶段（出生至 3 个月）。这一阶段婴儿出现两种基本活动。首先是开始探索周围环境，尤其是人；其次是在识别各种刺激的过程中，表现出感性技能（如视觉和听觉），尤其是对女性形象和声音更为敏感。第二阶段：低分化阶段（3~6 个月）。这一阶段婴儿的社会反应开始分化，对熟悉的人更加敏感，尤其是对父母，但不具排他性。第三阶段：依恋形成阶段（6 个月至 2.5 岁）。这一阶段儿童获得了运动技能，他们能够根据父母的行动，指导和改变自己行为的方向、速度或动机，通过反馈的倾向，引导婴儿与成人进行双向的交流。第四阶段：修正目标的合作阶段（两岁半以后）。儿童依恋发展到这一阶段，其主要特征是自我中心减少，能从母亲的角度看问题，猜测行为的感情和动机，并寻找采取什么行为可以影响母亲的行为。

（二）Mary Ainsworth 的依恋理论

1. 三类依恋关系 美国发展心理学家 Mary Ainsworth（1913—1999）的著名“陌生情境测验”研究，进一步拓展了 Bowlby 的依恋理论。她依据儿童对照顾者的依恋质量，对儿童加以分类。Ainsworth 在其研究中模仿了儿童生活中的常见情境模式，如母亲单独陪伴，接下来依次是陌生人来到、母亲离开、儿童单独留在游戏室、陌生人返回、与母亲重聚等情境。通过“陌生情境”实验观察到儿童的依恋及探索这两种行为是如何随情境的变化而增强或减弱的。基于对大量“陌生情境”实验的观察，Ainsworth 总结出三种不同类别的依恋关系。

第一类是安全型依恋。这类儿童只要母亲在场，婴儿就感到足够的安全，能在陌生的环境中进行积极的探索和玩耍，对陌生人的反应也比较积极；当母亲离开时，感到难过，但是当母亲返回，很快得到安慰，积极欢迎母亲回来。体验到这种依恋的婴儿知道母亲的负责和亲切，甚至母亲不在时也这样想。安全型婴儿一般比较快乐和自信。例如，儿童被母亲送到幼儿园时，他最初犹豫着不想离开母亲，然而，当他看到自己想探究的事物时，他会离开母亲前去探索，并回头张望以确定母亲是否正注视自己，而后继续探索；当母亲离开幼儿园时，儿童会难过地说声再见，然后继续愉快地玩耍；当母亲返回时，儿童会拥抱母亲，欢迎母亲回来。这个儿童对母亲的依恋属于安全型依恋。

第二类是焦虑-矛盾型不安全依恋。母亲在这种依恋关系中对婴儿的需要不是特别关心和敏感，婴儿在母亲离开后很焦虑，别的成人照顾者不易让他们安静下来。例如，母亲送儿童去幼儿园，当儿童的母亲试图把他留在幼儿园时，他会大哭，不从事探索活动，并对陌生人相当警觉；母亲离开时他们会变得极为苦恼，幼儿园里的其他照顾者无法使这类儿童平静下来，他们也不愿意探索环境及接触其他儿童；当母亲回来带他回家时，这类儿童的反应非常矛盾，最初他跑向母亲，寻求他已经盼望了一整天的安慰，但很快就对母亲的离开表示愤怒，并把母亲推开。这个儿童对母亲的依恋属于焦虑-矛盾型不安全依恋。

第三类是回避型不安全依恋。这类儿童对母亲疏远、冷漠。当母亲离开时孩子不焦虑，当母亲返回时也不特别高兴，经常会回避接触母亲。例如，当母亲送儿童去幼儿园，一到幼儿园儿童就立即离开母亲，开始探索环境，但极少与其他儿童交往；不同于第一类儿童，他并不去看母亲是否正在注视自己，表现出完全忽视母亲的样子；当母亲离开时或当母亲回来带他回家时，他仍显得无动于衷。这个儿童对母亲的依恋属于回避型不安全依恋。

2. 安全依恋的形成 Ainsworth 进行大量的研究之后，提出了“适宜响应”这种照看风格。具有这种照看风格的母亲会清晰地针对孩子的需要信号，提供身体照料、情感交流以及关爱；在孩子游戏、爬行或从事自己的其他事情时，母亲能够给予孩子“自主空间”。这类母亲的特点是能够了解孩子的需要和要求，并对信息作出相应反应。而不具备这种风格的母亲也会从事许多儿童照料或游戏，但这只是针对自己的需要，而不是针对孩子的。这种卷入但非适宜响应性母亲大多与回避型依恋风格有关，这种依恋风格的婴孩在陌生人进入、母亲离开和被独自留在室内等情境中，都会不间断地从事游戏。非卷入的养育风格的母亲

笔记

则只是对孩子漫不经心，这与矛盾依恋类型相关，这类婴孩先是努力建立联系、然后退缩，并多次交替出现。

二、安全依恋对人格阶段性发展的作用

在生命最初三年中安全依恋于至少一位双亲或其他重要照看者将对儿童今后的发展具有重大的意义。早年依恋体验是学习过程的背景性基础，人从此基础出发，学习与他人的沟通，也就是说这种早年的亲密关系驱动着个人成长。

1. 婴幼儿期（约出生到3岁） 在这一时期，安全依恋的第一个作用就是独立。在1岁时，安全依恋的儿童能够独自从事探索行为，能够在必要时与照看者相分离，更能够从事独立于照看者的活动。因为安全依恋的儿童形成了一种自我心理表象，就是在与母亲或其他陪伴者的关系中，自己是被关爱的人。这种心理表象维持着情绪调节功能，这种调节功能使儿童能够忍受与照看者的分离所产生的身体及心理上的痛苦及压抑，而不使焦虑情绪增强到打断游戏活动的程度。这使得安全依恋的幼童比非安全依恋儿童更加独立。

安全依恋的另一个作用就是使幼儿产生自我知觉的萌芽状态。在幼儿体验到安全依恋一段时间后，他会开始形成一种心理表征即儿童及其母亲是两个相互分离但密切相关的人。母亲的适宜响应有时符合、有时不符合这种表象，但她的响应足以使儿童获得“好自我”和“好母亲”的内在表征。一旦这些心理表象得以形成，就会使幼儿对母子间的经常性身体亲近的需要减少。此时的孩子逐渐拥有了内化的适宜响应的意象，他可以借此获得安全感。因而坚实的自我感是婴儿及幼童发展时期内的依恋关系的直接且稳定的产物。

安全依恋对人格成熟的另一个影响，是在智力领域。相对于有着不安全依恋的儿童，安全依恋的儿童会发展出更好的感觉运动技能。因而，安全儿童比不安全幼童更能够借助感觉来把握环境，并作出相关的行为。

2. 学龄前期（约3~5岁） 在安全依恋的作用下，这个阶段的儿童热切专注的探索行为和交往沟通的结合，促成了认知发展。他们开始掌握颜色、形状、数字等基本概念，并继续受益于安全依恋。Bowlby的理论使我们直接理解到情感发展和认知发展之间的关联是如何形成的。拥有安全依恋关系的幼童更多地把时间用于探索环境，而不是用于查看母亲是否在场。安全依恋的儿童还能够就自己的发现获得反馈。

安全依恋的学龄前儿童在语言能力上发展得更早、更有成效。随着这类儿童发现词语具有传达自己的意念和知觉的能力，他们自然会把这些词语指向自己最亲密的伙伴。另外，在与成人接触过程中，成人给安全依恋的儿童提供了大量有重要意义的言语信息，并且以儿童为中心的沟通的复杂性接近并稍高于儿童自身正在发展着的语言能力水平，使儿童获得更丰富的语言体验。这些都促使儿童能够顺利地与同龄伙伴一起玩耍，获得更好的交际技能，并更可能在小学低年级阶段成为更复杂游戏中的谈判高手。

3. 学龄期（约6~12岁） 到了6岁时，儿童基于符号、技艺、情节的心理表征，仍然具有早年依恋类型的特点，展现出横跨前两个阶段的连续性。安全依恋的儿童比不安全依恋的儿童与同龄伙伴及老师的关系会更好，具有更强烈的学习热情，有耐心取得老师的积极响应，通常有着良好的学业成绩。不仅如此，安全依恋的儿童更能够共情于他人，更能进行复杂的协商，不好斗，不畏缩，比同龄人拥有更好的交际能力。

4. 青春期（约13~18岁） 到青春期以后，拥有安全依恋心理模式的青少年，易于适应不同的交际团体和交际情境，遵守各种行为规章制度，拥有自我情绪调节的技能以及面对压力时的韧性。他们能够向朋友有效传达和适当表达自己的感受，不会毫无道理地哭闹、发脾气或猜疑。在压力环境中，他们会让自己平静下来，合理地全面思考所面临的境遇，然后寻求解决困境的方法。总之，对于青少年来讲，早年所拥有的安全依恋体验，使得他们能

笔记

够应对复杂的交际关系及顺应生活挑战。

5. **成人期（约 18 岁以后）** 美国的一项全国性调查显示：59% 的成人是安全型依恋，25% 的成人是回避型不安全依恋，11% 的成人是焦虑 - 矛盾型不安全依恋，5% 的不可分类。这一结果竟与发展心理学家对婴儿安全型、回避型和焦虑 - 矛盾型计算的比例非常匹配。另一项研究也发现，安全型依恋的成人更倾向于描述同父母之间的积极关系和一个温暖信任的家庭环境。这些研究结果表明，成人的依恋类型源于童年。Bowlby 认为依恋行为在儿童早期是特别突出的，但在人类一生中依恋行为都是存在的。儿童在出生以后会一直保持着依恋关系，直至成人期发展出与配偶、恋人及友人间等的其他依恋关系。依恋类型也会对成人的人际关系造成影响。例如，安全型依恋的夫妻中的一人要离开时，他们会表现出亲密行为和较多安慰；然而，回避型的夫妻在离别时表现出焦虑与害怕。回避型的人可能多次恋爱，但是难以得到真正的快乐，这些人唯恐失去伴侣，因而屈从于伴侣的愿望，尽力去让对方快乐。

三、依恋形成的影响因素

依恋模式的形成，是母亲与婴儿相互作用的产物，交往的态度、行为以及婴儿本身的特点，是影响婴儿形成不同依恋类型的主要因素。依恋形成的影响因素一般分为内部因素和外部因素两大类。

内部因素，是指儿童本身的特点对母子依恋关系形成的影响。美国心理学家和精神病学家 Alexander Thomas（1825—1890）等将婴儿的气质划分为容易照看型、难以照看型和缓慢发动型三类。Thomas 认为容易照看型儿童生活有规律，节奏性强，情绪总是积极的、愉快的，易于适应新环境，并能够得到成人的关注。难以照看型儿童生活无规律，总是在哭，不易抚慰，难以适应新环境和变化。即便是在游戏中，他们的心情也总是不愉悦。缓慢发动型儿童一般比较安静、退缩，适应新事物比较缓慢，如果接触时间延长，他们会逐渐地产生良好的反应，渐渐活跃。这些婴儿早先的气质特征很可能影响父母对他们的印象与态度，难带的孩子往往就易形成焦虑 - 矛盾型不安全依恋，易带的孩子易形成安全性依恋，而迟缓的孩子则往往形成回避型不安全依恋。

美国发展心理学家 Jerome Kagan 认为遗传对于气质的形成具有重要的影响，将儿童的气质分为高反应性和低反应性两类。其中，高反应性儿童自我控制能力比较强、较为温和且有礼貌；而低反应性儿童的行为特点则完全相反，他们精力充沛、主动性很强。Kagan 这样描述行为抑制性和非抑制性的儿童：在面对一个不熟悉的人、物或情境的最初几分钟内，抑制性儿童非常敏感，会中断他们正在进行的活动，离开不熟悉事件发生的地点；非抑制性儿童面对不熟悉的事物或人时，正在进行的活动没有明显改变，甚至可能会主动接近不熟悉事件或陌生环境。这两种不同气质类型的儿童的行为，会影响母亲对他们的态度和反应，继而影响母子之间相互作用的模式。

外部因素对儿童的依恋质量也存在着重要的影响，其中集中在照看者的依恋类型、养育方式及养育环境等方面。①照看者的依恋类型：父母的依恋类型对儿童安全依恋的形成有着重大影响。安全型父母能够及时响应孩子的需要，那么孩子会以父母作为他们的安全基地，积极地进行探索活动。回避型父母总是尽量回避亲密行为而倾向于将孩子的依恋行为和活动减少。他们容易忽视、打消或拒绝孩子寻求亲近的需要。这样会减少孩子的探索行为，并削弱父母自身对依恋的感受。回避型父母会给孩子制定严格的纪律，并进行监督。观察这类孩子，我们就会发现他们的自制能力很强，并过度自信，对父母特别客气，父母离开时也漠不关心。而混乱型父母可能基于对自己的不自信以及对他人的不信任，对孩子的行为进行干涉，或者歪曲孩子的需求，而加以拒绝和否认。矛盾型父母常表现出矛盾

笔记

情感，一方面表现出对孩子的偏爱，时时呵护，而另一方面又采用十分严厉的手段给予孩子惩罚，使孩子感到无所适从。②养育方式：儿童出生后即处于一定的养育条件下，母亲的喂养方式及其与婴儿相互作用的性质构成了影响儿童依恋的关键因素。父母的养育行为及其稳定性会直接影响儿童的内部工作模式。Bowlby 认为，父母的心理状态会通过对儿童需要的了解和反应，影响养育方式，并直接影响孩子的依恋质量。很多研究表明，母亲的积极性情绪表达有利于儿童形成安全依恋类型，而消极的情绪表达对形成安全依恋类型有负面影响。消极情绪表达的母亲经常不能知觉到儿童的情绪，不能及时或者很长一段时间都不能满足儿童的需要，儿童对母亲不会产生信赖，不利于他们形成安全依恋类型。③养育环境：Bowlby 强调，如果婴儿早期发展的关键期内没有与母亲建立紧密的情感联结，那么其以后的人际关系和情绪发展就会受到严重的、不可逆转的损害，形成一种"无情感的人格"。例如，如果儿童到两岁半才得到母亲的关爱，那这种关爱对儿童的成长几乎不起什么积极作用。研究证实，童年时期父母离婚或分居与子女安全依恋呈负相关，与不安全依恋正相关。父母的分离使儿童无法享受正常的父爱和母爱，找不到可以一直依靠和信任的人，容易形成不安全依恋。同时，童年时期父母的自杀行为也会给儿童留下阴影，与不安全依恋有很大关系。有相当多的心理学家强调包括亲子关系在内的一系列早期经验在形成依恋中的重要作用，其中隐含着心理学界长期持有的观点：儿童年龄越小，其所经历事件的影响就越大。

养育者及其养育环境等外部因素与婴儿本身气质等内部因素共同作用，影响着儿童依恋关系的形成。当儿童的反应方式与外界环境和谐一致时，其儿童依恋关系的发展趋向于积极和安全的模式；当两种力量存在严重不协调时，结果可能导致儿童依恋关系扭曲的发展或适应不良。

四、依恋与人格障碍

依恋理论认为，人类对童年期亲子依恋关系的体验将会形成各种不同的人际关系模式，虽然不是直接引起以后的精神障碍，但与儿童及成人期的各种形式的精神病理学现象显著相关。

目前，关于依恋和精神病理方面的研究多集中于依恋类型和精神病理症状之间的相关研究。研究发现，不安全依恋是人格障碍形成与发展中的一个重要因素。回避型依恋儿童成长过程中容易表现品行障碍、物质滥用、反社会型人格障碍；焦虑 - 矛盾型依恋儿童可能出现分裂型人格障碍。近年国外的研究发现，不安全依恋与边缘型人格障碍有密切关系。边缘型人格障碍是一种以情感、人际关系、自我意象的不稳定及冲动行为为特征的复杂而严重的精神障碍，具有高自伤和高自杀风险。

一些研究发现成人依恋类型与抑郁情绪有关。成人依恋是指成人对其童年早期依恋经验的回忆和再现，个体的早年依恋关系的心理模式在成人期继续产生影响。研究认为，那些有不安全依恋关系的人，其内部工作模式会促进他们对自我和他人的抑郁消极观念，这会导致自我的无助、无望、不可爱以及认为会被别人拒绝等观念。这种内部工作模式也可能会影响到情绪调节和情感表达的生理功能，对抑郁的发展有着潜在的影响。对大学生的研究也表明成人依恋类型对焦虑和抑郁都有不同程度的影响。目前，大量的研究已证实，早年形成的依恋关系与以后的许多精神障碍有密切的关系。关于这些相关的精神障碍的形成和发展的机制，许多心理学家提出了不同的假设并进行了相关的研究，这个领域中仍存在许多有待深入探讨和研究的问题。

（方建群）

笔记

第五章　人格中的性别因素

人格研究的两大主要任务包括人类本性的共同特征研究和人格的差异研究（Buss，1975）。人格心理学中的群体差异研究包含性别、地域、年龄、经济状况、文化及国民性等，其中性别差异是最基本的群体差异。本章从性别角度来阐述人格差异。

John Gray 在 *Men are from Mars*，*Women are from Venus* 一书中总结了男性和女性认知模式的差异：男性倾向于采用“聚合式”的认知模式，女性则倾向于采用“发散式”的认知模式，两性在思维模式、交流方式、情感表达以及人格特征中呈现出不同特点。这种认知模式的差异造成了男女两性在人格上的差异。本章将从性别差异概述、性别差异的理论解释以及性别差异的相关研究三方面对两性人格差异进行阐述。

第一节　性别差异概述

男女性别差异体现在生理特征、心理活动以及社会行为表现等多方面。虽然人格特质方面的性别差异没有像外貌、身体力量、性倾向等方面的差异那么显著，但是人格方面的性别差异还是要高于在认知能力、归因风格及自尊等方面的性别差异。本节主要论述人格性别差异的影响因素以及人格性别差异的表现。

一、人格性别差异的影响因素

（一）社会文化因素

社会文化由意识形态文化、物质文化、精神文化和行为文化等构成，它们对男女的人格差异的形成起着至关重要的作用。

由从古至今的社会文化变迁过程中不难看出社会文化因素对人格的形成和发展过程中的影响。人的心理之所以不同于动物的心理，是因为两者除了生理遗传和功能上的差异外，更重要的是人生活在社会文化系统之中。人类创造了丰富的社会文化，又将自己置身于一定的文化环境之中。因此，社会文化是人的心理产生的决定性条件，也是影响人格形成和发展的重要因素。

在我国的发展历史中，三从四德及儒教思想里的所谓的“美德”束缚并引导了当时女性的人格特征。比如说，“三从”里的在家从父、出嫁从夫、夫死从子的行为准则束缚了女性的独立思维和人类的很多与生俱来的秉性。而“四德”里的妇德、妇言、妇容及妇功抹杀了众多女性的特点，让女性的内敛、含蓄、忍耐等人格中的内向表现成为女性人格的主要体现。社会文化意识要求男性从物质上对家庭及国家承担责任，这种社会文化意识潜移默化地让男性在精神上及行为上比女性更加独立，结果刚强的人格特质成为男性在体现自我时的重要的标榜。Beauvoir 在 *The Second Sex* 中写道：“男人的极大幸运在于不论成年还是小时候，他必须踏上一条极为艰苦的道路，不过这是一条最可靠的道路；女人的不幸则在于被几乎

笔记

不可抗拒的诱惑包围着，她不被要求奋发向上，只被鼓励滑下去到达极乐。当她发觉自己被海市蜃楼愚弄时通常为时太晚，她的力量在失败的冒险中已被耗尽。”可见，社会文化因素主要通过影响“性别角色”的形成而对人格中的性别差异起作用。

性别角色（gender role）是指特定性别的个体在一定的社会群体中占有的适当位置及其被社会和群体规定了的行为模式，是社会对男性和女性行为的社会规范和期望。所以，它是一种社会性别，与自身的生理性别不一定相符。性别角色的划定决定了某一个人的社会化倾向。如在传统的观念中，男人的社会化倾向是在社会上谋取成功和地位，他们通常被描述为具有攻击性、独立、非情感化的；而女人的社会化倾向则是在家庭中充当贤妻良母，她们通常被认为是被动、依赖和富于爱心的。不同的社会化倾向必然导致男女有选择地接受不同的社会影响，形成与其特定的性别角色相适应的不同的心理内容和人格倾向。性别角色影响人类行为的许多方面，包括穿着、非语言的个人风格、能力、兴趣、教育追求、职业、家庭活动和责任感。

性别角色自个体出生之后即形成和发展。当一个新的生命降临时，我们的父母对自己的孩子有一种传统的期望。比如说如果出生的是儿子时，父母希望孩子是健壮的、帅气的和有魄力的等；相反，如果是女孩的话，父母则希望孩子是秀气的、伶俐的、温柔的等。心理学上著名的皮格马利翁效应（Pygmalion effect），又称期待效应，说明他人的暗示及期待在本质上，是人的情感、观念和意志行为会不同程度地受到别人下意识的影响。人格的形成和发展受生物学因素、自我教育、生长环境及社会环境的影响。因此，作为社会的人，我们可以从每个人的人格中看出社会的以及家庭“期待”的烙印。

社会文化的发展，尤其是东西方文化的交融，使得男女之间的人格特质在悄然地发生着变化。现在曾经的男主外、女主内的社会分工完全被打破；女性的社会地位及社会功能被世人所认可，这为充分展现女性的风采及人格的良好发展提供了社会文化层面的平台。

（二）生理因素

生理因素是影响人格性别差异的重要因素，其中一个就是性激素。性激素决定了一个发育中胎儿的身体性别特征，同时也对其他发育阶段的身体特征造成影响。激素用精细的方式对发育中的男性和女性脑进行了不同的组织，例如女性的皮层两侧相较于男性的皮层两侧具有更充分的内部连接（LeVay，1993），男性比女性更受视觉支配（Panksepp，1998）。神经系统中的这些差异是如何影响人格的呢？早期的激素暴露，甚至是产前的暴露都会影响到个体后来的行为表现。雄性激素暴露下的女孩比那些没有雄性激素暴露的女孩花更多的时间玩男孩子的玩具，她们表现出与男孩子相似的偏好模式。而男性的偏好并没有受到暴露条件的影响（Berenbaum，Hines，1992）。性激素还会影响个体的玩耍风格。男婴在出生时更高的睾丸激素水平预测了个体更高的勇敢程度（Jacklin et al.，1983）。

二、人格性别差异的表现

在日常生活当中，人们通常认为女性具有多愁善感、善于教养子女、具有服从性、易受暗示等人格特征；而男性具有独立、攻击、占有、冒险等人格特征。男人更喜欢去管理一个小团体；女人更关心孩子并在抚养孩子方面投入得更多。但这种观念很大程度上掩盖了许多男性抚养孩子的行为和许多女性具有独立性的事实。而人们对男女人格特征的这种传统认知称之为“性别刻板印象”（gender stereotype）。研究者们发现，在许多方面，男人和女人的特质是十分相似的（Hyde，2007）。

“性别刻板印象”指的是社会对男性、女性特征所持有的固有信念。人们往往不约而同地认为，在一些行为和人格特征上男性应该怎样，女性应该怎样，如男性比女性更具侵略性，女性比男性更感性。Rubin 等（1974）对父母在头胎婴儿出生的当天进行了访问，结果男

笔记

女婴在身高、体重和活动记录上没有明显差异，但女婴更多地被描述为伶俐、乖巧、漂亮等，而男婴则更多地被描述为坚强、强壮、机灵等。随着孩子的长大，这种刻板印象将一直继续下去。然而，研究者如今倾向于将“刻板”看做一种可能而不是非白即黑的信念。

男女之间的人格区别主要体现在攻击性、嫉妒、情绪和情感、助人行为、成就动机和支配控制、能力等方面。另外，人格障碍及人格结构的五因子模型中也表现出了性别差异的倾向性。

（一）攻击性

攻击性（aggressivity）是指具有对他人有意挑衅、侵犯或对事物有意损毁等心理倾向和行为的表现。也许攻击性是人格上性别差异最为常见的表现，这种表现在心理学研究和犯罪统计中也有所体现。尤其对年轻人而言，攻击行为的性别差异比较明显，随着年龄的增长这种差异会逐渐减小。与女性相比，男性表现出更多的语言和身体攻击（Eagly，1987）。男性更可能成为暴力事件的罪犯。一项对日本、印度、菲律宾、墨西哥、新英格兰和肯尼亚等六种文化中七至十一岁男女儿童的行为观察研究发现（Whiting，Edwards，1973），在这些国家的文化背景中都能看到男性比女性更富有攻击性行为。另一项调查结果也支持了上述观点，如调查显示1965—1990年期间芝加哥发生的杀人事件中，86%的凶手是男性。

从攻击行为发展的性别差异来看，在1.5～2.5岁，当儿童首次意识到性别角色期待时，女孩的攻击行为开始下降，而男孩的攻击行为没有明显变化。在学龄前和小学时期，男孩表现出更为明显的各种形式的对同辈儿童的攻击行为。另外，对攻击冲突发生的情境的分析结果表明：在男孩间相互接触时，身体攻击更容易发生；而在男孩与女孩之间、女孩之间相互接触时，身体攻击行为较少出现；当受到身体攻击时，男孩比女孩更容易以报复性攻击作为反应。从发生学上看，这一差异出现于儿童开始和他人玩耍之时，时间大概在2岁左右，并在整个学龄期继续得到发展。随着年龄的增长，攻击行为的性别差异会逐渐减小。暴力犯罪最大的差异出现在青春期，50岁以后，各种暴力犯罪开始下降，男性和女性在犯罪攻击行为方面变得越来越接近。有研究者报告，男性在Eysenck人格测验中精神质上的得分总是高于女性的，犯罪者和精神病患者在精神质上的得分高，这些人也是男性居多。造成攻击性方面性别差异的原因可能具有某些生物学基础，如男性体格高大、肌肉发达，也可能与激素的分泌水平有关。但许多研究表明，攻击行为的性别差异主要是社会学习的结果。

Crick和Gort（1995）提出了与身体攻击相对应的“关系攻击”概念。他们认为关系攻击是故意操纵和破坏他人的同伴关系从而伤害他人的行为，比如：将他人从游戏群体中排斥出去以进行报复；为了伤害或控制他人，有目的地终止友谊或认同；散布谣言以致同伴拒绝他等等。但关系攻击是否存在性别差异，研究结果有分歧。Underwood等（2001）认为这种分歧在很大程度上是由研究方法造成的。但即便都是采用同伴提名的方法，结论也不一致。

有研究发现女孩的关系攻击水平高于男孩（Crick，Gort，1995），也有研究发现无性别差异（Rys，Bear，1997），还有一些研究发现男孩的关系攻击多于女孩（Tomada，Schneider，1997）。关系攻击行为的性别差异可能与文化差异及被试年龄有关。比如Tomada和Schneider（1997）的研究是以意大利儿童为被试，由于意大利特有文化的影响，意大利男孩过多地置身于父母紧密的关系网络中，可能通过观察学习习得了关系攻击行为。在Rys和Bear（1997）的研究中，尽管没有发现关系攻击的平均数存在性别差异，但在考察不同攻击组别的性别分布时，性别效应出现了，结果发现关系攻击组中女孩的比例显著高于男孩。

在浙江大学的一项有关反社会型人格障碍特质的中文形容词研究中（Yu et al.，2009），此种人格特质的三个亚尺度，即“凶狠的”“进攻性的”和“小心眼的”，其中男性在“凶狠的”“进攻性的”的得分明显高于女性。这个结果告诉了我们，中国人所定义的反社会型人格特质着重定义在男性的身上。

笔记

（二）嫉妒

嫉妒（jealousy）是指人们为竞争权益，对相应的幸运对象或潜在的幸运对象所怀有的冷漠、贬低、排斥、甚至敌视的心理状态。Buss 等（1992）将男性和女性差异的焦点落在嫉妒上，男性（和其他哺乳动物的雄性）要面对父亲身份的不确定这样的难题，即男性无法百分之百确定与自己交往的女性的孩子是他自己的。一个男性虽然尽心尽力，投入资源、时间、金钱和保护，但是如果他的妻子不忠诚，他的基因就无法遗传。因此，Buss 等认为，男性对性行为的嫉妒水平最高，对他的交往对象与其他男人可能发生性关系的线索更关注。女性则相反，确信她们的为母之道，但是面临着另一种风险。女性面临着如果他的配偶抛弃她或者被其他女性带走，她们的后代就会面临风险和威胁。因此，女性的情感嫉妒水平相对较高。

不少观点支持了男性和女性在爱和性的定向方面存在着显著差异。20 岁的男性更多地想到性行为，而 20 岁的女性更多地考虑到婚姻。问题在于，如何解释这一事实。这是使我们大部分人相信这一事实的难题之一。有一些研究指出，男性和女性对伴侣的打情骂俏的行为的理解和解释存在差异（De Steno，Salovey，1996）。第三方面与之对立的观点是测量男性化和女性化特质的出现，是对嫉妒的生物性别差异的一种调和（Bohner，Wanke，2004）。

另外，许多心理学家确信社会文化理论提供了另一种对男性和女性在嫉妒方面差异心理的解释（Wood，Eagly，2000）。男性和女性的人格差异都是直接产生于性嫉妒和配偶资源的损失吗？其实大多数人类行为，特别是关于性嫉妒的行为，是复杂的并需要从多维视角全面检验的一种行为。

（三）情绪性

情绪性（emotionality）是指个人在人格上情绪易于激动的特征。一般来说，女孩较男孩胆小、怯懦，比男性更为情绪化，在感情方面更为热烈和敏感，也更容易受到伤害，而男性在感情上则比较能够克制。

有研究者用计算机作业调查情绪认知的速度和准确性，结果显示女性有明显的情绪知觉优势。一项对 37 国的研究结果显示，女性比男性有更高水平的神经质倾向，也更易患抑郁症。耶鲁大学心理学家 Feingold（1994）总结了在大五特质上的性别差异的证据，即在神经质上（如焦虑、紧张、神经质维度），女性得分高于男性。自尊可以看作是神经质的一个方面（低自尊与高神经质相连），但关于自尊的研究则显示了稍许不同的结果：男性自尊平均高于女性。此外，这种差异在成年人中是最大的。Costa 等（2001）的研究显示，女性在神经质和宜人性的许多方面得分高于男性。这些在人格测验中的情绪性因素上得分高，提示女性对自身和他人情绪线索敏感，有更多焦虑和困扰，也比男性更多地受到抑郁的折磨。

另外，传统的性别观刻板印象认为，女性比男性更为情绪化。女性在情感方面更为热烈和敏感，也更容易受到伤害；而男性在情感上则属于比较克制的类型。心理学家所进行的大部分研究是支持传统的性别刻板的。例如，女性对他人的情绪比较敏锐，面对焦虑和伤害更加脆弱；男性的情感是自我取向的，他们比较自大，还有些敌意。但许多研究也指出，事实上男性和女性经历的情感并没有很明显的性别差异，差异主要体现在外露（让他人看到的）的情感上。比如，男性和女性可能都有合作和关心他人的情感体验，但男性较少将这种情感表露出来。同样，男性和女性都具有自我取向的情感（如野心和骄傲），但女性较少表现出野心和骄傲。这种有选择的情绪表达主要是受到社会期望的影响和性别角色的限制。

在情感敏感性方面，女孩和妇女通常更容易受到其他人情绪的影响。例如，当其他婴儿哭的时候，婴儿期的女孩更有可能也跟着哭泣。女性能更好地解释照片上人物的表情，更多地表达自己的情感，因此也更容易被其他人理解。这些研究发现，女性更容易理解自

笔记

己和他人的情感状态。

(四)助人行为

助人行为(helping behavior)又称为利他行为。在陌生人需要帮助的压力情境中,女性会觉得害怕和胆怯,因此提供帮助的可能性会小一些。但在其他非压力情境中,需要帮助的是熟人或亲友时,女性更多地是以间接的方式助人,比如报警或找人帮忙。然而在实验中,间接帮助就等于不实施援助,由此研究者认为男性比女性更乐于助人。

事实上,女性和男性所扮演的不同社会角色才是他们在利他行为上表现出性别差异的主要原因。比如男性的角色是与力量和危险情境联系在一起的,因此在有风险的情境中,他们有可能会出手相助,比如劝架等。在社会化的过程中,男性和女性有着不同的文化和情境经验,形成了不同的行为方式。在研究利他行为的时候,探讨究竟男性更乐于助人还是女性更乐于助人是没有意义的,而且这类研究本身在情境设置方面也存在其局限性。关注在哪些情境中男性会帮助他人、哪些情境中女性会施以援助,才是可行也比较有价值的研究取向。

(五)成就动机

成就动机(achievement motivation)是指个体追求自认为有价值的事情,并使之达到预期目标的动机,即以高标准要求自己并力求取得活动成功为目标的动机。有结果显示,无论整体,还是不同教育水平、不同年龄阶段,中国男性的成就动机水平均较女性高。另外,研究者发现女大学生的成就需要水平显著提高了。同男性一样,女性大学生的成就需要分数可以预测 14 年后她们的职业选择和职业特点。

尽管成就需要分数可以预测商界男性和女性的成功,但研究还发现,在比较男性和女性的成就行为时,其他许多变量会起作用。例如,有些研究者发现,男性和女性在确认哪些是成就任务时结果是有差异的。也就是说,由于性别角色社会化方面的差异,男性和女性在确定成就目标或确定一定的成就在个人目标中所处地位方面存在差异。有时候,女性重视成就但是可能会把别人的幸福看得比自己的成功更重要。在女性中,我们经常可以看到这样的例子,她们有时会为了家庭作出牺牲,放弃对事业的追求。因此,与其问为什么女性在追求成就时表现得不如男性,不如问为什么男性和女性在追求成就时会作出不同的选择。

有研究者发现,男性和女性对成功的定义不同。在我们这个社会中,男性更倾向于按照外部标准定义成功,比如获得威望或是获得别人对自己成就的赞扬。相反,女性则倾向于按照内在标准来界定,比如她们是否完成了原定计划。因此,在比较男性和女性成功时,心理学家必须谨慎,不能想当然地把男性对成就的定义看作成就的标准。

另一些研究表明,女性认为他人的认同是一种回报,而男性希望在成功中获得回报。然而,Maccoby 和 Jacklin(1974)的性别差异研究结果表明,在人际取向和任务取向上不存在性别差异。与男性相比,女性具有另外一个特征,即她们缺少对专业成功的渴望,因为她们对成功存在恐惧。但是实证研究的结果并没有证明这个研究假设,这并不是人格方面的性别差异。正如小说家 George Elliot,是一个化名为男性名字的女作家,她写道,"女性并不愚蠢,上帝所创造的男性和女性是相同的"。

(六)支配控制

支配控制(control)是指心理上占据主导地位,并对支配受体施加影响的过程和行为。那么男性比女性有更多的支配控制的人格特质吗?如果把侵犯行为定义成支配,那么答案是肯定的。然而,如果包括领导素质、控制行为、对抗控制的行为,性别差异不显著(Stockard, Johnson, 1992)。由于儿童倾向于和同性别的小孩玩,儿童中的支配行为研究主要是在同性别群体内进行。男孩有更多希望控制的想法,包括打扰、命令、威胁或抵制他人

笔记

的要求等。而女孩则更多地采取对话，更礼貌地提出要求，更多地征得他人的同意。

大多数研究表明，男性比女性有更强的支配性。支配性（dominance）大致表现为能自我决定、有主见，或在团体中扮演引导和控制的角色。在人际关系中，支配权是一个人地位与身份的重要反映。显然，支配者比受支配者的地位更高。在支配性上的性别差异也许恰好反映了男女的地位不同，甚至其本身就是男女社会地位不同所致。

研究者曾将油画复制品呈现给由两名大学生组成的各个被试组，而实际上每组的两人中有一人是知道实验者的意图的"同谋者"（即假被试），许多幅油画成对地呈现在被试面前，被试最初的任务是说出在20幅成对的画中哪一张更好。经过对其他被试的预测，这些成对的画事实上是难分高下的。当被试作出了他们各自的选择之后，实验者告诫他们在关于每两张画究竟哪一张更好的判断中，每组中的两个人必须取得一致意见。在6组被试中，知道底细的那些假被试都把自己的看法悄声地告诉了蒙在鼓里的真被试，并且坚持己见。以真被试拒绝接受假被试意见而引起争执的次数作为被试自我支配的指标。结果表明，男性被试拒绝接受假被试意见的次数平均达9次之多，而女性被试平均约6次，表明男性的支配性比女性强。另有研究者比较了Cattell的16个主要人格因子的性别差异，发现其中5个因素存在明显的性别差异，男性在恃强性、世故性的得分普遍高于女性；女性在敏感性和幻想性的得分普遍高于男性。

依赖性（dependency）是个体向别人亲近、邀人支持和求人认可而获得安全感的心理倾向。在依赖性方面是否存在性别差异，研究的结果不尽一致。例如在保育学校中的孩子，很少能看到依赖性上的性别差异。但是，如果由老师和父母对依赖性进行评量，女孩常被评为有较强的依赖性。两种方法得到不同的结果也许正是反映了我们所熟悉的现象——性别角色刻板印象。

（七）能力

能力（ability）是指人能够顺利地完成某种活动所必备的心理和功能特征。研究发现有些领域确实存在着心理能力方面的性别差异，特别是那些与思维、知觉和记忆相关的领域。

Maccoby和Jacklin（1974）认为男性在数学推理能力上要优于女性，特别是在几何、三角这类依靠空间技能的学科中。而且尽管空间能力方面的性别差异在各个年龄段都存在，但男性直到进入青春期，数学能力才开始超过女性。在语文能力方面，女性优于男性。女孩学说话比男孩早，大约二三岁时女孩的语言能力就显示出优势，到了11岁左右，语言能力上的性别差异开始增加，在整个初中时代，甚至中学毕业之后，女性在语言上的优势一直在增长。此种优势包括词汇的使用，指称物体的能力，文法与流畅性，创造性写作能力，阅读能力，理解和语言推理能力等。在中学，女孩较少需要进行阅读矫正训练。

女性在感知别人的感情上，相对于男性更细腻而准确。研究发现，在确认情感信息方面，女性所用的神经路径与男性不同。女性会启动大脑中更深层的、皮层下的大脑结构，诸如丘脑、边缘系统、脑干和小脑，而且反应比男性更加活跃；而男性则表现为与推理有关的前后大脑皮质区域更为活跃。

从记忆方式看，女性善于情感记忆，而男性善于运动记忆。这种心理活动能力方面的性别差异在一定程度上影响了男女之间的人格差异。

（八）人格结构五因子模型的性别差异

虽然人格结构五因子模型还未得到广大心理学家们的一致性认同，但是人格结构五因子模型能够比较客观地剖析人格的真实维度的事实是不可否定的。人格结构的五因子又称为"大五"（big five），大五强调该人格模型中每一个维度的广泛性。在这个五个维度中，宜人性和严谨性属于人际维度，外向性属于气质维度，神经质属于情绪维度，而开放性则与认知密切相关。并且人格结构中的五个因素与性别之间也有一定的相关性，如表5-1。

笔记

表 5-1　大五人格中的性别差异

人格的五因子	特征	男性	女性
神经质	警惕、自我意识、冲动、脆弱等	—	多见
外向性	热情、社交、果断、冒险等	多见	—
开放性	想象、审美、求异、理智等	多见	—
宜人性	信任、利他、依从、谦虚等	—	多见
严谨性	条理、尽职、自律、谨慎等	—	多见

耶鲁大学心理学家 Alan Feingold（1994）总结了在大五人格特质上的性别差异的证据。他发现男性与女性的不同大部分集中在外向性和宜人性上，特别是男性比女性更武断（外向的一个组成部分）。Costa 等（2001）也分析了 23 000 人在大五人格特质上的性别差异，结果显示女性在神经质和宜人性的许多方面得分高于男性，男性在专断、兴奋性（外向的一方面）、能力（严谨性的一方面）得分高于女性。

（九）人格障碍中的性别差异

人格障碍是一组以人格结构和人格特征偏离正常为特征的心理障碍。DSM-5 将人格障碍分为：偏执型、分裂样、边缘型、强迫型、被动攻击型、反社会型、表演型、分裂型、自恋型、回避型、依赖型 11 种。流行病学研究结果显示，虽然男性与女性在人格障碍的患病率相当，但是在具体的人格障碍类型上还是表现出了一定的性别倾向，见表 5-2。

表 5-2　人格障碍的性别差异

人格障碍的分类（DSM–5）	特征	男性	女性
边缘型	人际关系紧张，情绪不稳，认同紊乱等	—	多见
强迫型	追求完美，行为刻板，缺乏想象力等	多见	—
回避型	焦虑，过分敏感，逃避，不信任等	—	多见
分裂型	古怪想法，言语离奇，行为异常等	多见	—
反社会型	说谎，自私自利，冷酷无情，易激惹等	多见	—
自恋型	自我夸大，对人冷漠，没有责任感等	多见	—

第二节　性别差异的理论解释

人们对于男女之间是否存在差异以及差异从何而来的各种假设，可能会引发不同但重要的结果。例如，如果认为性别差异主要是由身体和生理决定的，那么就会认为性别差异是永恒的、无法改变的，甚至成为一种道德标准；如果把这些性别差异看作是强化学习的结果，就会认为这些差异是可以改变的；如果把这些性别差异看作是根本性的，甚至是巨大的，那么这些差异就不容易改变或掩盖，进一步就会演化出社会性别角色分工的差异。本书从生物、心理以及社会文化三个角度来阐述性别差异形成的原因。

一、生物学取向的理论

人格的性别差异首先是由个体的生理特征不同引起的。生物学取向理论认为，基因及激素等是影响人格的性别差异产生的主要因素。性别的遗传取决于受孕的那一时刻，女性卵子中的 X 染色体与男性精子中的 X 或 Y 染色体结合时，就出现了女孩（XX）或者是男孩

笔记

(XY)。男性和女性之间，在青春期开始阶段激素比率与变化存在着明显的差异。例如，男性睾丸激素的增加会导致侵犯行为的增加(Archer, 2006)，睾丸激素水平与支配性和成就有关(Dabbs et al., 2002)。

育龄期女性性激素释放有一个周期变化的过程，在每个月的周期变化时，女性的情感和行为也会发生周期变化。卵泡开始发育时，雌激素分泌量很少。至月经第7日，卵泡分泌雌激素量迅速增加，于排卵前达高峰。脑垂体释放黄体生成素引起排卵后雌激素暂时下降。排卵后1~2天，黄体开始分泌雌激素，使血液循环中的雌激素再次增高。约在排卵后7~8天黄体成熟时，血液循环中的雌激素达第二次高峰。此后，黄体萎缩，雌激素水平急剧下降，在月经期达最低水平。

雌性激素水平的周期性波动与女性的人格特征相关，具体包括情绪波动、暴力、犹豫不决、精神疾病、合作性下降等方面(Moir, Jessel, 1991)。与雌性激素水平的周期性波动最紧密相关的人格特征是情感或情绪波动。实际上，女性月经期导致情绪波动，这是一个十分古老的概念。早在古希腊的哲学家们就已经对此进行了报告。“无法控制的情绪”这个词来源于“子宫(hyster)”这个希腊词。这一观点认为女性的情绪，与子宫的漫游有关，甚至直到现代社会，还把精神疾病看作是子宫漫游导致的。这是一个十分令人心痛的例子，古代对妇女的偏见，变成了现代的伪科学理论。激素分泌的波动对情绪的影响，这一事实被社会夸大成神秘的刻板印象——女性是弱的和精神不稳定的。尽管一些女性在月经前期更具有敌意、紧张、不稳定、压抑和焦虑的情绪，但在排卵期她们的自尊和自信最高(Stockard, Johnson, 1992)。但大多数女性并没有经历所有的甚至部分症状。另外，从人口学的变量看，上述研究中的被试大部分是临床上不健康的人群，而没有健康人群作为对照组，尽管在月经周期内人格真实地有所变化，但实际上在大多数妇女中仅有一小部分人，她们的雌性激素水平的周期性波动对其人格有影响(Dreher et al., 2007)。但是，这些理由在妇女印象的形成中扮演了重要角色，并且限制了她们在军事领域和太空探索方面的发展。

二、心理学取向的理论

(一)精神分析理论

从某种意义上讲，精神分析理论关于心理性别差异的观点是生物学的观点。它假设人格特征的各种差异，包括攻击性、情绪性、支配控制等差异是由男性和女性的生理结构差异造成的。Freud认为与性别相关的人格特质形成的基本机制是对同性别父母的认同，在5岁时，即第三个性心理发展阶段里，孩子希望获得异性父母的爱，与同性别父母进行竞争。

Jung则将中国古代阴阳的概念融入了精神分析的性别差异理论。阴阳理论认为男性和女性都是完整个体的一部分。Jung用两个原型来代表人类长期进化过程中形成的男性特质和女性特质成分，即阿尼姆斯和阿尼玛(见第二章)。与Freud相反，Jung没有对两性特质进行价值评判，，他认为阿尼姆斯和阿尼玛在每个人身上同时存在，并强调认识它们、将它们和无意识当中的其他成分整合在一起，是健康人格发展的关键。

(二)行为主义理论

社会学习理论认为直接强化法(reinforcement)、模仿(modeling)和观察学习三种方式是性别定型化的基础。人们之所以表现出男性化的行为方式，是因为他们接受了这方面的强化，或者是因为他们通过观察知道了男性化行为将会被强化。对于婴幼儿来说，母亲的存在是舒适的源泉，具有十分重要的意义。因此，她们是儿童行为的有力强化者。男孩和女孩表现出与自己性别角色相应的行为就会受到母亲的称赞。如男孩穿蓝色衣服，女孩穿粉红色衣服；男孩玩手枪，女孩玩洋娃娃；男孩帮助父亲修理门窗，女孩帮助母亲洗碗扫地。在这样的称赞中男孩、女孩逐渐形成了同性别相符的角色行为。母亲一般对女孩的男性行为及男孩的女性行为会作出消极的反应(如女孩爬树、玩手枪会引起母亲的不高兴和训斥)，

笔记

因而也就消退了男孩和女孩对异性角色的学习。另外，根据社会学习理论的观点，儿童在接下来两性角色的学习过程中，主要是模仿与自己同性的父亲或母亲以及成人的行为，而很少模仿异性成人。

Maccby 和 Wilson(1975)在他们的研究中，让七年级的孩子观看两段影片：一个片子表现的是两名男孩之间互动的情形，另一个片子表现的是两名成年男女之间互动的情形。一周以后，要求被试回忆所看过的内容。结果显示，男女被试均较认同同性别的主角，并对同性别角色的动作和言语记忆得较多。儿童还可以通过观察学习，将性别行为的信息贮存在长时记忆中，待到青春期或成年期需要合乎性别的有关知识时，再加以启用，如女孩观察学习到母亲的育儿行为，便会在自己成为母亲时启用这一行为。

社会学习理论倾向于将性别差异看做是学习引发的，同时也会随着学习改变。现代西方的许多理念，如要为女孩提供适当的性别角色榜样，就是从社会学习理论衍生而来。

(三)认知理论

认知理论主要通过性别角色理论(gender schema theory)来解释性别差异。文化和性别角色的社会化为我们提供了性别图式(gender schemas)。性别图式是 Bem(1981)提出的概念，描绘男性和女性的行为以及能力的心理结构。

性别图式就像一个认知过滤器，我们通过它加工与性别相关的信息。性别图式决定我们注意情境中的哪些事物，对哪些信息进行加工。在儿童期和成年早期，我们使用性别图式来对自己和异性的受期待的特征进行心理分类。例如，在一个新医生的办公室，男性通常被猜测为医生，而女性则被猜测为护士；当我们初次会见某人时，我们首先想到的问题是这个人的性别，这种分类以及相应的对于男性化、女性化的推测将对我们的后续知觉产生重要影响。一个自认为符合传统性别刻板印象的人会更多使用性别图式来理解自己和他人的行为。Bem(1987)认为高性别定型(gender typed)的个体(非常男性化或非常女性化)更倾向于围绕性别图式来形成对于自己和他人的概念。例如高度女性化的女性(认为自己是充满爱心和依赖的)更倾向于支持那些促进传统性别角色政见的候选人。

(四)人本主义理论

Maslow 的人格理论弱化了男性化、女性化人格特质的重要性，强调自我实现的重要性。他认为男性和女性都能成功成为他们认为的最好的人，获得一系列优秀的品质，包括创造性、自主性(通常被认为是男性特征)、共情和开放(通常被认为是女性特征)。因此，根据 Maslow 的观点，自我实现的人同时具备男性特征和女性特征。

Maslow 指出，个体支配性的高低与自我评价有关。低支配感的人倾向于自卑、内向、易受暗示等，这些特性通常被认为是女性化特性。与精神分析和生物学取向不同，Maslow 假设社会规范、教育水平、地位和期望等社会文化因素影响了女性的低支配性。Maslow(1942)研究发现那些具有强烈自我价值感的女性是独立的、成功的、决断的、健康的，并具有健康的性取向。

人本主义理论的人格理论期望男女在心理上是平等的，每个人都能追求自我实现。他们希望社会给女性更为平等的权利和更多发展的机会。

三、社会文化取向的理论

人类文化学的观点强调社会文化在两性世界中的重要作用。其中最具代表性的是人类学家 Margaret Mead 的观点。她探讨了新几内亚三个原始部落社会中男女角色分化的情况。阿拉佩什族的主要经济活动是以种植农作物和饲养家禽为主的原始农业，因此，男女都表现出女性化的人格特点：温文尔雅、有教养、有责任感、互助、乐于自我牺牲和共同抚养孩子。曼杜古摩是野蛮的原始游牧部落，男女两性都被要求成为进攻型的人：蛮横无理、富于攻击性和具有强烈的占有欲。孩子们一出生就进入了一个充满敌意的环境中，各种社会力

笔记

量将他们塑造成拥有社会所希望的成人人格的人。赞布里部落中的男女有明确的分工，女人们外出从事打猎、纺织和养殖等重要工作，是一家之“主”，这使她们养成了谨慎、独立、自由和有主见的人格特点。而男人们则相反，他们从事家务和绘画等艺术活动，这就使他们形成了爱唠叨、猜疑和彼此为敌的人格。由此，Mead 认为男女气质和人格是由社会条件形成的，心理的人格差异取决于社会文化。

社会人类学家进一步认为男性和女性由于角色不同，从他们出生时就开始了人们所期待的社会化过程。如在大多数社会中，男性大都被认为有力量，能独立行动。能作出决定和权威的男性一般被委派承担有体力、较紧张和冒险的任务；而女性被委派承担体力较弱、较稳定的任务。这种不同的社会期望值就会造成两性角色心理上的差异，男性多用行动而女性多用语言来表达自己。Horney 也认为男、女两性的心理差异，不是由先天的解剖生理学上的差异所造成，男人和女人的人格差别是社会的环境造成的。她的这种观点是超时代的，在某种程度上促进了男女平等、事业发展以及女权运动的兴起。因此，从社会文化的影响和塑造来考察人格中的性别差异已经成为近年来影响较大的一种研究取向。

总之，以上任一因素单独决定男女人格特征差异的观点都是片面的。目前普遍认为男性与女性的人格特征差异是生物、心理以及社会文化等多方面因素共同作用的结果。而单纯夸大某一因素的作用只能是片面的不科学的观点。

第三节 性别差异的相关研究

一、男性化、女性化特质模型

（一）传统单维双极模型

随着心理学技术的发展，心理学家们希望测到人格中男性化和女性化特质的探索就从未停止。在最早的男性化、女性化人格特质的测量工具 MMPI 的最初版本中，有一个男性化 - 女性化分量表。它将不符合男性化的男性和女性化的女性看作是人格异常，具有男性化特质的男性和具有女性化特质的女性是最为理想的性别角色。这一量表的理论假设是基于传统的男性化 - 女性化模型上建立的，传统模型认为人格中的男性化特质和女性化特质是一维的结构，男性化特质和女性化特质分别位于维度的两极。每个个体处于该维度的某个点上，特别男性化的人和特别女性化的人处于两个端点上，每个特质都不是很多的人处于中间的位置，如图 5-1。

男性化 ←————→ 女性化

图 5-1 传统的男性化 - 女性化单维双极模型

（二）双性化双维模型

双性化（androgyny）一词源于希腊语 andros（男性）和 gyne（女性），它是指在同一个体身上同时具有男性和女性的心理特征，因此又称心理双性化。关于双性化的研究历史较悠久。Freud 首先提出了“潜意识双性化”的概念。瑞士心理学家 Jung 提出了著名的“阿尼玛和阿尼姆斯”理论，用“男性的女性意识”和“女性的男性意识”两个术语，说明人类先天具有的两性化的生理和心理特点，为了使个体人格得到健康和谐的成长，应允许男性人格中的女性因素和女性人格中的男性因素在个体的意识和行为中得到一定的展现，否则这些被压抑到意识深处的异性因素的逐渐积累，最终会危及生命主体的存在。

1964 年，Rossi 提出了“双性化”概念，即“个体同时具有传统的男性化特质和女性化特质”，并认为双性化是最合适的性别角色模式。1974 年 Bem 根据双性化概念，编制了测量性

笔记

别角色的量表。Bem 性别角色量表(Bem's Sex Role Inventory, BSRI)包括男性分量表、女性分量表和中性干扰量表,各 20 项,共 60 项。用中位数分类法将被试分为 4 个性别类型:双性化类型、男性化类型、女性化类型和未分化类型。

Bem 性别角色量表的编制,其理论假设为男性化特质和女性化特质并非是一个维度的两极,男性化特质和女性化特质是两个不同的维度,双性化类型的人是男性化和女性化特质分数均高于中位数的人,男性化类型的人男性化特质分数高于中位数,而女性化特质分数低于中位数。女性化类型的人男性化特质分数低于中位数,而女性化特质分数高于中位数。未分化类型的人则是男性化和女性化特质分数均低于中位数的人。按照 Bem 的理论假设,其男性化和女性化人格特质的维度如图 5-2 所示。

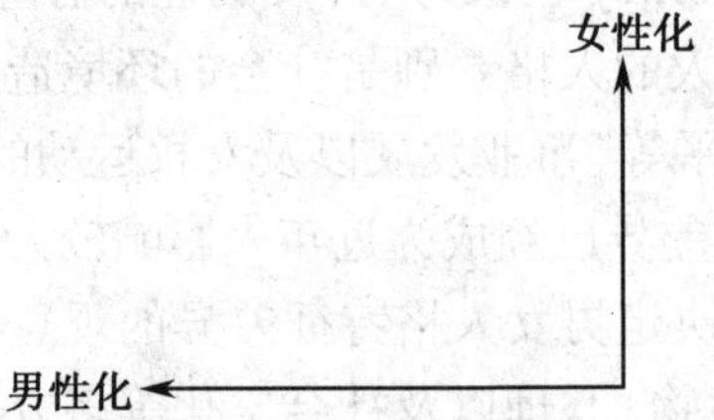

图 5-2　Bem 的人格男性化 - 女性化特质双维模型

Bem 的性别角色量表由 60 个形容词构成,20 个男性化特质的形容词,20 个女性化特质的形容词,20 个中性词构成。量表采用 1(从不或几乎总是不正确)到 7(总会或几乎总是正确)的 7 点评分的方法。量表如表 5-3 所示:

表 5-3　Bem 的性别角色量表

男性化特质测题	女性化特质测题	中性测题
(1)自立的	(2)顺从的	(3)愿助人的
(4)坚守自己信念的	(5)欢愉的	(6)喜怒无常的
(7)独立的	(8)害羞的	(9)负责的
(10)运动型的	(11)有感情的	(12)夸张的
(13)坚持的	(14)受人赞赏的	(15)快乐的
(16)个性强的	(17)忠诚的	(18)不可预测的
(19)有力的	(20)有女人味的	(21)可信赖的
(22)分析能力强的	(23)有同情心的	(24)嫉妒的
(25)有领导能力	(26)对他人的需要敏感的	(27)诚实的
(28)爱冒险的	(29)善解人意的	(30)隐秘的
(31)果断的	(32)有同情心的	(33)诚恳的
(34)自足的	(35)乐于抚慰受伤害的情感	(36)自负的
(37)支配的	(38)说话轻柔的	(39)可爱的
(40)有男人味的	(41)热情的	(42)严肃的
(43)有立场的	(44)温柔的	(45)友善的
(46)进取的	(47)容易受骗的	(48)没有效率的
(49)举止像领导的	(50)孩子气的	(51)有弹性的
(52)我行我素的	(53)不吐秽语的	(54)没有条理的
(55)有竞争心的	(56)爱小孩的	(57)机智的
(58)有雄心的	(59)温柔的	(60)保守的

修改自:Robinson et al., 1991

笔记

Bem 的双性化模型认为，双性化的人适应能力最强，因为跟其他类型的人相比，他们能适应更多的情境。行为储备中缺乏男性化行为或女性化行为的人会发现，很多时候他们很难作出恰当的反应。只有双性化的人才能在为事业而奋斗的同时，与朋友、情侣和睦相处，共享闲暇时光。具体而言，双性化的人可以很好地适应各种情境，但并不意味着，他们的身心更健康，自尊心更强。人们对双性化的争议一直在继续。

（三）双维双极模型

也有一些研究者对 BSRI 提出批评，认为我们很难发现一个人只具有社会赞许的特点，而没有任何社会不赞许的特点。因此，Bem 的 BSRI 的项目主要是正性形容词，受社会赞许性的影响很大。Spence 编制了个人特征问卷扩大版（Extensive Personal Attributes Questionnaire，EPAQ），包括了男性特质和女性特质的负性特征量表，是对 Bem 的 BSRI 测量缺陷的完善。Spence 不仅在量表的形容词中增加了负性词，同时提出了男性化、女性化特质并非是两维的，而是多维的。

2003 年 Brenda 和 Curtis 在应用 EPAQ 时，在性别类型的划分上以平均数作为划分标准，并将负性的男性特质和女性特质作为性别类型划分的标准。他们将性别角色类型划分成 7 种：男正（正性男性化）、女正（正性女性化）、双正（正性双性化）、双负（负性双性化）、男负（负性男性化）、女负（负性女性化）和未分化。研究发现正性双性化与负性双性化的人在心理健康和幸福感方面具有显著差异，说明双性化进行正性和负性区分是有意义的，性别角色类型引入负性男性特质和女性特质进行划分具有较好的效度。

（四）内隐外显模型

传统单维双极模型、双性化双维模型和双维双极模型所编制的测量男性化和女性化人格特质的量表，其共同特点都是外显的自陈量表，因此这些量表所测量到的男性化和女性化特质的结构都属于外显结构，而且测量时会受到社会赞许性的影响和干扰。社会认知的新近研究表明，人们对社会信息的加工不仅包括一个外显的过程，而且还有一个内隐的无意识自动化的加工过程。在传统的外显的社会认知之外，还有一个内隐的社会认知。人格中男性化、女性化特质的测量是对自身人格特征的评定和测量，因此属于对自身的认知，和社会认知一样，不仅会存在着一个外显的结构，同样也存在着一个内隐的结构。

直到 1998 年，Greenwald 等提出测量内隐态度后，对内隐的结构进行测量才有了可能。内隐联想测验（Implicit association test）是以自我图式理论为基础的。该理论认为，自我图式是一个以自我概念为中心的高度组织的丰富的概念群，与自我相容的信息比那些与自我不相容的信息与自我概念联系更为紧密，能更有效、更迅速地加工。根据这一基本原理可以测量被试内隐的男性化及女性化的人格特质，并探讨男性化和女性化特质的内隐结构。

从以上四类男性化女性化模型的理论假设和测量来看，有关男性化女性化模型从单维到双维，从外显到内隐，理论探求和实际测量的研究仍在继续。

二、人格性别差异的倾向研究

男女之间在人格上存在何种差异，一直是人格心理学家关注和争论的焦点问题。有研究发现，人格性别差异研究有四种倾向：

第一种研究倾向以性别作为变量来预测和理解人格差异，容易引起生物决定论的假设。既然性别是男性和女性之间的生理差异，那么行为差异必然是由生物因素导致的。这一思想是典型的生物决定论。

第二种研究倾向是从 Bem 提出了双性化概念、编制了测量性别角色的量表后，引发了人们对性别角色研究的兴趣。Bem 反对男性特征和女性特征是一个连续体上的对立面，认为男性特征和女性特征是相互独立的特质，仅在一个特质上得分高的是典型的男性化或女

笔记

性化，两个特质分数都高的是双性化类型，而两个特质分数都低的则是未分化类型。Bem提出的双性化和未分化类型，某种意义上否定了生物决定论，即性别角色并不完全是由生理性别决定的。

第三种研究倾向是Bem在1981年提出的性别图式理论。这一理论对性别高度分化的人来说，按照性别组织信息的阈限比较低，易于把与性别有关的特征与行为联系在一起；对双性化的人而言，其性别图式的主导性比较低。双性化不是男女生理特征的结合，而是指个体对有关性别的判断较为自由，对与性别有关的特征有另外的分类和组织标准。从Bem对性别图式的解释中可以看到，性别图式是个体对有关性别信息组织和加工的基础。个体信息的加工离不开社会文化的影响，性别图式同样体现了社会文化的影响。社会文化通过性别角色来强调女人和男人之间的区别，处于某一文化之中的个体会逐渐学会用性别来加工自我、他人及周围事件的信息，也就是形成了性别图式。可见，性别图式否定了生物决定论，强调了个体信息加工对人格性别差异的影响。

第四种研究倾向从社会文化角度来考察人格的性别差异，是近年来影响比较大的研究取向。它的总体观念是，不同性别之间的人格差异是很有限的。在许多情况下，这种差别并不是由于性别本身造成的，而是由社会文化因素作用的结果。

前三种研究倾向强调生理性别、性别角色、个体的信息加工，第四种研究倾向强调的是社会文化因素的重要性，也预示着这种研究倾向的生命力。

三、跨文化研究中的性别差异

现在跨地区跨文化的人格比较研究也日趋活跃。1961年Cattell和Scheier进行了人格的跨文化研究的先驱工作。他们用Cattell焦虑问卷对6个国家的学生进行了测量，发现从高焦虑到低焦虑的顺序依次为：波兰、印度、法国、意大利、英国和美国。最广泛的研究项目是对Eysenck（1976）提出的人格维度在不同民族、种族的差异来进行的。1981年，Lynn对24个国家的三种特质做了第一个大样本研究，研究表明在不同国家、不同社会文化背景下均发现了神经质、外向性和精神质三种人格维度的存在。1984年，Barrett和Eysenck又对25个国家做过类似研究。Bushton按种族对资料进行分析，除了发现东方人比西方人有高的神经质和低的外向性外，研究还发现男性具有更高的精神质得分，而女性神经质评分更高，这种全球性的性别差异可能意味着这些人格维度具有生物性基础。另外，有关攻击性的研究结果显示，在所有社会文化中，男性比女性更具有攻击性。Ember回顾性别差异的跨文化研究时发现，在人际行为方面最一致的跨文化差异是男性更具有攻击性，男性也在有关的特质如支配性、竞争性、犯罪行为上不同于女性（Lynn，1991）。另一方面，一些性别差异是跨文化一致的。例如，Whiting和Edwards（1988）研究了来自13种不同文化的儿童，结果发现了一致的性别差异。在抚育行为方面，女孩比男孩多，而在自我中心式支配（egoistic dominance）行为上，即为了满足自己的需要而努力控制他人，男孩多于女孩。当然，这些行为的社会化过程可能在各种文化下都是一致的。不过，研究者也发现，人格的性别差异在依赖性、亲社会行为、社交性等方面并没有跨文化的一致。

四、近年人格性别差异的相关研究

近年一些人格心理学研究者们还从性别态度、价值观及性别认同等崭新的角度进行了人格方面的性别趋向性研究。

（一）性别态度的内隐研究

1. 性别态度的内隐研究 性别态度是与男性或女性相应的角色行为的表现形式，即男性或女性对由社会文化环境所形成的性别角色的看法、感受与评价。Rudman和Goodwin

笔记

(2004)采用内隐和外显测验进行四个研究,探讨女性对女性的评价高于男性对男性的评价的原因。研究有四个结论:①认知平衡理论:男性和女性在内隐测验中都会自动提高对同性其他人的评价;②性别刻板印象:女性易于交流,给人热情温暖的印象,因此在内隐测验中,男性和女性对女性的评价都高于男性;③情感的发展:婴儿主要由母亲抚养,对母亲的依恋高于父亲,因此,在内隐测验中男性和女性对女性的评价都高于男性;④男性威胁论:男性容易给人威胁侵犯的印象,因此在内隐测验中对男性的评价低于女性。

2. 对数学、科学态度的内隐和外显测验研究 Brian 等(2002)通过内隐和外显测验,探讨男女大学生对数学和科学的态度。研究发现,由于有很强的性别刻板印象,数学等于男性,女大学生对数学的态度在内隐测验和外显测验中都是消极的,而男大学生都是积极的。

3. 性别刻板印象对商业谈判的影响 Kray 等(2001)研究发现,男性认为自己的谈判能力优于女性。当内隐性别刻板印象被激活时,男性和女性表现出与刻板印象相一致的行为;当外显性别刻板印象被激活时,男性和女性则表现出与性别刻板印象不一致的行为。

4. 内隐性别刻板印象对人名判断的影响 Steffen 等(2005)研究发现,当男性姓名与女性姓名著名程度相同时,没有性别差异,而在男性姓名比女性姓名更著名时,出现性别偏见。

综上可见,性别刻板印象和性别角色是影响人格中性别认知的内隐和外显行为的重要因素。

(二)价值观的性别差异研究

Schwartz 和 Rubel(2005)研究发现,男女有以下 10 种基本的价值观念。①权力:社会地位和尊严,掌控人和资源;②成就:依据社会标准通过展现个人能力获得个人成功;③享乐主义:为自己追求快乐和快感的满足;④刺激:在生活中追求兴奋、新颖和挑战;⑤自我定向:独立思考和决策,有创造性和探索性;⑥博爱:对所有人的福利和自然持理解、欣赏、容忍和保护的态度;⑦仁慈:保护和提高和自己交往的人的福利;⑧传统:尊重、服从、接受传统文化和宗教为个体规范的风俗和观念;⑨服从:自我约束干扰和侵害他人、违反社会期望和规范的行为、倾向和冲动;⑩安全:在社会、与他人关系、自我方面感到满意、和谐和稳定。

通过对 70 个国家 127 个样本 77 528 名被试的调查发现,价值观方面男女表现出不同的取向性。男性在权力、刺激、享乐主义、成就、自我定向的价值观高于女性;而女性在仁慈、博爱、安全方面高于男性;在传统和服从方面没有性别差异。

男人的本质和女人的本质是一个古老的哲学问题。人格心理学家运用心理学理论、观察、研究,提供了自己的答案。一个世纪关于这一主题的研究,推翻了许多刻板印象和偏见,对许多相关的观念重新进行了定义。精炼的观念已经开始从多个维度理解对男性化和女性化特质的影响。因此对人格的性别差异的简单概括都会导致一种极端的理解。尽管在男性和女性之间有些显著的差异,但这些差异也是在变化着的,随着地域、文化、社会等因素的不同而发生变化。总体而言,男性和女性之间的人格是相似的成分多于他们之间的差异。而人格的性别差异首先是由生物差异引起的,但人格的性别差异并不是天生的或一成不变的,而是受生物取向、认知及自我教育、社会角色、社会期望及社会文化等综合因素的影响。因此,理解了各种因素对一个人人格形成的影响,我们就能够理解使男性化和女性化特质形成的主要因素是什么,而且能够更加客观和科学地看待人格中的性别差异。

(三)性别类型与心理健康

自性别双性化概念提出以来,研究者对双性化与心理健康之间的关系进行了研究。传统的一致性模型(congruence model)提出典型男性化的男性和典型女性化的女性适应得最好。在生活当中,社会自然而然地给男性化的男人和女性化的女人以赞赏,但是男性化的

笔记

女人和女性化的男人则面临拒绝甚至嘲笑。因此，一致性模型认为性别一致性高的人们是快乐和满足的。而男性化模型（masculinity model）则认为，男性化是心理健康的关键。按照传统观点，男性独立，女性依赖，男性多为领导者，女性多为被领导者。基于此，符合男性角色的人比不符合男性角色的人更有作为，自我感觉更加良好，因而心理健康水平更高。Bowers（1990）研究指出，男性化特征更强的男性比其他鳏夫能更好地应对妻子去世和随后的生活变化，具有传统男性化特征（如追求成就、体格健壮、强有力）的人们往往自我感觉良好。双性化模型（androgyny model）认为只有双性化的个体才能在事业进步的同时，与朋友、家人和睦相处，共享闲暇时光，既能在成就情境中取胜，又能建立良好的人际关系。Stake（2000）研究指出，在照料婴儿时，女性化和双性化的人会比男性化的人表现出更恰当的抚育行为，女性化的人容易因为别人的观点而动摇，但男性化和双性化的人则能更好地顶住从众压力。Tayor（2004）研究指出双性化特征的个体能够自如地应付各种环境，具有较高的心理健康水平。Marsh 和 Byrne（1991）指出，健康人格的某些方面，如应对压力和追求成就，似乎与男性化有关，而建立良好的人际关系则与男性化无关。性别角色行为的个体差异显然在某些方面与心理健康有关。但两者究竟有何联系，仍有待进一步研究。

（四）性别类型与人际关系

Carnevale 和 Deaux（1981）对大学生的研究发现，大学生普遍认为双性化的人比使用男性化、女性化以及未分化的形容词描述的角色更受欢迎、更有趣、适应更好、更有能力、更聪明、更成功，当研究者让大学生说出自己希望的假想情侣的长处，结果男生、女生都偏爱双性化的人。但是，对假设人物的这些印象可以直接转化成实际行动吗？为了回答这个问题，Ickes 和 Barnes（1978）设计了四种类型的男女配对：一个男性化男人和一个女性化女人、一个双性化女人和一个男性化男人、一个女性化女人和一个双性化男人、两个双性化的人。研究前男性和女性互不相识，让其留在一个房间一起待 5 分钟，被试可以选择自由交谈或默默坐着等待，用隐藏的录像机对被试的行为进行录制。实验结束后要求被试回答是否喜欢双方的互动。结果表明男性化 - 女性化个体配对组最不喜欢他们的互动，录像分析表明，这些男女配对较少互相交谈，较少互相看对方，很少使用身体语言，微笑和大笑也少于其他三组。

上述研究结果否定了男性化男人和女性化女人是最理想的夫妻组合的观点。男性化风格强调控制、自我监控和自制，而女性化风格则表现为人际温情和主动表达情感。因此，在短短时间的相处中，这样的组合没有良好的互动。但是长期关系的情况如何？Antill（1983）研究发现，与具有女性化特征的人结婚的人们，会对夫妻关系感到满意。与一个缺乏女性特征的人结婚，是不幸福婚姻的指标。Kurdek 和 Schmitt（1986）在异性同居者、男性同性恋和女性同性恋伴侣中已发现了上述相处模式。

由此可见，女性化和双性化的人是人们偏爱的伴侣。究其原因，有下列三点：第一，在女性化量表上得分高的人是柔情、有同情心、对他人需要敏感的人，女性化的个体善于表达自己的情感，也善于理解别人的情感；第二，双性化的人更善于察觉并表达爱情，他们既具有亲密关系所需的敏感性和理解力，又具有做成一件事所需的果断性和敢冒险品质，Gilroy（1988）研究指出与表达能力强、敏感性强的人结婚的人们报告了对婚姻关系最高水平的满意度；第三，由于女性化和双性化的人善于沟通，因此他们更善于解决问题，避免不必要的争执，他们对伴侣的情感和需要更敏感，更善于表达自己的情感，所以，和缺乏这些品质的人相比，他们的生活可能更和谐。

（五）女性化与过度共享

当以关照和爱的方式与他人互动时，女性化的人显然具有优势。但是，如果把这种女性化特征发挥到极致，会怎样呢？想象一位女士，她不仅对别人的困难很敏感，而且让她

笔记

自己的需要服从于周围人的需要。有没有这种可能：因为过分关心别人，而无法关心自己了呢？

这些问题使得研究者把共享（communication）与过度共享加以区分（Helgeson，1994）。共享是指以同情、关心的方式与别人互动，是一种积极的特征。一个高过度共享的女人可能把自己的受教育与职业抱负放在一边，全心全意地关注丈夫、子女和朋友的需要。与高过度共享相关的，还有以下特征：难以建立自信，害怕表达出可能导致冲突的情感，容易被人利用等。

忽略个人需求可能要付出沉重代价。过度共享得分高的个体往往在心理健康和自尊上得低分（Fritz，Helgeson，1998；Aube，2008），这类个体根据别人看待他们的方式看待自己。他们的自我价值感很脆弱，容易受到自己无法控制事件的伤害。研究者还发现，过度共享与抑郁测量高分相关（Helgeson，Fritz，1999）。一位研究者选择了一组过度共享的男人和女人，在他们 31 岁时进行了测量（Aube，2008）。等到这些被试 41 岁时，再次找到他们，并对他们的抑郁水平做了评估。无论男性还是女性，在过度共享上的高分都可以预测 10 年后较高水平的抑郁。由于女性比男性更可能陷入过度共享，所以这些结果提示了女性抑郁得分较高的一个重要原因。

当面临健康问题时，与过度共享有关的问题显得尤为明显（Helgeson，Fritz，2000）。过度共享得高分的人，在需要自我关注时，可能会忽视自己的需要，对改进他们的健康所需的休息、正常进餐、参加康复课程和其他事情可能因为照顾家人而退居次要地位。在一项研究中，被诊断为患乳腺癌的女性其过度共享与较差的心理和身体健康相关（Helgeson，2003）。另一项调查发现，患风湿性关节炎且过度共享得高分的女性，与病情相同的其他患者相比，心理上更痛苦（Danof-Burg et al.，2004）。一个研究组考察了被诊断为糖尿病的青少年对疾病的反应，这种病要求良好的自我监控和治疗（Helgeson et al.，2007）。这些青少年高水平的过度共享可以预测确诊一年后较高的抑郁和焦虑。总之，富于同情心、善于照顾别人是好的，但是有时候，人们需要多多少少照顾一下自己。

人格的性别差异受到社会文化因素以及生理因素的影响，这种差异体现在攻击性、嫉妒、情绪性、助人行为、成就动机、支配控制、能力等方面。此外，在人格结构五因子模型和人格障碍中也存在性别差异。学者分别从生物学、心理学和社会文化角度对人格的性别差异进行了理论解释。目前心理学家对人格中性别因素的研究主要集中在性别角色模型、性别类型与心理健康、性别类型与人际关系类型等方面。

（甘小荣）

笔记

第六章 人格的结构

从民族文化的角度看，人格的构成中有本土文化的成分（emic component）和输入文化的成分（etic component）。多年来对于人格结构的探索一直是人格心理学领域的研究主题之一。可以说，每一位人格心理学家在创建其人格理论的过程中，必然要对人格结构进行研究。迄今为止，人格心理学家基于不同的理论取向和研究路径，得出了多种人格结构模型。其中，颇具影响力的有十六因子模型、三因子模型、五因子模型、七因子模型等，这些模型均通过了多民族多文化的验证。不同人格结构模型的出现使得我们可以更多面、更立体、更深入地描述和理解多样化的人格特征。

第一节 十六因子模型

十六因子模型（the sixteen personality factor model）由美国心理学家 Cattell 提出，是基于人格特质理论的最具影响力的人格结构模型，其理论基础请参考第二章的人格特质理论。

将人格特质进行有效分类的途径之一是运用数学和统计的方法，如因子分析法。Cattell 和 Allport 的观点是人格特质分为共同特质和个人特质。他们的特质研究在取材来源上思路是相同的，即主要是从自然语言中搜集描述人格的词汇（Cattell，1943）。Cattell 从词典、文献以及日常用语中收集了描述人类人格特点的 4500 多个词汇，通过同义词的分析，剔除相似的词语，整理出 171 个词汇，然后通过群集分析法，将这些词汇分成 35 个特质群，后又从精神病学文献和一些实验中增加了 10 个特质，称为人格的表面特质。Cattell 坚持认为，这 45 个表面特质构成了整个人格领域（Cattell，Kline，1997）。他对表面特质进行因子分析，并通过对不同年龄、职业和文化背景的人进行研究后，得出隐蔽在表面特质后面的 16 个根源特质或人格初级因素，这就是人格的十六因子模型。

Cattell 认为，这 16 种根源特质是相互独立的，并且存在于每个人身上，这些因素的不同组合构成了一个人不同于其他人的独特个性。它们具有不同的深度，其深度愈深，这些特点就愈稳定，对个体行为的效应也就愈全面。因此，只要测量出 16 个根源特质在个体身上的表现程度，就能知道他的人格。据此，他编制了 16 项人格因子问卷（The Sixteen Personality Factor Questionnaire，16PF；Cattell，1995）。Cattell 对在 16PF 中每种根源特质上获高分者和获低分者的人格描述见表 6-1。

16PF 主要用于测量正常人格，并不能测量异常人格行为的所有方面，也不能评定精神病患者的所有特征（Ryckman，2005）。为了区分正常和障碍人格的主要根源特质，Cattell 通过对表面特质的因子分析，得出了可以用于描述障碍人格的 12 种更深层次的因素。Cattell 及其同事结合 16PF，并通过对 MMPI 和其他临床量表的因子分析，编制了临床分析问卷（Clinical Analysis Questionnaire），用于测量个体的障碍人格特质。该问卷包含了 16 种人格因子和 12 种其他的精神病理学特质。由临床分析问卷所评定的主要常态和障碍根源特质见表 6-2。

笔记

表 6-1 Cattell 的 16 个根源特质

因素	根源特质	高分者特征描述	低分者特征描述
A	乐群性	外向、热情、乐群	缄默、孤独、冷漠
B	聪慧性	聪明、富有才识、抽象思维能力强	思想迟钝、常识浅薄、抽象思维能力弱
C	稳定性	情绪稳定、沉着	情绪不稳定、易烦恼
E	恃强性	好强、武断、固执、独立、积极	谦逊、温顺、通融、随和
F	兴奋性	轻松兴奋，热情活泼、随遇而安	严肃、审慎、冷静、寡言
G	有恒性	认真负责、做事尽职、自觉	苟且敷衍、玩世不恭、漠视规则
H	敢为性	冒险敢为、少有顾虑	畏怯退缩、缺乏自信
I	敏感性	敏感、感情用事	理智、着重现实
L	怀疑性	怀疑、刚愎、固执己见	信赖、随和
M	幻想性	好幻想、狂放不羁	现实、脚踏实地
N	世故性	精明能干、老练	坦率、朴实
O	忧虑性	好担心、不安、焦虑	安详、自信、满足
Q1	实验性	思想自由、激进、不拘泥于现实	保守、传统
Q2	独立性	自立自强、当机立断	依赖性强、随群附众
Q3	自律性	自律谨严	自我约束能力弱
Q4	紧张性	紧张困扰、激动挣扎	心平气和、闲散宁静

表 6-2 由临床分析问卷所评定的主要障碍特质

因素	常态根源特质	障碍根源特质
D1	低疑病症（hypochondriasis）：幸福的、大脑思维正常、不能发现疾病对健康的威胁	高疑病症：对身体功能、健康或无能表现出过度关注
D2	热忱（zestfulness）：对生活和周围环境比较满意、没有死亡的意愿	自杀性厌恶感（suicidal disgust）：厌恶生活、有自杀的思想或行动
D3	低沉思性不满（brooding discontent）：避免危险的或冒险性的事业，几乎没有兴奋	高沉思性不满：寻求兴奋、不安定、好冒险、愿意尝试新事物
D4	低焦虑性抑郁症（anxious depression）：处变不惊、对环境自信、泰然自若	高焦虑性抑郁症：做烦扰的梦、不善处理事情、紧张、易烦躁
D5	高能量欣快症（energy euphoria）：对工作很热情、精力充沛、睡眠很好	低能量欣快症：有疲倦感、焦虑、缺乏能量应付
D6	低罪恶感和怨恨（guilt and resentment）：不被罪恶感困扰，不管任务是否完成照样睡觉	高罪恶感和怨恨：有罪恶感、常因做错事而自责、对自我苛刻
D7	低烦扰抑郁（bored depression）：放松地、考虑周到的、与人和善的	高烦扰抑郁：避免同他人接触和联系、寻求孤独、对他人不友好
Pa	低偏执狂（paranoia）：有信任感、不被嫉妒所困扰	高偏执狂：相信他或她正在受到别人的迫害、毒害、控制、监视和虐待
Pp	低精神病态偏离（psychopathic deviation）：避免从事非法的行为或破坏规则；敏感	高精神病态偏离：对自己或他人的反社会行为持满意的态度，不会被批评所伤害、喜欢从众
Sc	低精神分裂症（schizophrenia）：对自我和他人做出现实的评价、情感融洽、没有退化行为	高精神分裂症：在自我之外没有明显的来源而听到声音、远离现实、失去控制、突然冲动
As	低精神衰弱（psychasthenia）：不被讨厌的思想、观念或强迫性习惯所困扰	高精神衰弱：遭受某种强迫性思想、观念、动作的困扰
Ps	低一般性精神病（general psychosis）：把自己看作同其他大部分人一样好、可靠和聪明	高一般性精神病：自卑感、无价值感、胆小、易于失去控制

修改自：Rychman，2005

笔记

Cattell将因子分析法引入人格结构的研究中,提倡以精确测量为基础来确立人格理论,这使得其理论具有了实证基础,而并非纸上谈兵,其编制的16PF更是被广泛应用的人格测验工具之一。但是,有批评者认为,Cattell使用的因子分析法虽然客观,但其收集的材料充满模糊性,在因素命名中并不能完全排除研究者的主观偏见。另外,因子分析法本身存在的不足也使得以此方法为基础获得的人格结构模型受到质疑。首先,从数学假设上来说,因子分析法的前提假设是变量间以加成的方式负荷于主因子,并与主因子呈线性关系,但人类复杂行为间的交互作用并不能通过简单的加成就能很好地说明,心理现象间更多存在的是曲线关系而非线性关系。其次,因子分析法在几个主要的运算环节都存在多重选择,对因素的判别及命名并不能直接从分析程序中得到,这就使得该方法仍不能摆脱研究者的主观判断。

第二节　大三因子模型

Eysenck是人格特质理论的又一重要代表人物。与Cattell一样,Eysenck也强调特质是构成人格的基本单元,并使用因子分析法来研究人格的结构。不过,与Cattell不同的是,Eysenck更注重将人格特质群集在一起而构成的人格类型,即在采用因子分析法研究人格的同时把假说演绎法导入其中。这样既可以研究个体的普遍特质,也可以研究其特异性的方面(Eysenck,1998)。

Eysenck认为,人格是一个有层次的系统组织,可以将其看作是一个金字塔。这个金字塔从最顶端、最普通的水平,到最底端、最特异性的水平,将人格分为各个不同的层级。他由此提出了人格四层次模型:类型层次、特质层次、习惯反应层次和特定的行为反应层次(Eysenck,1953)。其中,“类型”居于最高层,建立在一系列相互联系的“特质”水平之上,它几乎会影响个体的所有行为;“特质”建立在一系列相互联系的“习惯反应”之上,它通常会影响个体某一方面的行为;“习惯反应”又建立在一系列相互联系的“特定的行为反应”之上,它通常只会影响与个体某方面相关的行为。例如,Eysenck认为,“外向性”属于类型层次,包含了爱交际、活泼、主动、自信和追求感官这5个可观察的、相互联系的特质,每个特质又包含若干个习惯反应,比如喜欢与人攀谈、喜欢去冒险。最后,这些习惯反应又建立在一系列特定的行为反应基础之上,比如与人攀谈时具体的言行举止等。

Eysenck运用因子分析法来确定“类型”的基本数量。通过对大量数据进行研究后,他将所有人格特质归结为最基本的三个维度:外向性(extraversion)、神经质(neuroticism)和精神质(psychoticism)(Eysenck,1982),这就是人格的大三因子模型,见图6-1。Eysenck认为,这三个人格维度是相互独立的,每个人格维度均为一个连续性的坐标,每个人都可以分别在这三个维度上找到自己的位置,从而确定自己的人格类型。

1. **外向性**　外向性维度是Eysenck研究最多的人格维度,描述了个体对外倾的偏好程度,包括对社交和物理环境的反应。外向性的反向为内向性。内向与外向也是人格的基本类型。典型的外向者善于交际、健谈、开朗、好交际、喜欢聚会,喜欢刺激和变化的环境,有许多朋友,需要与人交谈,不喜欢独自看书和学习。与此相反,内向者则是安静的、冷淡的、善于自我省察和控制情绪,做事之前喜欢先制订计划,他们喜欢书籍胜于喜欢他人,他们是保守的,除了少数知音外,几乎让人敬而远之,他们喜欢有规律的生活,不喜欢冒险和充满偶然性的生活。Eysenck认为,每个人都可以在极端内向到极端外向这一连续性坐标上找到自己的位置。

笔记

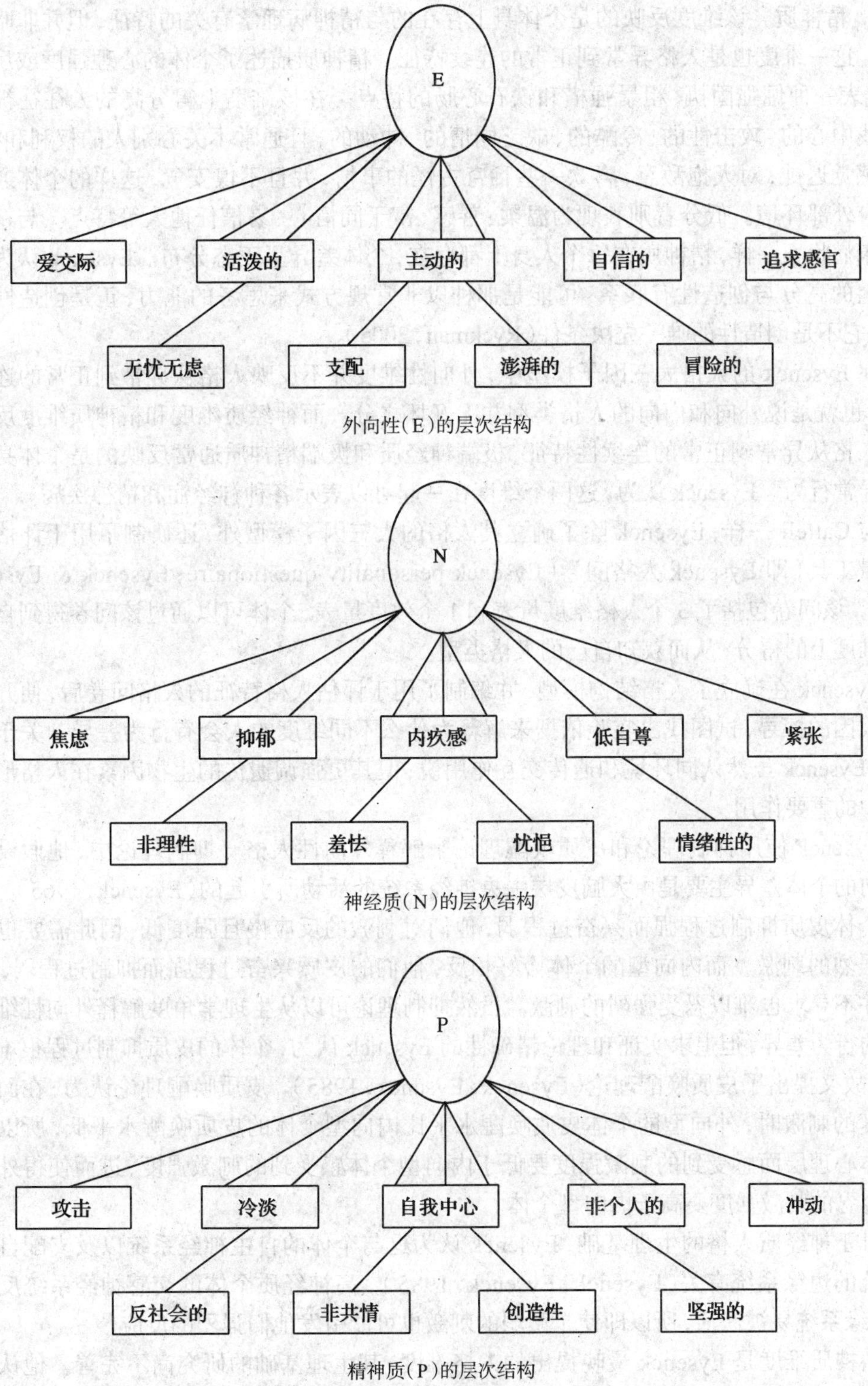

图 6-1　Eysenck 的人格三因子模型

2. **神经质**　这一维度反映的是个体情绪的稳定性，表明人格从异常到正常的连续特征。神经质高分者情感的易变性是外显的，反应过敏的，表现出焦虑、紧张和易怒，倾向于过于强烈的情绪反应，情绪激发后又很难平复下来，并且平复情绪需要很长一段时间。而处在维度另一端的人性情温和，不易紧张、焦虑，对各种刺激的反应轻微而缓慢，并容易自我克制，即使激起了情绪也很快会平复下来，在情感方面很少动摇不定。Eysenck 认为，每个人都可以在情绪非常稳定到非常不稳定这一连续性坐标上找到自己的位置。

笔记

3. **精神质** 该维度反映的是个体身上存在的与精神病理学有关的特征，但并非暗指精神病。这一维度也是人格异常到正常的连续特征。精神质描述了个体的心理强度或反社会性，代表一种倔强固执、粗暴强横和铁石心肠的特点。在该维度上得分高的人往往被看成是自我中心的、攻击性的、冷酷的、缺乏同情的、冲动的，且通常不关心别人的权利和福利。他们感觉迟钝，对人抱敌意，喜欢一些稀奇古怪的事情，并且不惧安危，这样的个体通常很难适应外部环境。低分者则表现为温柔、善感、富于同情心、易信任他人等特点。与精神病的临床症状不一样，精神质在每个人身上都存在，个体差异呈正态分布。Eysenck 认为这一维度上的高分与创造性有联系，可能是那种以非常规方式来思考的能力，正是创造性的精髓，但它不是创造性的唯一先决条件（Ryckman，2005）。

在 Eysenck 的人格大三因子模型中，外向性维度并不反映人格从异常到正常的连续性特征，也就是说外向和内向的人格类型并无好坏之分。而神经质维度和精神质维度反映的则是人格从异常到正常的连续性特征，极端神经质和极端精神质通常反映的是个体身上存在的异常行为。Eysenck 认为，这两个维度在一起可以表示各种神经症和精神疾病。

与 Cattell 一样，Eysenck 除了确立其人格的大三因子模型外，还研制了用于评估人格的测量工具，即 Eysenck 人格问卷（Eysenck personality questionaire；Eysenck & Eysenck，1975）。该问卷包括了 3 个人格维度量表和 1 个效度量表，个体可以通过该问卷得到自己在每个维度上的得分，从而获知自己的人格类型。

Eysenck 在确立了人格结构模型，并编制了用于评估人格特征的人格问卷后，便开始了人格成因的探寻，试图找出实验依据来解释为什么不同维度的人会有行为差异。关于人格成因，Eysenck 虽然认同环境和遗传交互作用说，但其更强调遗传的生物因素在人格形成和发展中的重要作用。

Eysenck 使用抑制理论和皮质唤醒理论来解释外向性人格。抑制理论中，他假设外向和内向的个体差异主要是由大脑皮层中央神经系统的活动所引起的（Eysenck，1965）。外向型的个体皮质抑制过程强而兴奋过程弱，他们对刺激的反应慢且强度低，因此需要也能够忍受强烈的刺激。而内向型的个体恰好相反，他们的皮质兴奋过程强而抑制过程弱，所以他们并不寻求也难以忍受强烈的刺激。虽然抑制理论可以从生理学角度解释外向性维度上个体的行为差异，但追求实证和理论精确性的 Eysenck 认为，个体的皮质抑制过程很难精确测量，故又提出了皮质唤醒理论（Eysenck，Eysenck，1985）。皮质唤醒理论认为，在面对同样强度的刺激时，外向型的个体皮质唤醒水平比内向型个体的皮质唤醒水平低，所以外向型个体心理层面感受到的刺激强度要低于内向型个体感受到的刺激强度，进而使得外向型个体容忍的刺激强度要高于内向型个体。

对于神经质人格的生理基础，Eysenck 认为这与个体的自主神经系统以及支配自主神经系统的边缘系统有关（Eysenck，Eysenck，1985）。高神经质个体的交感神经系统反应性强，边缘系统易被激活，所以即使是微弱的刺激也可能引发他们强烈的反应。

精神质维度是 Eysenck 最晚提出的人格维度，其生理基础的研究尚不完善。他认为精神质可能只和男性有关，还特别提到与男性和雄性激素的分泌密切相关（Eysenck，1982），但并无足够的证据来证实这些假设。

Eysenck 用人格三维度来归纳所有特质，这使得其人格结构模型具有了简约性。此外，Eysenck 还是“科学人格理论必须可验证”的追随者。他将因子分析法和实验心理学方法相结合来研究人格结构，从而使得其大三因子模型具有了实证基础和可验证性。但是，由于其对实证和人格遗传性的推崇，使得那些缺乏实证支持和暂未发现生理基础的人格特质被排除在外。

（苏　婧）

笔记

第三节　五因子模型

Cattell的十六因子模型和Eysenck的大三因子模型是人格特质理论中较早被提出来的、具有一定影响力的人格结构模型。除此之外，还有一些基于因子分析或个体生理功能差异的其他人格结构模型。可以说早期的人格特质学家对于人格结构的数量和命名并没有一致的定论。随着新的统计方法和数据处理技术的出现，以及新研究的不断涌现，研究者们在对人格特质进行因子分析时发现了重复最多的是人格的五因子结构，即五因子模型（five-factor model，FFM）。

有关五因子模型的研究可以分为两类：词汇研究和问卷研究。词汇研究是通过对人格特质描述词的收集、整理、归纳和分析来确定人格结构。问卷研究则是在理论构想和对文献进行分析的基础上，通过问卷评估等实证研究方法来确定人格结构。

Allport和Cattell开创了人格词汇研究的先河，他们的理论虽未提及人格的五因子模型，但却为后续研究者的研究奠定了基础。1949年，Fiske从Cattell的35个特质群中抽取了22个进行因子分析后发现了5个非常相似的因素，这成为了大五人格（big five）的理论雏形。Norman从Cattell词汇表中选取了最具代表性的20对双极形容词在大学生群体中进行研究后，也得到了同样的五个因素（Norman，1963）。随后，Goldberg和Tupes亦对Cattell的特质群进行了重新分析，结果依然得出了“大五”的五个人格因素：外向性（extraversion）、宜人性（agreeableness）、严谨性（conscientiousness）、情绪稳定性（emotional stability）和文化（culture）（Goldberg，1990；Tupes，Christal，1992）。大五人格的每一个因素都高度概括地描述了人格的某个方面，同时还囊括了大量更低水平的人格特质。

问卷研究方面，如Personality Research Form（Jackson，1984），Myer-Briggs Type Indicator（Myers，McCauley，1985）等一系列问卷都反映了人格的五因素。其中最具代表性的是Costa和McCrae编制的NEO Personality Inventory（NEO-PI；Costa，McCrae，1985，1992）。Costa和McCrae在开始进行因子分析时即发现了三个因素的雏形：神经质、外向性和开放性。后期由于受词汇研究发现的影响又增加了宜人性和严谨性两个因素，形成五因子模型（Costa et al.，1991；Costa，McCrae，1992；Digman，1996），并在原问卷基础上又增加了这两个因素的测试问卷，即The Revised NEO Personality Inventory（NEO-PI-R）。NEO-PI-R问卷测量的人格五维度是开放性（openness to experience）、严谨性（conscientiousness）、外向性（extraversion）、宜人性（agreeableness）和神经质（neuroticism）（表6-3）。

1. **神经质**　根据NEO-PI-R，五个因素中的每一个维度都由六个亚维度构成，这些亚维度称为构面（facets）。神经质的构面由焦虑、愤怒敌意、抑郁、自我意识、冲动性和压力应对能力构成（Costa，McCrae，1992），因此神经质反映的是个体情绪的稳定性。神经质得分高的个体性情急躁，易紧张、烦恼和情绪化，更易因日常生活的压力而烦躁不安，经常体验到忧伤、焦虑、害怕、尴尬、愤怒、内疚和厌恶等消极情绪。神经质得分低的个体一般都比较平静、放松、情绪稳定，较少产生紧张感，自信并能承受压力，不易出现极端的情绪反应。

2. **外向性**　外向性由热心、乐群性、果断性、活跃、寻求刺激和积极情绪（愉悦性）这些构面构成（Costa，McCrae，1992）。外向性反映的是个体活动能量的数量和强度，也与寻求刺激和快乐的容量有关。外向者乐群、好交际、活泼、健谈、乐观，喜欢影响别人，做事通常精力充沛，爱冒险。外向者比内向者更可能在群体中担任领导角色，更可能成为临时组织的领导者（Miserandino，2011）。内向者不喜欢与人打交道，冷静、含蓄，愿意独处，让人觉得无精打采，不爱冒险。内向者更可能与父母和同伴的关系不好（John et al.，2008）。

笔记

表 6-3　人格五因素和量表举样

特质量表	高分者的特征	低分者的特征
神经质		
评鉴顺应与情绪不稳定。识别那些容易有心理烦恼、不现实的想法、过分的奢望或要求以及不良应对反应的个体	烦恼、紧张、情绪化、不安全、不确定、忧郁	平静、放松、不情绪化、果敢、安全、自我陶醉
外向性		
评鉴人际间互动的数量和强度、活动水平、刺激需求程度和快乐的容量	好社交、活跃、健谈、乐群、乐观、好玩乐、重感情	谨慎、冷静、无精打采、冷淡、乐于做事、退让、话少
开放性		
评鉴对经验本身的积极寻求和欣赏，喜欢接受并探索不熟悉的经验	好奇、兴趣广泛、有创造力、有创新性、富于想象、非传统的	习俗化、讲实际、兴趣少、无艺术性、非分析型
宜人性		
评鉴某人思想、感情和行为方面在同情至敌对这一连续体上的人际取向的性质	心肠软、脾气好、信任人、助人、宽宏大量、易轻信、直率	愤世嫉俗、粗鲁、多疑、不合作、报复心重、残忍、易怒、好操纵别人
严谨性		
评鉴个体在目标取向行为上的组织性、持久性和动力性的程度，把可靠的、严谨的人与那些懒散的、邋遢的人作对照	有条理、可靠、勤奋、自律、准时、细心、整洁、有抱负、有毅力	无目标、不可靠、懒惰、粗心、松懈、不检点、意志弱、享乐

3. **开放性**　开放性包括幻想（想象力）、审美（艺术兴趣）、情感（情绪）、行动（冒险性）、思想（智慧）、价值观（心理自由）（Costa，McCrae，1992）。开放性是指对精神生活的欣赏程度，是对一系列情感体验的欣赏，如对新观点、思想、幻想、艺术和美的欣赏。因此开放性与智力和能力不同。智商低的人也可能在开放性上得高分。艺术兴趣不同于艺术能力，艺术能力不是人格特质。此外，开放性是指对一系列新观点、新事物的开放性，而不包括对人的开放。对人的开放属于外向性特质，如寻求刺激属于外向性特质而不属于开放性特质（Miserandino，2011）。尽管在开放性上得分高的人比得分低的人看上去更好、更有趣，但事实上开放性高或低并没有明显的心理优势，外向性也是如此。因此，对于处于开放性两个极端之间的人们来讲，所处的情境是决定个人是否具有创造力或是否遵循传统的主要因素（Costa，McCrae，1992）。

4. **宜人性**　宜人性是指人际关系的质量，反映的是个体人际交互作用的特征、个体对他人的感受或对同伴的需求程度。宜人性包括信任、坦率（诚实或反对操纵）、利他、服从（合作）、谦虚和正义感（同情）六个构面，可用以评估个体的人际取向在同情至敌对这一连续体上的位置。在宜人性上得分高的人为人直率，乐于助人，富有同情心，易与他人建立信任感，也易被他人接纳。宜人性得分低的人为人多疑，自我为中心，愤世嫉俗，缺乏同情心，难与他人建立信任感，喜欢操纵他人，不喜欢与人合作。研究表明宜人性得分低的人更容易出现人际关系问题，同时会增加患心血管疾病及成为青少年罪犯的风险（John et al，2008）。

5. **严谨性**　严谨性反映的是个体的自控和自律程度，既包括组织层面的（如办公室整洁）也包括精神层面的（如提前计划和有目标）自控和自律性。严谨性由胜任素质（自我效能）、秩序、责任感、渴望成就、自律、深思熟虑（谨慎的）这些构面构成（Costa，McCrae，1992），可以用来评估个体在目标取向行为上的组织能力、控制能力、持久性和动机水平。严谨性强的人有组织性和自律性，准时守信，有抱负，做事认真、严谨、有条理、有计划，并有坚强的毅力。这样的人学习成绩更高，工作绩效水平也更高，且相对严谨性弱的人寿命

笔记

更长（John et al, 2008）。严谨性弱的人组织性和自律性差，懒惰、粗心、爱享乐、无远大目标，喜欢随心所欲，意志力弱，容易见异思迁，让人觉得不可靠。因此，严谨性弱的人更容易吸烟、饮食不规律、滥用酒精和其他药物、患注意力缺陷障碍等（Miserandino, 2011）。上述的这些特征通常体现在工作或与成就有关的工作情境中，所以这一维度也被一些学者称之为"成就意志维度"或者"工作维度"。但是严谨性强的人并不总是受欢迎，因为他们往往也表现为苛刻、强迫洁癖或工作狂。

词汇研究发现的大五模型和问卷研究发现的五因子模型都采用了五个因素的人格维度，但两个模型在维度内容、模型结构和理论背景方面并不完全相同。因此，一般用大五来指代词汇法发现的五因素，用五因子模型来指代人格问卷的五因素。尽管如此，两个模型的相似性远远大于差异性。采用词汇研究法得到的大五模型和采用问卷研究得到的五因素的极大的相似性也进一步证实了人格的五因子模型。

人格五因子模型被认为是人格结构的最好范型，它的出现曾被形容为是"人格研究一场静悄悄的革命"（Goldberg, 1990）。究其原因，主要有三点：跨语言 - 文化的一致性、在障碍人格结构中的适用性及观察者评定与自我评定的一致性。

1. **跨语言 - 文化的一致性**　大五模型的研究取向之一是词汇研究。大五人格的词汇测量发现，在很多文化中存在人格的五个因素。研究者们除了对英语词汇进行研究得到人格的五因素外，对荷兰语、德语、意大利语、捷克语、西班牙语、匈牙利语、韩语等词汇的研究都验证了大五人格的存在，而且该文化越接近北欧文化，其结构越接近基于北美白人的大五人格（Saucier et al., 2001）。此外，五因子模型问卷在很多语言和文化中也都得到了可靠的验证。迄今为止，FFM 在 50 多个国家检验和验证过（McCrae, Costa, 1997; McCrae, 2001, 2002; McCrae, Terracciano, 2005）。因此，有充分的证据表明，五因素的人格结构能够广泛地应用于不同的文化背景中（McCrae, Terracciano, 2005）。

2. **在障碍人格结构中的适用性**　人格心理学家除了关注正常人格的结构之外，亦关注障碍人格的结构，并试图探讨两者之间的关系。大量探讨正常人格和障碍人格关系的研究结果表明，两者存在相当程度的一致性，可以整合成一个共同的层次结构，人格障碍只是一般人格结构适应不良的变型（Clark, 2007）。研究结果表明，人格五因子模型不仅适用于描述正常人格的结构，还可以更合理、更全面地描述适应不良的人格功能（Saulsman, Page, 2004; Clark, 2007）（表 6-4）。

3. **观察者评定与自我评定的一致性**　在自我评定和观察者评定的一致性方面，亦有诸多研究表明，两者的一致性程度较高。如 Costa 和 McCrae 于 1990 年的研究表明，自我等级评定与熟悉者（同伴和配偶）的评定在五因素上有很大的一致性。

尽管来自理论研究、实证研究和测量方法的三方面证据都支持人格的五因子模型，但如同任何一个新生理论必定会饱受争议一样，人格五因子模型也受到了一些批评。首先从五因子模型的词汇研究取向来说，批评主要来自以下两点：一方面，词汇学的假设是认为每种文化下的自然语言包含了所有对人格维度的描述，所以可以通过对词汇的分析来确定人格结构，但是人类表述人格特质的能力受到语言中所拥有的形容词的限制，也就是说自然语言并不能精确而平均地描述所有人格维度，这会导致一些较少有自然语言描述的人格维度难以被提取；另一方面，研究者并不预先假设人格有几个维度，而是通过因子分析来确定会产生几个因素，并加以命名是哪几个因素，这种缺乏预先假设的推断难免会使研究者对研究结果作出任意解释。此外，问卷研究方面，NEO 问卷的编制基于已经确立的人格维度，缺乏一个完善的内在的人格理论作为支撑，实证基础薄弱。再者，对于人格究竟由几个因素构成，研究者们并不能完全达成一致，三个因素、四个因素甚至七个因素都曾被一些研究所证实。因此，有些心理学家用"五加减二个因素"来描述人格因子的数量。此外，也有研究者认为，五因子模型对人格的描述基于表面，缺乏更深层次的内在结构研究。

笔记

表 6-4 五因子模型及其适应不良的变型

特质	高分特征（适应不良）	高分特征（正常）	低分特征（正常）	低分特征（适应不良）
神经质				
焦虑	惧怕、焦虑	警觉、担心、谨慎	放松、平静	对威胁漠不关心
愤怒-敌意	狂怒	郁闷、怨恨、反抗、	性情温和	受剥削时也不抗议
抑郁	抑郁、自杀	悲观、沮丧	不易沮丧	不切实际、过于乐观
自我意识	对自我身份不确定	害羞、尴尬	自信、迷人	巧舌如簧、无耻
冲动	无法抗拒的冲动	自我放纵	内敛	过于内敛
脆弱	无助、情绪不稳定	易受伤害	适应性强	无畏、感觉无敌
外向性				
温暖	强烈依附	深情、温暖	刻板、矜持	冷淡、疏远
乐群	寻求关注	好交际、开朗、有风度	独立	孤立
自信	支配、一意孤行	自信、强大	被动	屈从、无左右他人的力量
活泼性	疯狂	精力充沛	节奏慢	无精打采、久坐不动
寻求刺激	鲁莽、有勇无谋	冒险	谨慎	迟钝、倦怠
积极的情感	夸张、躁狂	情绪高昂、开朗、快乐	安详、冷静、严肃	严峻、缺乏快感
开放性				
幻想	不切实际、活在幻想中	富于想象力	注重实际、现实	过于实在
审美	情趣古怪	有审美情趣	缺乏审美情趣	不感兴趣
情感表达	强烈、动荡	自我觉察、善于表达	受抑制、迟钝	述情障碍
勇于尝试	偏执	不落陈套	意料之中的	机械化、受常规束缚
思想	奇特、古怪	有创造性、好奇	务实	思想封闭
价值观念	激进	开放、灵活	传统	教条、气量狭窄
宜人性				
信任	易受骗	信任	谨慎、怀疑	不信任、多疑
直率	过于老实厚道	诚实、直率	精明、狡猾	欺骗、不诚实、操纵他人
利他	自我牺牲	慷慨	节俭、克扣	贪婪、剥削
顺应	屈服、过于温顺	合作、听话、恭顺	批评、对立	好斗、咄咄逼人
谦逊	自我贬低	谦逊、不张扬	自信	自夸、自负、傲慢
态度温和	过于心软	移情、同情、温柔	强硬	无情
严谨性				
有能力	完美主义	高效、资源丰富	漫不经心、马虎	松弛
有序	全神贯注于统筹安排	有组织、有条理	杂乱无章	随便
尽职	刚性原则	可信、可靠、负责任	随和、任性	不负责任、不可靠、不道德
追求成就	工作狂	有目标、勤奋、野心勃勃	无忧无虑、易满足	漫无目的、无能、散乱
自律	过于坚持不懈	自律	悠闲	懈怠
慎重	优柔寡断	周到	果断	草率

修改自：Mullins-Sweatt & Widiger，2006；Thomas & Stephanie，2009

笔记

第四节 其他人格模型

一、七因子模型

人格七因子模型是在五因子模型的基础上发展而来。七因子模型的出现主要试图弥补五因子模型在词汇选择方面的不足。五因子模型的选词标准严格，在进行因子分析前预先删除了评价性术语和暂时状态术语，这使得很多潜在的人格术语无法进入因子分析的筛选范围，进而导致该模型无法涵盖自然语言中人格的所有层面。因此，Tellegen 等（1987）在选词上进行了改进，采取了非限定的相对宽松的选词标准，尽量按自然语言的原貌进行分层抽样，以减少人为选择判断。他们从 *American Heritage Dictionary of the English Language*（1982）中抽取了 400 个形容词进行自我描述，经因子分析后获得了人格的七个维度，即七因子模型（Almagor et al., 1995; Benet, Waller, 1995），并由人格特征量表（The Inventory of Personal Characteristics, 1991）进行测量（表 6-5）。

表 6-5 Tellegen 等人格七因子模型

因素名称	标定词
正情绪性（positive emotionality）	抑郁的、忧闷的、勇敢的、活泼的等
负价（negative valence）	心胸狭窄的、自负的、凶暴的等
正价（positive valence）	老练的、机智的、勤劳多产的等
负情绪性（negative emotionality）	坏脾气的、狂怒的、冲动的等
可靠性（dependability）	灵巧的、审慎的、仔细的、拘谨的等
宜人性（agreeableness）	慈善的、宽宏大量的、平和的、谦卑的等
因袭性（conventionality）	不平常的、乖僻的等

另外，Cloniger 等（1994）在理论构建和经验性研究的基础上，也提出了人格的七因子模型并编制了气质性格问卷（Temperament and Character Inventory）进行测量。这七个因素包括新奇追求（novelty seeking）、伤害回避（harm avoidance）、奖励依赖（reward dependence）、持久性（persistence）、自我定向（self-directedness）、合作性（cooperativeness）以及自我超越（self-transcendence）。

七因子模型和五因子模型在研究路径上具有很大的相似性，但也有差异之处。两者间的差异除了前者比后者在选词标准上更为宽松外，另一差异之处便是七因子模型将人格描述看成是一种评价过程。前面提及 Tellegen 等（1987）在选词标准中增加了评价性术语，所以类似的研究路径却得出了不同的人格维度也是情理之中。因此，两种模型的内在结构之间有共性，亦有特性。例如，在 Tellegen 等提出的七因子模型中，正情绪性、负情绪性、可靠性、宜人性和因袭性分别可以大致对应五因子模型中的外向性、神经质、严谨性、宜人性和开放性。而负价和正价，涉及自我评价的正反两方，与大五人格没有很好的对应，但却能更好地体现某些障碍人格特征（Almagor et al., 1995）。

二、中国人的人格因子模型

前面所述的人格因子模型均源于西方。我国学者在试图使用西方人格理论描述和解释中国人的人格时，发现由于不可避免的文化偏差存在，西方人格因子模型可能难以体现中

笔记

国人有别于西方人的独特人格特征。因此，自20世纪80年代开始，我国心理学家一方面开始翻译西方人格理论著作，引进相关人格测量工具，另一方面也开始积极进行西方人格理论的本土化研究，以探索中国人的人格结构。不同的学者提出的人格结构模型有五因子模型、六因子模型以及七因子模型。然而近年来的研究表明，从明清时代到当代社会，五因子模型仍然广泛存在于国人之中（Yu et al., 2009; Zhu et al., 2015）。

（姜世香）

笔记

第七章　人格的功能

什么让人与人之间相似而又互不相同？这是人格心理学想要了解的主要问题之一。人格体现了个体在社会和生活环境中一贯表现出的思维、情绪和行为模式。在相同的情境下，具有不同人格特点的个体表现出的行为可能完全不同，其思维和情绪体验也各有差异。这种人与人之间的差异决定了每个人适应某种环境的能力，如外向性的人适合担任经常与人交际的工作，严谨性较高的人宜执行要求精细的任务，神经质低、乐观的人更能适应困难挫折较多的环境。如果将人格的各个维度看作是个体思维、情绪和行为的底层变量，则不同的维度就调控着我们适应某个具体环境的能力。因此，人格具有功能性，我们具体的思维、情绪及行为反应都可以视为个人人格结构的功能。不仅如此，根据生物 - 心理 - 社会医学模式的观点，心身是密切相关的。因此从生理功能到心理、社会功能，都可以纳入人格涉及的范围。在本章我们主要介绍的内容就包括人格的一般功能、人格与健康的关系及人格的社会功能。

第一节　人格的一般功能

一、人格与情绪

情绪（emotion）是一种躯体和精神的、主观与客观的复杂体验，包括生理唤醒、感觉、认知过程、行为反应等方面。

情绪具有如下特征：

首先，特定的情境诱发情绪的产生。情境与情绪产生的中介是个体的认知评价，当个体认为某些特定的情境具有重要意义时方出现相应的情绪反应。对个体而言，无论这些具有情境意义的事物的来源是什么，正是它所蕴含的意义引发了情绪，而意义的大小与个体的经验和认知状态有关。

其次，情绪是多方面的整合过程，涉及主观体验、行为、生理改变等过程。情绪的主观感受我们常用情感（feeling）去描述，我们常说的不安、郁闷、委屈强调的都是情绪的主观感受。此外，情绪不仅使我们感觉到什么，也使我们感到想要做什么，情绪一般伴随着明显的行动倾向。我们的主观感受和行为反应与神经系统及内分泌等生理变化是分不开的，这些变化既能预测有关的行为反应，同时也可能是反应的结果。比如，恐惧情绪引发个体焦虑、慌乱等主观感受，交感神经系统兴奋和相关激素分泌，引起心跳加速、骨骼肌血流量增多、消化系统血流量减少，并使个体作出应对的行为反应。

第三，情绪既可以作为一种人格维度也可以作为类型来描述。情绪可被描述为一系列连续分布的反应谱系，大多数研究者认为界定情绪可以使用两个基本维度：效价（正性 / 负性）和唤醒度（高唤醒 / 低唤醒），如图 7-1。类型取向则关注情绪的不连续性，强调具体情绪

笔记

如愤怒、恐惧、喜悦和悲哀等情绪之间的个体差异。Ekman（1992）认为人的基本情绪包括愤怒、轻视、厌恶、恐惧、高兴、悲伤、惊讶七种。

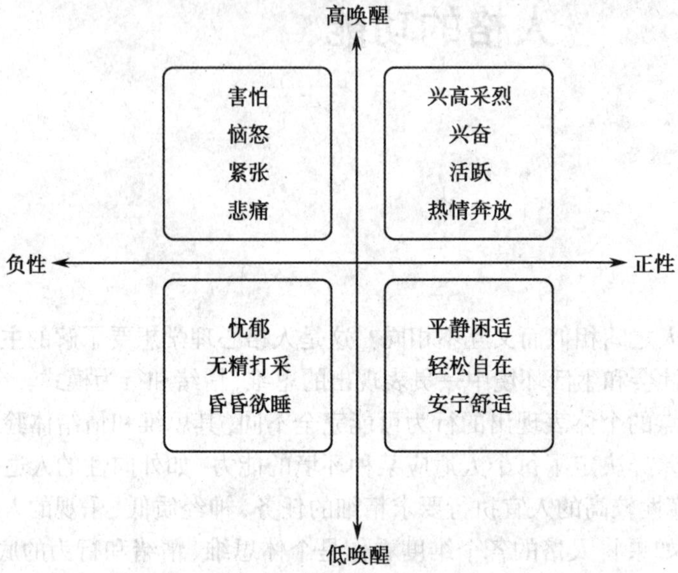

图 7-1　情绪的维度描述

在日常生活中，通常我们注意到的是自己或他人的情绪状态（emotional states），其代表了短暂的与情境相关的情绪反应，如受到欺骗让人感到愤怒，受到挫折让人沮丧，获得意外惊喜让人快乐。此外，我们也常使用一些形容人与情绪有关的形容词，比如脾气暴躁、无忧无虑，这些词强调了一个人跨情境稳定存在的情绪反应倾向，类似于气质或特质。情绪特质（emotional trait）即指这种在不同情境中体验到某种情绪的反应模式，其体现了个体情绪反应跨时间的稳定性和独特性。情绪特质影响个体的行为模式和习惯化的思维方式，是大量人格研究关注的对象。比如大五人格中的神经质维度以及其他人格模型中的特质焦虑、攻击性都可以归为情绪特质范畴。那么为何不同人格的个体在日常的情绪表现上有如此大的差异？一般认为人格主要是在情绪发生过程与调节方面产生影响。

（一）情绪的发生过程与人格

情绪发生的过程模型强调情绪开始于对情绪线索的评价。当情绪线索受到关注并以一定的方式得到评价时，就引发一组同等的有利于作出适应反应的反应倾向。这些反应倾向包括之前所说的主观体验、行为和生理改变。这些反应倾向可以被调节，正是这种调节最终形成了外显情绪。这其中情绪特质起着重要作用，部分决定了各个体之间情绪上的差异。这种差异来源于以下两个方面：

1. 情绪的前因与个体差异　一种情绪的发生总有其相应的原因，比如一个人因为获得赞赏而欣喜，受到责怪而悲伤，这些诱发情绪出现的事件或情境就是情绪的前因。心理学家已对情绪的前因进行了长期的研究，并提出了两种观点。“直接观点”认为情绪是对特定事件直接的反应，引起情绪的内外部刺激不经认识中介而直接刺激情绪系统。“间接观点”指出引起情绪的前因并不是事件或情境，而是对事件或情境的主观评价。最近的研究者更倾向于认为两者皆可引发情绪反应，也即情绪前因涉及两种加工路径：一种是相对自动的，几乎不涉及认知中介；另一种路径较缓慢，需要认知上的详尽加工。

研究显示，高外向性的个体总是显示出更多的正性情感，原因是外向性会使这些个体倾向于更多地进行社交活动（Berry，Hansen，1996），同时更加投入并享受这些活动，更少出现人际冲突，从而增多了正性情感的体验（Smillie et al.，2015；Wilt et al.，2012）；高攻击性

笔记

的个体会以愤怒攻击应对失败和挫折，也惯于采用敌对不合作的方式行事，因而容易与人发生冲突，提高了对抗和伴随的情绪反应的发生机会（Smith et al., 2004）；神经质得分较高的个体对于不愉快的事件更加敏感，容易因小事而担忧、动怒，比得分低的个体更容易置身于争吵之中，也更容易回忆起不愉快的事情，因而常常负性情绪缠身。可见人格使个体形成某种生活模式或让个体易于处于某种环境中，后者则引起相应的情绪反应；此外，即便处于大致相似的环境中，人格也会让一些人更积极地做出反应而另一些人则消极地应对。这都是形成情绪的个体差异的原因。

2. 情绪反应过程与个体差异 情绪反应包括情绪体验、情绪表达和情绪生理三个方面。

（1）情绪体验与个体差异：人格心理学者早已注意到一些个体比其他个体更易于体验到特定情绪。如之前所述的神经质及焦虑特质较高的个体易于体验到负性情绪，易于焦虑；外向性较高的个体更多地感受到正性的情绪，对于负性的情绪体验不敏感；攻击性、愤怒特质的个体易激惹，更加容易体验到愤怒情绪等。另一方面，个体间在体验到同一情绪的强度上也会有所差异。我们常能看到有些人平时经常大喜大悲，遇到喜事情绪高涨，遇到挫折又易垂头丧气。研究者专门比较了高情绪体验强度和低情绪体验强度个体，发现他们在日常的经历方面没有明显差异，比如都会参与类似频率的消遣娱乐活动，他们与人的争论及生活的挫折频次也趋同。但高情绪体验者更享受活动中的积极情绪体验，同时对于消极事件也会有更严重的负性情绪（Larsen et al., 1986）。

（2）情绪表达与个体差异：人在感受情绪时，经常通过言语和非言语行为来表明我们是如何感受的，把自发的情绪体验与特定的表达行为模式连接起来，这就是情绪表达过程。情绪表达是一个人情绪的外在表现。我们常说某些人“情绪化”，那么他们的情绪表达一定较他人更为显著和强烈。

情绪表达包含了一系列广泛的行为，从非常明显的紧皱眉头、握紧拳头，到相对内敛的茫然若失、低头呆坐等行为。对于善于情绪表达的个体，我们能很清楚地知道他们现在的情绪状态，而另一些人喜怒不形于色，隐忍内敛，我们就很难察觉他们的情绪表达。外向性和冲动特质比较高的个体会较为明显地表达自己的情绪，如喜怒哀乐常不加掩饰，大哭大笑；而内向性和严谨性得分较高的个体在情绪表达上则倾向于内敛，较少出现冲动的情绪反应。这说明人格对情绪的表达也具有一定的影响。

（3）情绪生理机制的个体差异：情绪的生理反应存在个体差异，主要因为个体在自主神经平衡上表现不同，即同一情境是优先激活交感神经还是优先激活副交感神经系统，且两个系统激活的程度在不同的个体中存在差异。此外，不同个体的内分泌状态，如血液中肾上腺皮质激素、生长激素、甲状腺激素等水平的差异，也导致情绪生理反应的个体差异。

（二）情绪的调节与人格

情绪的产生影响着一系列心理过程和行为，而另一方面，对情绪的调节也是个体差异的一个重要来源。情绪调节常用的策略包括再评价和压抑。使用再评价策略，个体努力改变对于潜在引发情绪的事件的看法，主要针对情绪体验；使用压抑策略，个体努力改变对于情绪的行为反应，主要针对情绪表达。

研究发现，外向性得分低的个体会更倾向于使用压抑策略去调节情绪（Henderson, Zimbardo, 2001），这可能是由于内向、羞怯甚至社交回避的个体在社交环境中通过压抑情绪表达可以拉开与其他人的距离，以减轻焦虑体验。此外，研究发现神经质与再评价策略存在轻度负相关，可能是由于神经质得分低的个体不容易严重受到负性情绪的影响，因而能够在情绪触发的早期更快地进行再评价调节（Gross et al., 1998）。除在策略选择上的差异，情绪调节的效果也因人而异，如某些人在压力之下能主动进行情绪调节，继续保持冷

笔记

静；某些人努力克制，却还是不免急躁或大发脾气。这在一些存在情绪症状的心理障碍中尤为明显。神经质、情感不稳的个体中常出现的严重抑郁障碍，情绪调节出现严重障碍，这往往和正性情感缺失和/或负性情感长期过剩联系在一起，边缘型人格障碍情绪体验特别是负性情绪过于强烈，不能进行有效调节。

二、人格与压力应对

（一）什么是压力

压力（stress）的原意指物体所承受的与表面垂直的作用力。心理学中说的压力，是指人的内心冲突和与其相伴随的强烈情绪体验。Worthy（2009）将其描述为一种窒息感，这种情感体验与脑内奖赏机制减弱或缺失有关。即将临近的重要考试，夜晚无人的小巷，突然发生的一场灾难，都会让人感到压力。产生压力的事件被称为压力源（stressor）。

压力的种类通常分为生物性、心理性与社会性三类。生物性压力指一组直接阻碍和破坏个体生存与种族延续的事件导致的压力感，如饥饿、睡眠剥夺、噪音等。心理压力指各种内在和外在事件直接阻碍和破坏个体正常精神稳态所致的压力感，如错误认知、不良经验、道德冲突、不幸福的生活经历造成的不良心理感受。社会压力指来自纯社会性的事件所造成的人际适应不良（如恐人症、社会交往不良）进而导致的压力感，如重大社会变革、重要人际关系破裂（失恋、离婚）、家庭长期冲突、战争、限制人身自由等以及由自身状况改变（如个人心理障碍、染病等）导致的压力。现实生活中造成心理问题的压力源往往不是单一的，绝大多数是综合性的。

（二）压力与人格的关系

当个体感受到压力后，将依据压力源的不同作出各种反应，努力防止或消除压力带来的威胁和伤害，最终缓解因其产生的紧张焦虑。这一过程称为应对（coping）。人格对压力应对的影响不可忽视，它在不同的层面对其起作用。研究发现人格本身对于个体遇到怎样的压力源，如何进行压力应对起到预测作用。

人格首先影响了个体暴露于压力源的种类和机会大小，以及他们如何评价、认识面对的压力（Vollrath，2001）。高神经质个体更多地受到人际关系的挑战，倾向于对日常事件进行负性判断，并主观认为自身缺乏应对的资源和能力，再加上自身对于负性情绪的敏感性，更倾向于感受到恐惧、悲伤、焦虑等负性情绪，生理反应也较明显，常会阻碍个体很好地应对压力事件。个体更多的是在进行情绪的调节与控制，而对压力源本身表现出回避（Grant，Langan-Fox，2006；Carver，Connor-Smith，2010）。

高外向性个体本身具有较强的社交能力，对于奖励和正性情绪更加敏感，同时具有较强的活力。因此他们在压力应对中具有较强解决问题的能力，同时也具有较好的社会网络能够为其提供社会支持。因此外向性能够帮助个体积极应对压力（Lee-Baggley et al.，2005）。

严谨性高的个体则较少遇到高压力的状态，这是由于他们常常对于未来可能出现的压力状况进行计划，有较好的应对方案，同时更加仔细认真，精细负责，能够为目标付出努力，在压力应对中也很少冲动意气用事。这些特点对压力应对中的问题解决都有积极作用，所以他们通常能够较好地应对压力，这也使得这些个体面对压力源一般不采取逃避的策略。

宜人性表现为诚实、与人为善，往往受到大多数人好评，很少遇到人际上的冲突，同时与外向性个体类似，也有较好的社会网络可以为他们提供压力应对时的社会支持（Asendorpf，1998）。

开放性更多地表现出的是灵活的价值观，丰富的想象力、创造力，对新事物的好奇与追求等。这些特点使个体能够在压力应对时采取较为灵活的观点和策略，这对压力应对也有一定作用。

笔记

不同的人格维度对压力应对的作用不同，不同维度的组合也会导致不同的结果，如外向性、严谨性、开放性较高的个体视压力为挑战而非威胁，因此能够更积极地应对，并且具有更多的应对资源（Penley，Tomaka，2002）；而高神经质和低严谨性的个体常处于极大的压力之中（Grant，Langan-Fox，2006）；低神经质、高外向性的个体很少遇到压力应对的问题（Vollrath，Torgersen，2000）。

Connor-Smith 和 Flachsbart（2007）对人格与应对方式进行了元分析，结果显示部分人格特质与应对方式存在相关（表 7-1）。

表 7-1 大五人格特质与应对方式的平均相关性

应对方式	外向性	神经质	宜人性	开放性	严谨性
问题解决	0.20	−0.13	0.09	0.14	0.32
社会支持	0.24	−0.01	0.11	0.06	0.09
情绪调节	0.03	0.00	0.01	0.06	0.08
转移注意	0.09	0.17	−0.05	0.05	−0.07
认知重建	0.22	−0.16	0.14	0.15	0.20
接受事实	0.02	−0.10	0.08	0.07	0.07
回避问题	−0.04	0.13	（无数据）	−0.05	（无数据）
否认	−0.02	0.18	−0.13	−0.07	−0.17
幻想	−0.03	0.35	（无数据）	0.11	（无数据）
退缩孤立	−0.05	0.29	0.08	0.10	0.01
物质滥用	−0.04	0.28	−0.18	0.04	−0.18

修改自：Connor-Smith & Flachsbart，2007

此外，研究者还关注气质性乐观与应对方式的关系。气质性乐观（dispositional optimism）是对未来出现好结果的总体预期。气质性乐观个体用积极的预期面对生活，倾向于认为事情总会朝好的方向发展。气质性乐观较显著的个体在处理压力事件时常更为有效。当认为压力情境是可控时，他们倾向于直面问题，着手解决；当发现压力超出自己能力控制范围时，他们也会采取更为灵活的应对，如认知重建、接受现实并吸取教训、改变目标及采用幽默自嘲等方式（Carver，Connor-Smith，2010）。相对于乐观者的持续努力去解决问题，悲观者则更多采用情绪指向的应对，力图缓解压力带来的消极情绪及痛苦，或使用回避型应对，放弃解决问题的努力。

三、人格与创造力

（一）什么是创造力

创造力体现了人格特质中力求探索拓展并能形成“有创造性的”观念与达到预期目的的人格特质，作为“有创造性的”观念必须表示一种相对来说非普通的反应，还须具有适应性，能够解决一些重大问题或达到一些重要目标。创造力具有下述的三个特征：①创造力是一种心理过程（或过程的集合），这种过程产生出兼具独创性和适应性的观念，认知操作包括顿悟、直觉、想象和启发式搜索参与创造过程；②创造力是某种产品的一种特征，比如一项发现、发明、一首诗、一幅画或一篇文章的某种特征；③创造力是一个人总的人格特质或人格剖析图的某个方面。每个人都拥有创造力，只是创造力的大小不同。

我们可以观察到创造性个体几乎总是比一般人更加聪明。在最具创造力的人群中，智力较高的人会比智力较低的人表现出更高的创造力。语言、逻辑 / 数学、视空间、肢体运动、

笔记

音乐、人际关系、自我认识等认知功能都与创造力有关。创造力更多是一种认知风格而不一定完全表现为智慧能力。对应于认知形式的丰富性,创造者拥有知觉的丰富性。创造者倾向于积极追求新异而复杂的事物,能够同时注意不止一种刺激和 / 或认知;表现出广泛的兴趣和爱好,甚至表现为非凡的通才,在多个领域有所成就。除此之外创造者深爱他们所做的事情,对其事业表现出异乎寻常的热情、精力和投入,以至于创造者常常令其家庭和朋友觉得他们是"工作狂"。他们不肯轻易放弃,并能灵活地随时改变策略和战术。

(二)创造力与人格的关系

创造性个体的认知和情绪特性通常伴随着某种特有的社会取向。许多创造性个体更可能是内向的而不是外向的,一些极端内向的个体可出现退缩甚至反社会。同时,创造性个体倾向于表现出高度的独立性和自主性,常常无条件地拒绝顺从传统规范而显出一种断然反叛的气质。创造性天才独有的人格特质使其比普通人表现出更高的患各种精神障碍的风险。历史上许多天才表现出的发散思维和联想方式与疯狂的观念之间仅有一线之隔,对目标顽强而激进的勃勃野心容易转变成一种躁狂表现,而极度内向、与世隔绝的行为方式十分类似于精神病性的退缩。其他一些偏离常规的人格特征交织还可出现较高的自杀、抑郁以及酒药滥用的风险。

创造力与人格之间的这种关系在很早之前就得到了心理学家的重视。最早关于创造力个体差异的研究可以追溯到 Galton 对于创造力和天才遗传性的一些研究。现代人格心理学家对于创造力也很关注,研究的最多的是 Eysenck 的大三因子模型以及 Costa 和 McCrae 等人的五因子模型与创造力的关系。

Eysenck(1993)就曾经讨论过大三因子模型中的精神质与创造力的关系。他认为高精神质可能是创造力的基础,高精神质的人倾向于具有与他人不同的想法,更喜欢幻想,当这些人不能够自我控制或者是遇到压力应对的环境时,可能更容易产生心理疾病。许多研究者也认为,创造力高的个体往往表现出心理疾病的倾向,如精神分裂、双相情感障碍、分裂型人格障碍等(Nettle, 2006)。但研究也发现,精神质不是控制创造力的唯一因素,如神经质提高个体对情感的感知能力从而在艺术创作领域发挥重要作用(Batey, Furnham, 2006)。

McCrae(1987)也提出过人格与创造力之间存在关系的观点。他认为创造力与五因子模型中的开放性有关,开放性越高的个体创造力也越高。这也为之后的研究所证实,不同的研究中开放性与创造性均表现出轻到中度的相关关系(Furnham et al., 2008; Silvia et al., 2008)。另一些学者则发现,除了开放性,外向性与创造力也存在一定的正相关关系(King et al., 1996; Kandler et al., 2016)。有时,研究者将开放性和外向性合一个统一的灵活性(plasticity)维度进行研究,结果比较稳定地显示出后者与创造性存在中度以上的相关(Riemann, Kandeler, 2010; Silvia et al., 2008)。还有研究认为严谨性与创造力有一定关系,但结果并不稳定。对此,有研究者在一些有创造力的科学家和艺术家中分别展开研究,发现高创造力的科学家和艺术家具有更高的开放性,较低的严谨性,更加有雄心和冲动,其中艺术家又表现出更多的神经质、情感不稳,较少的社交性等特点(Feist, 1998)。

可见,人格对创造力的影响是复杂的,同时也根据考察的创造力种类不同而有所不同,如艺术和科学领域所需要的创造力就相差很大。但可以肯定的是创造力高和低的个体在人格特征方面的确存在差异,人格对创造力作出着某些潜在贡献。

第二节 人格与健康

迄今为止,对人格与健康以及疾病关系的研究一直是人们关注的热点之一。人格特质与健康保持及疾病发生发展均有一定的关系。经过最近十多年的研究,人格与健康关系的

笔记

广义结构模型已经成熟，它突出了人与环境的交互作用、强调目标构念的自我调节理念，并提倡把认知-社会取向中与健康有关的个人因素加以整合。随着对与躯体和心理疾病相关的特殊的人格类型的认识深入，引起身体失调的生物过程与人格的生物学机制也得到发展。从总体上看，对人格与健康关系的研究有三种路线：①病理性研究：把人格视为导致疾病产生和发展的独立原因；②作为压力的中介变量：把人格作为通过促进或抑制压力效应而影响压力与疾病关系的因素；③疾病行为：不关注疾病的产生与发展，把人格作为疾病知觉和求医行为的影响因素进行研究。

随着医学和人格心理学的发展，以前甚难回答的一些问题，如人格是否能导致或预防疾病，哪些人格因素最重要，如何解释人格与健康的关系等最终将会彻底解决，人类对自身健康的维护会获得重大的进步。

一、人格与健康关系的模型

人格与健康的关系一直是人们感兴趣的问题。随着医学模式从生物医学模式向生物-心理-社会模式的转变，健康和疾病日益被看作是生物、心理、社会因素相互作用的结果。帕金森病患者在使用深部脑电刺激治疗后，会出现一定的人格改变，追求新奇（novelty-seeking）的人格特征明显提高（Fassino et al., 2010）就是一个很好的佐证。有研究表明，人格较为健全的人在面对压力事件时能够较好地应对，而人格不健全的人在面对压力时易发生严重的心理和生理反应，最终可能引起身心健康问题。人格因素不仅在独立或与其他危险因素协同作用时会增加疾病发生的风险，也可通过人格相关的健康维护、压力评价和应对方式影响机体的健康状态。

1936年，加拿大病理生理学家 Hans Selye 首先提出了压力学说。他通过大量动物实验，进一步发现失血、感染、中毒等有害刺激可引起动物的肾上腺增大和颜色变深，胸腺、脾及淋巴结缩小，胃肠道溃疡、出血等现象。当时认为每一种疾病或有害刺激都会产生这一相同的、特征性的和涉及全身的生理生化反应过程。也就是说，在各种不同的严重压力性刺激下，个体会通过一些非特异性的反应过程来适应，而与刺激种类无关。研究表明，压力越严重，个体越有可能受到疾病的威胁。随着20世纪60年代至80年代 Lazarus 和 Folkman 等提出的认知交互作用理论不断完善，压力理论也强调个体的认知评价在压力中的作用。人格与健康可能存在以下四种关系：①心身作用：某种人格可能会导致某种疾病的出现；②身心作用：某种人格可能是由某种疾病引起的；③知觉过滤：人格可能是一个知觉过滤器，决定着个体对疾病的反应；④交互作用：人格可能与疾病的产生相互作用。

基于这四种关系，心理学家提出了四种模型。

1. 相互作用压力中介模型 相互作用压力中介模型（transactional stress moderation model）以认知交互作用理论为基础，认为客观事件虽然有引起压力的潜在可能，但它本身并不会给人带来压力，心理压力的产生与个体对客观事件的评价有关。当环境事件被评价为超出其个人资源，或具有威胁性时，个体就会产生心理压力及其伴随的生理唤醒。随后，个体会作出一些认知与行为反应来应对这些心身反应。个体的评价与应对都可能导致生理机制发生变化，包括神经内分泌系统及免疫系统等，进而导致疾病的出现。人格则被假设在此链条中对每一环节都可起作用，进而影响人的健康（图7-2）。首先，人格的认知与动机可以影响个体对环境事件的评价；其次，对评价之后应对行为的选择，也可能会因人格的不同而不同；此外，在应对由压力引起的生理唤醒上，人格也可能产生影响；最后，人格还会对压力源本身及应对行为的后果产生影响。

2. 健康行为模型 健康行为模型（health behavior model）主要研究人格如何影响人们对健康行为的选择，强调健康与个体健康行为的质量有关（图7-3）。受适应不良的人格特

笔记

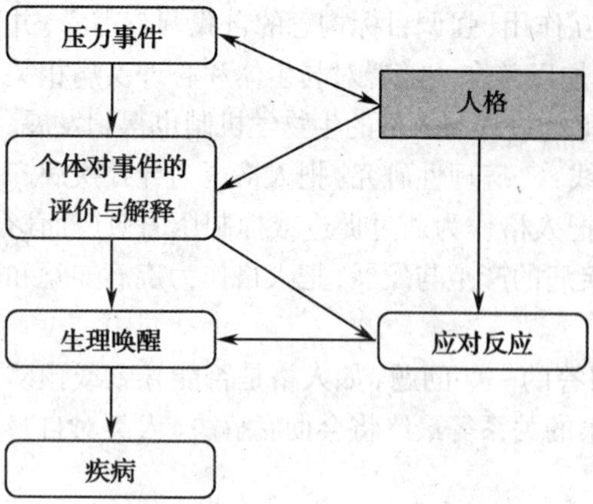

图 7-2　相互作用压力中介模型示意图

质影响，有些个体更容易发生不健康的行为，如吸烟、酗酒、暴饮暴食、吸毒等，这些不健康的行为会增加各种疾病发生的可能性。敌意、神经质、坚强和乐观等人格变量也都与各种健康 / 不健康行为的发生有关。Sutin 等（2010）对 5532 名社区居民进行了人格因素与血脂水平的关联研究，发现在排除年龄、性别、体重指数、吸烟、饮酒、高血压和糖尿病的影响后，冲动或鲁莽的人格与低水平的低密度脂蛋白胆固醇和高水平的甘油三酯相关联。在那些最容易冲动的居民中（10%），其血浆甘油三酯升高的风险是其他人的 2.5 倍，这一研究充分证明了人格偏离常态是增加躯体疾病的危险因素。Hyphantis 等（2010）对炎症性肠病的研究表明，嗜烟的患者存在冲动感觉寻求（impulsive sensation seeking）的人格特征，这种特质存在成瘾的高风险，而烟草成瘾更容易导致克罗恩病。对物质依赖的研究表明普通人群中存在一种与成瘾有关的人格，他们比其他人更容易滥用精神活性物质，并有暴食和寻求冒险刺激的特质。该模型还提出健康行为会随着压力的过程而发生改变。人格 - 健康行为与压力 - 应对是在不同层面上的两个过程，这两个过程相互独立，彼此又相互影响。正是通过这种相互影响，我们才能解释健康行为与人格之间的具体联系。人格对健康的影响过程，先是人格对压力过程中个体对压力事件的评价及其应对产生影响，这种影响的结果是产生了不同的应对反应，其中可能就会有健康行为的变化，并最终会影响个体健康。

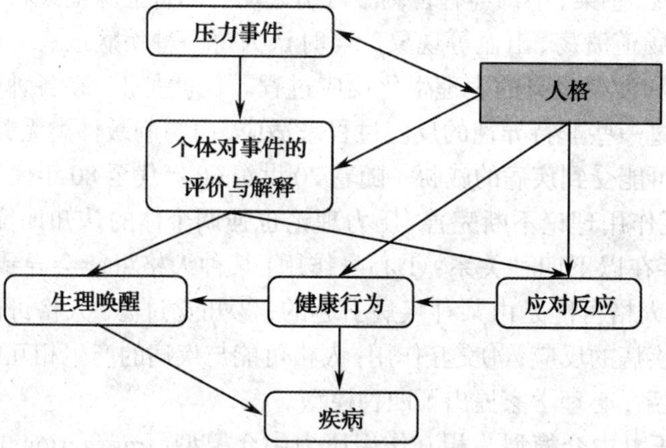

图 7-3　健康行为模型示意图

3. **体质倾向模型**　体质倾向模型（constitutional predisposition model）认为人格与健康之间并不存在直接的因果关系，它们更可能因为都受第三变量——遗传素质的影响而产生联系（图 7-4）。体质倾向模型强调人格与健康之间联系的产生是由生理遗传素质导致的一种"附带理解"，是一种假象。该模型认为个体由于受基因等遗传素质的影响，在体质上就会带有先天的倾向性。有的孩子似乎天生就对陌生情境有高度生理唤醒的反应倾向，而有的孩子则天生反应倾向性较低，比较迟钝。无论患病的可能性

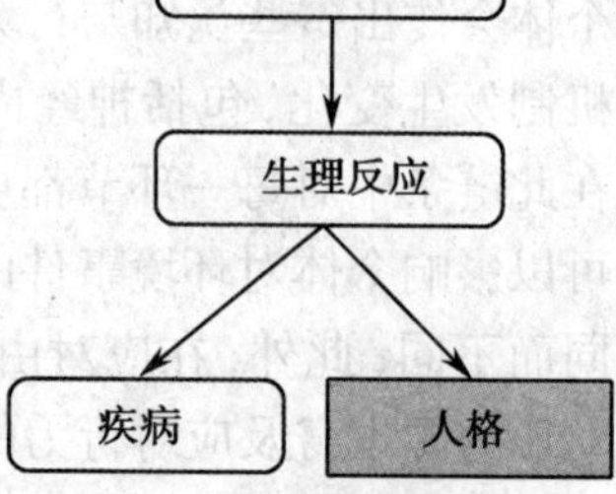

图 7-4　体质倾向模型示意图

笔记

还是人格，其实都是受到这种先天倾向的影响。特定的体质倾向会影响很多病理生理过程，比如压力反应中交感神经反应性加强和副交感神经反应性抑制的体质倾向，可能导致一个人特定的行为和情绪，也可能会导致一系列疾病。例如，对冠心病的研究表明面对压力状态时，冠心病患者较健康者出现更高的肾上腺素与去甲肾上腺素水平，尤其在具有较高攻击性人格特质的个体中，压力相关激素升高最明显。这就是说，先天的压力反应的强弱可影响疾病的进展以及个体人格中行为、认知、情绪等方面的发展，正是由于这种先天倾向的存在，我们才会在研究中发现人格与疾病的关联（Bouchard，McGue，1990）。

4. **疾病行为模型** 疾病行为模型（illness behavior model）认为人格 - 健康关系是人为假设的，真正受人格等心理因素影响的是疾病行为。这种模型认为，疾病是机体所呈现出来的能客观测量的病理生理过程，如高血压、冠心病等器质性疾病；疾病行为指的是当人们察觉到自己患病时所采取的一系列行动，包括请假、看病、陈述症状及服药依从性等。在这里，人格被假设为影响的是疾病行为而不是疾病本身。坚强的人往往显示出更少的疾病行为，而疑病者则表现出过多的疾病行为。从本质上看，该模型是一种心理模型，主要讨论人格对主观健康的影响。

二、人格与健康的关系

某些人格特质被发现与健康存在稳定的联系。如研究者发现外向性和严谨性能够预测个体的寿命；而攻击性往往与较差的健康状况（如患有心血管疾病）相关。现代人格心理学的研究主要发现，攻击性（宜人性的负向）、严谨性和神经质与健康的关系最为密切。

1. **攻击性** 攻击性人格表现出强烈的追求成功、争强好胜、缺乏耐心、容易产生敌意的情绪和攻击性行为，这些人格特点通过心理生理过程、损害健康的行为和对疾病的反应等多条途径对健康起作用。攻击性人格对健康的影响，最早以 Friedman 和 Rosenman 提出的 A 型人格为代表，他们发现这类人动机强烈、喜欢竞争同时容易愤怒且好斗，具有冠心病的高风险（Friedman，Rosenman，1959）。经过进一步研究，其中攻击性被认为是冠心病发病的重要风险因素之一（Smith et al.，2004），并且高攻击性能够预测个体心脏病的高死亡率（Koskenvuo et al.，1988；Almada et al.，1991）；攻击性与心肌梗死早期阶段的寻求健康护理的延迟有关；攻击性与抽烟、睡眠不足及酗酒相联系，并且个体不能很好地坚持医疗休养方式；较高的攻击性还被证实具有较高的死亡风险（Weiss，Costa，2005）。此外，哮喘、肝病、关节炎等疾病与攻击性也存在一定联系（Suinn，2001）。

一般认为攻击性人格的人容易选择不健康的生活方式，同时缺乏社会支持，容易愤怒并与他人产生冲突。在长期的社会心理因素压力下，这类个体免疫力低下，神经内分泌系统处于高唤醒状态，促肾上腺皮质激素分泌增加，释放过量的肾上腺素和去甲肾上腺素，通过对脂类代谢、血流动力学和血液流变学的影响，使血管外周阻力增加，血液黏稠度增加，加重心脏负荷，增加了心肌耗氧量和心脏缺血，导致心血管系统的病理生理变化。另外，通过神经内分泌因素，可加剧其他共存的危险因素的作用。如工作高度紧张能在短时间内促使血浆胆固醇上升；经常抑制愤怒而不能表达的人易发生高血压；在焦虑和紧张状态下也会升高血压、血脂和血糖，造成已有躯体疾病进一步进展。

2. **神经质** 高神经质常引起持续的负性情绪状态并且使个体惯常采取消极行为模式，伴有过度的自主神经活动及内稳态平衡受到干扰的倾向，这些都可能导致机体出现病理过程乃至慢性疾病，甚至被认为与早逝有关（Graham et al.，2006）。较早的研究（Costa，McCrae，1980）就报道了即便身体检查未发现疾病，高神经质个体也会更多地体验到躯体的不适并因此而就医。一直以来，在心理健康研究中，神经质就被发现与焦虑症、抑郁

笔记

症、惊恐障碍、恐惧症、物质滥用、人格障碍等有较强的相关性（Khan et al., 2005）。高神经质能够增加个体罹患焦虑障碍及心境障碍的风险（Terracciano et al., 2011）；神经质能够对首发的重症抑郁进行预测（Fanous et al., 2007）；早年高神经质得分的个体患精神分裂症及自杀等的发生率要高于低分者（Fergusson et al., 2000）。而躯体健康上，高神经质被认为与异常的心血管系统及免疫系统功能存在联系（Lahey, 2009），易患冠心病、高血压、湿疹、哮喘、肠易激综合征等疾病。在心血管疾病、癌症的患者中，高神经质个体死亡率也更高。此外神经质还能够预测糖尿病、心脏病的病程状况（Nakaya et al., 2006; Shipley et al., 2007）。

但也有研究者认为，神经质也能促进个体对自身健康的关注，因而具有一定的保护作用（Taga et al., 2009）。如果以死亡风险作为评价健康的指标，研究结果则更加不一致。有些研究认为神经质增加死亡风险，有些则发现降低死亡风险，另一些则未有阳性发现（Friedman, Kern, 2014）。根据一项长期追踪调查显示，神经质与个体对自身的主观健康评价有关，但其与体现健康的客观指标（如寿命）之间却未发现显著关联（Friedman et al., 2010）。一些研究结果显示，高神经质个体能回忆起更多的疾病和身体问题，并更频繁地报告日常症状（Larsen, 1992）。因此，有些学者认为神经质与健康的联系其实更多反映的是一种对生理体验的偏差知觉。

3. **严谨性** 高严谨性能够让个体更好地应对压力，并且注重自我修养，与健康饮食、锻炼、戒烟戒酒等一系列的健康行为成正相关，对个体健康具有持续的保护作用，能够减少个体内化和外化问题、物质滥用的风险，降低其负性情绪，并提高其主观幸福感（Chapman et al., 2011）。另外高严谨性对于高神经质造成的压力应对问题能够起到缓冲作用，间接对其健康起到积极作用。高严谨性个体的寿命也相对更长。即使在慢性疾病中，严谨性也与更长的生存时间具有正向关联。与之相反的，有证据显示低严谨性个体多涉及对健康有消极影响的行为，如抽烟、酗酒、不健康的饮食、缺乏锻炼甚至某些高危行为，因而更易患糖尿病、高血压、脑卒中及精神疾病（Bogg, Roberts, 2004）。

4. **乐观主义** 乐观除了与前述的应对方式有关，许多研究者也发现了乐观与健康的关系。乐观者在寿命、就医次数、自我健康报告、客观健康评定、免疫功能等方面都有更为积极的表现（Baker, 2007; Conway et al., 2008; Carver, Scheier, 2014）。在人格研究中，乐观与健康及相关行为均存在轻到中度的相关性。除了乐观本身在生理方面的作用（如提高免疫力），研究还发现乐观与一些维护健康的相关行为有关，如更多关注健康方面的信息、定期锻炼、健康饮食、较少吸烟嗜酒等。此外乐观者在患病后相较于悲观者会有更多的社交行为和社会支持，都有利于疾病的恢复。例如，研究者发现癌症的患者中，乐观者会更多地做出治疗计划并采用积极应对策略，能获得更好的术后康复效果（Applebaum et al., 2014）；在心脏病患者中，乐观者的存活时间也更长（Tindle et al., 2009）。

除了上述发现外，外向性被认为使个体更倾向于积极的情绪，具有活力，喜爱社交。也有研究发现外向性高的个体具有较低的死亡风险和较长的寿命（Chapman et al., 2011）。而相反地，内向抑制特别是在负性情感上（如愤怒）压抑不去表达的个体则有较高的癌症发病率（Grossarth-Maticek, 1982），如女性的乳腺癌（Thomas, McCabe, 1980），并且其与冠心病也存在相关性（Haynes et al., 1980）。但这些研究还非常有限，人格特质作用与健康的详细机制还有待进一步探索。

三、人格与健康的交互作用

（一）人格与健康交互作用的复杂性

为了描述人格与身体疾病的联系中遇到的困难及探寻人格与健康关系的复杂性，

笔记

人格心理学教授Contrada用了一个形象的比喻：两个筑路队都从各自的海岸开始修建一条横贯大陆的铁路，假如没有地图和适当的工具来确定两队位置的话，两端将可能永远无法对接。实际上人格与健康之间的关系比这个比喻更复杂，因为人格与健康状况一直是发展变化的，两者之间存在多维、复杂的相互作用。此外还必须将人格与疾病在时间维度上的联系纳入考虑，因为人格在某些方面是变化的，同时疾病本身也是动态变化的。

在身体健康和疾病领域探讨人格的作用，至少包括三个方面的内容：①人格诱发身体疾病与不良心理状态；②人格影响疾病的转归；③人格影响疾病治疗中有关健康行为的运用。尽管上述每一方面都能分别阐述人格对健康的影响，但是为了构建一个连贯而统一的有关人格-健康相互作用的模型，则需对这三方面综合分析。

此项工作更多是由流行病学研究者进行。这些研究致力于描绘人群中疾病的分布特征，并力图界定有关人格是否可以作为疾病危险因素（疾病预测指标）。危险因素的确认需要依据下面几点：①疾病的客观诊断与核实；②预期研究，即在疾病发生或恶化之前进行危险因素测量；③确定具有代表性的研究样本；④对其他已确认的风险因素的统计判断及混杂因素的排除；⑤重视多因子分析，寻找其中重要的联系；⑥努力保持多项研究的一致性。虽然上述几点对确定人格为身体疾病的一个影响因素很关键，但得到研究结论的可靠性仍然受一些条件限制。比如，当第三个变量既影响人格又影响疾病时，满足以上几点研究得出的人格与疾病的相关性可能是虚假的。另外，理论上要求人格与疾病的联系最好独立于已确认的危险因素存在，但这就人为排除了人格作为疾病的深层原因，通过提高更接近疾病发生过程危险因素水平而发挥作用这一可能性，不尽合理。由于这些原因，分析人格因素对身体健康的潜在因果效应只是一个起点。未来需要更多系统而细致的研究确定人格和健康之间是如何互动的。

（二）人格对健康影响的基本机制

除了上述对于人格与健康作用关系的研究外，人格与健康之间如何作用，其基本机制如何也是需要探讨的。身体健康从某种意义上讲是促进适应和生存的认知与行动的产物。人格与影响身体健康的诸多因素相联系的基础在于人格对于一些疾病发病机制的作用以及在更广泛意义上对生活需求、限制因素和机遇的处理。因此从人格上理解，疾病的发生可能是人格的不完善或人格偏离导致的一系列生理、心理反应。疾病人格观的基本理论来自人格影响着目标指向行为、决策、认同、环境危险、资源控制、压力源评估和应对策略的选择。

除了与理解个体适应和促进健康过程的交叉领域作用外，人格还可能与影响身体健康和疾病演化的适应过程有关。这种联系已在人格遗传学的研究资料中得到佐证。比如，敌意人格一直是许多健康研究的焦点，在对它的测量中已经发现了较小但确定的遗传系数。用五因子特质模型研究发现不同的特质维度均存在对应的遗传率系数，这些遗传系数提示了个体对某些疾病的遗传易感性。

疾病发生过程如动脉粥样硬化形成或某种癌症的形成是一个慢性发展的病因学过程，人格的时间稳定性可能成为增强这一过程的因素。基于同样的原因，维护健康的活动也可能表现为随时间和情景扩展的活动模式，如锻炼身体和维持社会关系的支持。健康损坏过程反映了危险环境或多元危险因素的作用，如与压力或不良行为表现有关的环境的作用。

综合来看，人格对健康影响的最基本机制为心理生理和行为机制。

心理生理机制涉及心理事件对生理过程（如神经内分泌过程和新陈代谢过程）的影响。它们与心理压力和情绪过程密切关联。压力事件和压力状态可激活交感-肾上腺髓质系统

笔记

和垂体-肾上腺皮质系统，这两个系统的生理效率和代谢效应与许多生理疾病的发生和发展有关。压力和情绪对心血管活动的影响也有充分的文献证明。最近发现，免疫系统对社会心理事件和情绪刺激可作出敏感反应。这些生理心理机制均可作为人格与疾病的中介。

行为机制主要表现在其对生理过程的作用。危害健康的行为可能诱发疾病，抑或加速病情发展，也可对疾病产生混合的影响。越来越多的证据表明，对于那些传染病、肿瘤等慢性病以及心血管病等急性发作的障碍，行为因素似乎起着主要的作用。人格也可通过对疾病治疗的依从性产生影响。在这一作用中，人格可能不直接促发疾病或使之恶化，却可能改变疾病的进程和结果。与疾病转归有潜在联系的人格范畴相当广泛，既包括使用自我检查或生物医学技术来甄别和监督疾病，也包括对病情症状和迹象的认知和情感反应。恶劣的情感反应可能会引发、耽搁或促使人们躲避健康保健过程中的自我治疗。人格可能在整个身体疾病的自然史中发挥作用，影响着以监控治疗疾病为中心的自我控制系统，从而使其对心理幸福感、身体活动和社会角色活动产生进一步影响。

第三节　人格的社会功能

一个人在日常生活中见到各种各样的人，陌生人、朋友、亲人、爱人，晚辈、长辈、同辈，所涉及的各种社会关系也纷繁复杂。如何与他人交往，如何去建立和保持与他人的人际关系是个体必须面对的任务和挑战。如何处理这些问题与个人的人格是密不可分的。同时人格特点也往往决定了我们对他人的态度是怎样的，我们在人际交往中抱有怎样的动机，我们在人际交往中具有什么样的技巧和资源。一段关系的持续时间和质量都由这些因素所决定。人格的功能就在这些人际关系中表现出来，最常见的如影响个体选择人际交往的对象和人际情境，引起他人的某些行为和情绪乃至对他人产生影响。

一、朋友、家庭关系中人格的功能

从儿童时期，我们就与身边的小伙伴们进行交往，一些牢固友谊就从童年时期开始建立。同时我们在童年的交往为我们以后的人际交往获得最初的经验。在其中，宜人性和外向性起着重要的作用。研究发现较低的宜人性和外向性，由于表现为攻击敌意和在交往中退缩的特点，不利于朋友关系的建立与维持（Newcomb et al., 1993）。其中高攻击敌意的人总是预期他人对自己有敌意，并倾向于将他人行为解释为故意的或充满敌意的，并以攻击性的方式回应，引起他人攻击反应，最终引发真正的冲突。

高宜人性和外向性往往表现为与他人交往的技巧与动力，这在建立和保持人际关系时是非常重要的两个方面，这在成人也是适用的。高外向性被认为与成年人在朋友交往中的受欢迎程度和地位有关（Paunonen, 2003）。同时，人格的作用也存在不同群体间的差异，如神经质的消极作用似乎只出现在男性；严谨性被认为在正式组织和团体的人与人交往中起作用（Anderson et al., 2001）。此外，最近一项为期十年的追踪研究显示，心理弹性（resilience）（从创伤中恢复及持续适应压力的一种特质）高的个体在青少年期友谊关系质量更高，能够获得更多的社会支持，同时出现更少的消极人际互动；在成年早期，他们在恋爱关系中的体验也更积极（Yu et al., 2014）。

在家庭环境中，其情况有所不同，涉及个体在家庭中所扮演的角色。高神经质的孩子倾向于对日常的家庭事件做负性判断，并更容易引发负性情绪。同时低严谨性和外向性阻碍了问题的解决和与家庭成员间沟通，给家庭关系造成障碍，如年轻的成年人与父母之间的关系常会受到个体高神经质、低严谨性和低外向性的消极影响（Belsky et al., 2003）。另

笔记

一方面，从父母的角度来看，父母的人格特点对其与孩子的交流教养方式也有影响。研究发现高外向性、宜人性、严谨性、开放性，低神经质的父母对子女更加热情，亲子间互动更加积极，对于子女的行为反应更加合理，倾向于给予子女一个自由的环境（Prinzie et al.，2009），因此对家庭关系的健康发展具有积极作用。

二、恋爱关系中人格的功能

发展和保持与爱人的恋爱关系是大多数成年人必然经历的一个过程。有些恋爱关系和谐美满，有些却焦虑痛苦。人们会选择什么样的人作为自己的伴侣？这种关系维持的时间和质量如何？这些都或多或少与双方的人格特点有关。

在选择伴侣时，人格特质的影响非常突出。大多数人倾向于选择情绪稳定、可靠、能给人带来快乐的伴侣，这几项特征正对应于大五中的神经质（情绪稳定的负向）、严谨性、宜人性。此外，Botwinet 等（1997）研究发现，一些人格特征相似的人更容易成为配偶，例如外向性得分高的人会选择同样外向的人作为伴侣，而严谨性高的人也倾向于选择尽责的爱人。

在恋爱关系中，结果也是类似的。当一个人的恋爱对象是高情绪稳定性、宜人性、严谨性和开放性的人时，他（她）对婚姻将有较高的满意度；反之，其婚姻有较大可能不幸福且面临较高的离婚风险。高神经质和低宜人性在恋爱关系中之所以起到消极作用，是因为存在这样的人格特点，恋爱关系中常常会出现愤怒、失望、紧张、焦虑的情绪，对于恋爱关系造成潜在的破坏。研究发现，两者对于恋爱关系中出现的失望、冲突、虐待、最终分手等负性结局起到非常稳定的预测作用（Karney，Bradbury，1995；Donnellan et al.，2005）。其中神经质主要影响恋爱关系的质量，其过多的负性情绪导致关系紧张，最终又因为关系质量下降引发更多负性情绪，如此引起恶性循环，最终可能导致一段关系的破裂。

此外，人格对动机、行为、态度、依恋模式等多方面的影响，也从不同侧面起着作用。但不管人格如何直接或间接产生作用，可以肯定的是，较健康的人格状态，如低神经质、高宜人性有利于恋爱关系的发展和巩固，低水平的经历寻求、放纵和攻击性特质以及高水平的活泼性对恋爱关系的开始与发展具有积极意义（Cai et al.，2009）。

三、职业中人格的功能

职业选择是每个人都要面临的问题。个人在选择职业时既要符合自己的特长也要满足自己的需要，同时一个人最终从事什么工作也是个人和用人单位双向选择的结果。一个人最终选择什么职业的影响因素十分复杂，既有外部的影响，如社会发展水平、经济发展情况，也有个体本身的因素，如受教育程度、能力、偏好等。其中人格对职业选择也有一定影响。研究发现外向性高的人多对社会性的和事业性的职位更感兴趣；宜人性高的个体也倾向于选择社会性职位；开放性高的个体可能选择研究性或是与艺术有关的职业；严谨性高的个体更愿意从事传统行业（Larson et al.，2002）。一项跨度四十年的追踪研究也证实，童年期的人格特质中，开放性与严谨性对中年时的职业具有最强的预测作用，其中开放性与之前的研究类似，预测了研究型或艺术类的职业选择；但严谨性对所考察职业类型都有所贡献，提示这种特质主要与事业成功有关（Woods，Hampson，2010）。

人格对于职业能力也有一定影响。无论对于什么工作来说，严谨性由于涉及一个人的责任性和勤奋努力程度，很大程度上决定了工作的表现如何。而外向性和低神经质在

笔记

某些工作条件下就显得尤为必要，如常需要与客户打交道的服务员、销售员等等。宜人性在需要团队合作的工作中是不可或缺的，另外在需要创造力的工作中，开放性的作用也十分重要。采用纵向研究的方法，Judge 等（1999）发现事业上的成功能够被低神经质、高严谨性和开放性预测。Zhao 和 Seibert（2006）使用元分析比较了创业者和企业经理在人格特质上的差异，发现创业者相较于后者有更高的严谨性与开放性，但神经质和宜人性得分则较低。

（柴　浩）

笔记

第八章　人格的评估和测量

人格是社会化过程中形成的综合性的心理特征，是在大量情境中表现出来的各种行为和情感反应，且具有持久性。人格测评是人格研究的核心之一。人格测评预先假定人与人之间的人格特征有差异，这种差异可通过科学的方法给予精确测量。

第一节　人格测评概述

一、人格测评发展史

心理测验的数量众多，据统计，以英语发表的测验就达5000余种。在1985年出版的*Mental Measurements Yearbooks*（MMY-9）中收录了1409个测验。在常用的心理测验中，人格测验所占比例最大。人格测评指通过一定的方法，对在人的行为中起稳定调节作用的心理特质和行为倾向进行定量分析，以便进一步预测个人未来的行为。早在春秋战国时期，孔子就曾把人分为上智、中庸、下愚三个类别，即为人格测评的雏形。但这种描述性的分类比较粗糙。科学的心理测验产生于近代的西方各国。英国生物学家和心理学家Galton被认为是世界上最早使用科学方法测量人格的学者，在1884年他曾提出：构成我们行为的品格是一种明确的东西，所以应该加以测量。为此，他曾尝试着编制过一个人格评定量表，试图对人格进行客观测量。

临床心理学家Kraepelin曾于1892年在临床工作中引入联想测验来协助诊断。具体过程是把一些经过专门挑选的刺激词呈现给被试，要求被试在获得信息词的刺激后说出自己内心最先联想到的词，通过对反应词的深入分析来评定被测者的人格特点。第一次世界大战期间，美国心理学家Woodworth于1918年编制了世界上第一个自陈人格量表，开创了人格问卷测量之先河。但是这些早期的人格测验都局限于人格的某单一维度，随后几十年发展的许多人格测验，可用来测量多种人格特质。

20世纪30~40年代，人格测评出现了两个新的发展趋势。一方面是渐趋成熟的问卷测验，最具影响力的是明尼苏达多相人格问卷（Minnesota Multiphasic Personality Inventory，MMPI）。另一方面是蓬勃发展的投射测验，其中最为有名的是Rorschach墨迹测验（Rorschach inkblot test，RIT）和主题统觉测验（thematic apperception test，TAT）。20世纪40年代以后，人格测评虽在方法上有所增加，例如情境法、行为观察法等，但总体上并没有什么特殊的发展趋势。人们更感兴趣的是，对已建立的人格测验不断修正和完善。由于已有的人格理论种类繁多，不同的理论所关注的人格内容不同。因此，不同人格理论取向下的人格测评角度是互不相同的。有关人格测评相关的理论基础，请见第二章相关内容。

下面列出了人格测验的发展以及当时的社会和科学背景，有助于我们了解人格测评的发展历史（表8-1）。

笔记

表 8-1　人格测评的历史

年代	人格测验的发展	社会和科学背景
1800 年之前	几乎没有系统化的人格测量方面的探索	人们处于最初的宗教和哲学认识上
19 世纪 80 年代	Galton-Darwin 的表兄，建立了研究个体差异的实验室	对进化和个体变异的日益关注
1890—1910 年	心理测验产生，主要关注智力，但是在 Alfred Binet 的工作之前都没有成功	美国移民高峰，数学统计方法得到了关注
1910—1920 年	Robert Yerkes 等将测验用于士兵选拔，导致了大量测验的产生	技术发展，工业化程度加大；军队科技化；1914—1918 年发生第一次世界大战
20 世纪 20~30 年代	个人价值观和职业兴趣研究开始，生物脾性引起研究兴趣	经济大发展，数学统计有了长足进步
20 世纪 30 年代	Allport 和其他人列出特质；特质的统计方法随新的统计方法而有所发展；新的分析者采用了投射测验	法西斯和即将爆发的第二次世界大战；经济萧条；大合作增长
20 世纪 40 年代	对权威主义和种族主义的研究，常常采用多种方式进行测量	对法西斯的机智反击
20 世纪 40~60 年代	Kinsey 使用访谈法研究性行为，商学研究者研究购买行为；认知心理学思潮涌现；导致了认知测验的产生	女性有新的角色定位、工作和社会关系；经济发展、中产阶级发展；人口出生的高峰；商业科学化
20 世纪 70~80 年代	表达风格测量作为一种非言语交流测验开始受到关注	行为主义的衰落；强调人际关系和家庭，重视交流；电视政治的开始
20 世纪 90 年代	特质测量回归，因素理论占主导；人生故事开始发展	对工作环境中的个体有更深的了解
21 世纪初	基于计算机和网络测验增多	全球化加剧，虚拟的社会网络关系

二、人格测评的常用方法

（一）观察法

观察法是指有目的、有计划地对被评估对象的某些心理行为状况进行系统考察、记录，获得相应资料，并在此基础上做出评定和判断的方法。观察法有自然观察和控制观察之分。自然观察是在观察者日常生活的真实情境下，对其言谈、举止行为和表情等进行有目的、有计划的观察，以了解其心理活动和个性特征，如观察者跟随孩子一整天，或者在被观察者家里进行观察。由于自然观察所需时间较长，被观察者活动范围广，需要耗费观察者的许多精力和时间，实施难度较大，因此在实际评估工作中，常常对被观察者增加部分条件的限制。这种在专业人员指导下的，对被观察者根据观察目的和需要而附加条件的观察研究称为控制观察。例如研究人员邀请被观察者来到专门的研究机构，指导被观察者在设定的某种情境下完成小组讨论，然后观察他们在上述结构化情境中的表现。

观察法简便易行，能及时获得真实、生动的第一手资料，但也存在一定的不足之处。首先是有可能产生源于观察者方面的问题，如观察者的感官疲劳、观察水平的高低、或者受观察者主观意识的影响等；其次是观察过程耗费大量的人力物力，不适宜大面积人群进行；再次是观察者只能观察到外在行为，无法看到内在的动机和思维。

（二）访谈法

访谈法是以口头交谈的形式，根据被询问者的答复搜集客观的、不带偏见的事实材料的方法。访谈不是随意进行的，有明确的主题和目标，通常可分为结构化访谈和非结构化

笔记

访谈。结构化访谈是指访问者根据所需资料的要求，事先以固定的方式和次序，编制出访谈提纲或问卷，并且主动发问，要求被试按问题回答。非结构化访谈需要预先确定访谈的主题或大纲，但无需确定严格的提问方式和程序。结构式访谈的优点是目的明确，方法固定，节约时间；缺点是形式较刻板，主试的自主性低。非结构化访谈的优点是弹性大，主试自主性强，可以对访谈中的重点部分进行深入探讨；缺点是需要的时间较多，且可能出现顾此失彼的现象，经验不足者难以把握。当前临床上比较常见的是半结构化访谈，又称半定式访谈工具，即综合结构化访谈和非结构化访谈的优点，只是将要问的有关问题交给访问者，没有一定的提问顺序。这种方法比较灵活，也容易取得被试的合作。

（三）问卷法

人格测评工具中常见的是自陈式问卷，根据测试目的，事先设计一系列词汇陈述句或问题，每个问题描述一种行为特征，然后要求被测者根据自己的实际情况回答，从而了解受测者对某项问题的态度、兴趣、意见等人格特点。在编制人格问卷时，为保证测查结果客观真实，常用的编制方法有下列四种。

1. **经验效标法** 用经验效标法编制量表时，首先选取一个具备所测特质或特征的人群作为效标组，同时选取一个所测特质为阴性的群体为对照组，然后把事先编好的一系列测验题目对两组被试施测，比较两组被试得分，凡是能区别出效标组和对照组的题目都保留下来，组成问卷。著名的 MMPI 就是经验法编制的典范。经验法最大的优点是不受理论局限，完全来自于实践，自由度较大，实证效度好，但缺点是理想的效标组不容易获得。

2. **理论构建法** 又称逻辑推导法，是建立在一定的人格理论基础上，在这种理论假设指导下，首先确定要测量的特质，然后用逻辑分析方法编写出一些看起来能测量这类特质的题目，构成问卷。用这种方法编制问卷选择题目时，必须使其内容能测量出要测的人格特征，因此内容效度十分重要。例如 Edwards 个人偏好量表（Edwards Personal Preference Schedule）就是根据 Murray 提出的 15 种需要，选择了一套内容上反映这些需要的题目，组成了 15 个分量表来测量成就、顺从、秩序、表现、自主、亲密、省察、求助、支配、谦逊、助人、变通、坚毅、性爱、攻击等 15 种需要。理论构建法最大的优点是内容效度高，科学系统性好，但缺点是由于依据内容本身取舍题目，可能会导致测验项目与测验目的联系太明显，表面效度偏高，会导致测验的真实性下降。

3. **因子分析法** 因子分析法题目和被试的选择可以没有任何理论依据，通常是先把事先准备的大量测验题目给大量的被试施测，然后通过统计分析，将题目归类为若干个组群，每一组群的题目构成一种因素，一种因素代表一种人格特质，没有被纳入组群的题目即被淘汰。将这些组群所包含的题目汇总就构成人格问卷，每一组群内的题目相关性很高，不同组群之间的题目相关性很低。例如卡特尔 16 项人格因子问卷（The Sixteen Personality Factor Questionnaire，16PF）和 Eysenck 人格问卷（Eysenck Personality Questionaire，EPQ）就是用这种方法编制的。因子分析法的优点是表面效度低，被试不容易作假。缺点是实证效度低，容易受被试的影响，相同题目给不同的被试，可能会得到不同的人格特质。

4. **综合技术法** 当前的人格测验倾向是将以上三种方法的优点进行整合。首先采用理论构建法在人格理论的指导下获得一大批题目；然后采用经验效标法，考察题目是否能很好地区分效标组和对照组，将区分效度好的题目保留下来；最后将筛选的题目进行因子分析，筛选出若干同质分量表，保证各分量表内部有较高的一致性，而彼此之间区分度好。这种人格测验编制的新方法最有代表性的是 Jackson 人格问卷（Jackson Personality Inventory）。由于被调查者通常存在装好倾向，因此研究者通常在人格问卷中专门设置一些特殊题目将有装好表现的问卷剔除，从而保证所有调查结果的真实有效。但是，最近有研究发现装好表现其实是一种非常宝贵的信息资源，是人格特质的反映，因此不应随意将这类问卷给予剔除（Kurtz et al.，2008）。

笔记

(四)投射测验

投射是一种常见的心理防御机制，是个体不自觉地把自己的思想、态度、愿望、情绪等反应于外界事物和他人的一种潜意识心理表现。投射测验就是利用投射原理向被试提供一些没有固定组织的刺激，让被试在不受限制的情境中自由表现他的反应，由心理学专家对其反应结果进行整理、分析，便可推断被试的人格特征。投射技术的指导思想是，个体在刺激中的所见与其心理内容直接相关，个体对刺激内容的解释可以反映其人格内容的某些方面。通常一个人会把(她)的关注点、冲突、特质、看待世界以及对世界的方法“投射”到模棱两可的刺激上。Rorschach 墨迹测验和主题统觉测验是这种测验的代表。投射测验的形式还包括画图、讲故事、句子完成和词语联想等。由于投射测验所使用的材料是模棱两可无结构的材料，所使用的指导语简单，尽可能减少对被试的提示和干扰，被试在不清楚测验目的的情况下，会不知不觉地暴露其真实的人格特点，因此投射测验的优点是伪装性低，适用于跨文化研究，但缺点是缺乏可靠的信效度，受被试当时的心理状态影响大。

(五)评定量表

评定量表在形式上与自陈问卷类似，只是作答者不是本人，而是评定者他人，通常由一组描述个体特征或特质的词或句子组成，要求他人经过观察对被试的某种行为或特质作出评价。评定者一般都为专业工作者，常常是通过评定者自己的观察印象直接记录量表各项目的评分，实际上是观察和访谈法的延伸和总结。评定量表的结果常作为编制人格测验的效标资料而广泛应用于各种领域。根据评定量表的形式可分为数字评定量表、描述评定量表、标准评定量表和迫选评定量表。其中数字评定量表最为常见，它通过提供一个两端对立的顺序数字系列，反映同一特质的不同水平或程度，由评定者选择一个数值表示被试的惯常行为表现。

人格测评除以上常用五种方法外，还包括 Q 分类法、生理测评法、个案分析、内隐联想法等，各种方法的优缺点见表 8-2。

表 8-2　常用人格测评方法的优点和缺点

方法	优点	缺点
观察法	针对性强，有助于观察到个体在真实生活中的行为表现	代表性差，通常只能关注个体的某种具体行为表现，无法解释整体人格
访谈法	灵活、深入了解个体的人格特质	耗时费力，无法克服访谈者的主观偏见或暗示、诱导性提问
自陈量表(问卷法)	实施简单，评分客观，容易标准化，既可以个别施测也可用于团体施测	被试容易装好，只能反映外在行为反应无法测查内在真实动机，效度较低
投射测验	提供的信息量非常丰富，由于受测者不容易伪装，做出的反应更加真实	评分易受测验人员的影响，测验的信、效度均不够理想
评定量表	克服自我伪装，结果比较真实，更适用于儿童和动物研究	容易受他人的是否具备相关知识和主观偏见影响
Q 分类法	较问卷更加灵活，除进行人格评估和分类外，还可以了解被试的人格适应状况和自我概念	不易克服被试的伪装现象，只能得到自比指标，无法建立常模
生理测评	客观性强，有助于揭示人格特质的生理机制	成本高昂，且个体生理指标与人格特征缺乏简单的线性关系
个案分析	资料翔实全面，可以深入了解人格的发展历程，有助形成初步理论假设	研究结果外推受限，费时费力，无法开展大规模人群的测验
内隐联想	具有良好的区分效度，在态度领域对行为具有很好的预测效度	操作复杂，需要借助特定的计算机程序来完成

笔记

每一种人格测评方法都有其优缺点，每一种方法都有其独特的价值，能提供其他方法不能获得的信息，而且新的人格测评工具不断被探索和开发出来。至于如何选择合适的人格测评方法，一定要以具体的人格研究目的为依据，根据研究目标对各种方法的优点和缺点进行评价。从理论上来说，没有哪一种单一的方法适用于所有的人格评估目标。

第二节　人格测评的统计学评价指标

人格测评具有间接性，比物理现象的测量要复杂得多。这就使得人格测评的准确性显得更重要，需要依赖于测量工具的科学性来保证。当前的人格测评工具五花八门、种类繁多，如何判断这些测评工具的科学性？信度、效度和常模等是常用的几个衡量指标。

一、信度

信度，即测验结果的一致性和稳定性程度。人格测验的信度可以被界定为，一个人格测验在多大程度上反映了被测人格特质的真实水平。假设你今天做了某个人格测验，结果说明，你和同龄人相比，你的独立性特质得分更高，下周你又做了一次同样的测验，结果说明，你的独立性特质得分变低了，那么我们可以说这个人格测验的信度较低。心理测量中的信度估计方法有很多，但人格测验中常用的信度估计主要有下列三种。

（一）重测信度

重测信度是指对同一组被试使用同一个量表前后两次施测，所得结果的一致性程度。重测信度反映了两次测验分数的稳定性如何，因此也叫稳定性系数。人格是一个相对稳定的心理特征，对一般成人而言变动很小，因此重测信度在人格测验的应用中非常广泛。但并非所有的人格测验都适合用重测法估计信度，例如创造力人格测验。使用重测信度需要注意考虑两次测验之间的时间间隔，过短有延迟效应和练习效应，过长又会有很多其他因子的介入，降低稳定性系数。一般不宜超过 6 个月，最适宜的时距应根据测验的目的、性质和被试的特点综合考虑。另外，考虑到女性月经周期（4 周），所以 3 周或 6 周的重测间隔为多数研究者所采用。

（二）同质性信度

同质性信度是指测验内部所有题目间的一致性程度，也叫内部一致性系数，就是一个测验所测内容或特质的相同程度。题目内部一致性主要受两方面因素影响：一是内容取样，二是所研究的行为的异质性。当一个测验具有较高的同质性信度时，说明测验主要测的是某一单个心理特质，实际测量结果就是该特质水平的反映。并不是所有的心理测验都要求较高的同质性信度，如果测验是用来验证某种理论构想时往往需要同质性信度计算。现在的许多人格测验都是异质的，一种好的办法是把一个异质测验分解成若干个相对同质的分测验，每个分测验得出一个同质性信度，分别做出解释。同质性信度（内部一致性系数）在统计学中称为“Cronbach α 系数”，我们可以把 α 系数看成是所有可能的分半信度的平均数。在一些广泛使用的测验中，内部一致性系数通常在 0.8 左右。

（三）评分者信度

评分者信度指的是多个评分者给同一批人的答卷评分的一致性程度。具体做法是，随机抽取若干份问卷，由两个或多个评分者按规则给每个人分别记分，然后计算每份问卷不同评分者给予分数的相关系数，即评分者信度。一般要求在成对的受过训练的评分者之间的一致性系数平均达 0.9 以上。对于自陈人格测验而言，评分者信度较高，但是对于投射测验，评分者信度很难达到 0.9 以上。一般情况下，人格测验的信度在 0.7 以上就被认为是信度较高。

笔记

二、效度

效度是指测评的有效性和正确性。人格测验的效度是指实际所测量到的与所要测量的人格特质之间相符的程度，或者简单地说是指一个人格测验的准确性。人格测评中常用的效度估计主要有下列两种。

（一）结构效度

结构效度又称构想效度，指测验能够测量到理论上的构想和特质的程度，即测验的结果是否能证实或解释某一理论假设及解释的程度如何。由于构想效度是根据理论的推导而构想出来的，无法直接证明，只能根据理论构想建立假设并用事实验证假设以获得关于构想的证据。常用的估计方法有测验内分析、测验间比较、实证效度法、多特质 - 多方法。

（二）效标效度

效标效度又称实证效度。效标效度反映的是人格测验在预测个体在某种情境下行为表现的有效性程度。被预测的行为是检验效度的标准，简称效标。如测量尽责性的量表应该能预测什么样的人按时会参加会议和遵守规则。成功地预测了应该预测的内容的测验即具有高效标效度。评估方法一般有相关法、区分法和命中率法三种。

三、测验标准化与常模

任何一种测评，都要使得各方面的条件保持一致，才能对测评的结果进行比较。所谓心理测验的标准化，就是使比较的条件尽量一致，最大限度地控制与测验目的无关变量的影响。具体体现在运用标准化的测验材料、统一指导语、统一时限、统一评分和建立常模等方面。

一个心理测验的原始分是无任何意义的，所得测验分数必须与某种标准比较，才能显示出它所代表的意义。常模就是一种可供比较的标准，是具有某种共同特征的人所组成的一个代表性群体的分数分布情况，它是心理测评用于比较和解释测验结果时的参照分数标准。常模常见的表达形式有均数、比率、百分等级、标准分等。常模的参照价值如何，在很大程度上取决于常模团体的代表性如何。因此挑选合适的常模，是保证测验结果准确的关键因素。另外，常模样本经过若干年后就会失效，因此每隔几年就需要对测验的常模进行修订。

第三节　自陈问卷与人格测评

所谓自陈式人格问卷，是以是非判断或选择题的形式，对拟测量的人格特质编制大量的题目，要求受测者作出符合自己实际情况的回答，测评者根据回答情况判断其人格特征。自陈式人格问卷具有客观性强、计分方便、信息量大、可团体施测等优点，所以在各种形式的人格测量工具中应用最为广泛。有关因子分析法问卷（16PF，EPQ）和综合技术法人格问卷（NEO-PI-R 等）均为重要内容，请参见第六章相关内容。本节主要介绍经验校标法及理论构架法人格问卷。

一、经验效标法人格问卷

（一）明尼苏达多相人格问卷

1. 明尼苏达多相人格问卷简介　明尼苏达多相人格问卷，俗称心理 CT，是 20 世纪 40 年代由美国明尼苏达大学教授 Starke Hathaway 及 John McKinley 合作编制而成。该测验的问世是自陈法人格测验发展史上的一个重要里程碑，对人格测验的研究进程产生了巨大影

笔记

响。到目前为止，它已经被翻译成各种文字版本达100余种，广泛应用于人类学、心理学和医学领域，是世界上最常引证的人格自陈量表。我国宋维真最早对MMPI进行了研究和修订，从20世纪70年代末开始，已形成了一个中国版本和常模。MMPI国内修订版适用对象是16岁以上具有初中文化程度以上的中国人，临床上主要用于鉴别障碍人格特征。

MMPI内容非常丰富，共计566道题目，其中有16道题目内容重复，是根据相同题目前后回答一致情况来检验受测者是否认真作答。MMPI涉及的内容范围非常广泛，不仅包括个体的躯体状况和精神状态，还涉及婚姻、家庭、社会、法律、宗教、政治等方面共26类问题。一般作答时间是45分钟，最长一般不超过90分钟。MMPI包括14个分量表，其中10个为临床量表，4个为效度量表，都包括在问卷中的前399道题里。如果仅仅作为临床诊断的参考，只对问卷中的前399道题施测就可以，后面的题目是为了进一步研究使用。MMPI的四个效度量表主要用来识别受测者的态度倾向，如果在这些量表上的分数过高，整个问卷得分的有效性将令人怀疑。下面简单介绍四个效度量表内容。

疑问量表（question scale，Q）：表示漏答、无法回答或对"是"、"否"均作回答的题目数，如果在前399题中原始分超过22分或者566题中原始分超过30分，则提示量表结果不可信。

说谎量表（lie scale，L）：共15个题目，是追求过分的尽善尽美的回答。如果被试在此部分得分偏高，说明其有装好的态度倾向，原始分超过10分者则需剔除相应的答卷。

诈病量表（validity scale，F）：共64个题目，涉及的多为一些比较古怪或者荒唐的内容。高分可能是被试回答不认真、蓄意装病，或确有精神病性症状。

校正量表（correction scale，K）：由30个对装假敏感的题目组成，高分可能表示有装好的企图，低分可能表示过分坦率，自我批评或有装坏的企图。校正量表一方面可以判断被试对测验的态度，即是否隐瞒或防卫；另一方面可以修正临床量表的得分。

MMPI的10个临床量表代表10种人格特质，均以效标命名。

（1）疑病量表（hypochondriasis，Hs）：共33个题目，来自对自己身体功能异常关心的神经质患者。得分高者即使经证实没有器质性疾病，也总是有主观不适感，表现疑病倾向。量表Hs得分高的精神科患者，往往有疑病症、神经衰弱、抑郁等临床诊断。

（2）抑郁量表（depression，D）：共60个题目，来自过分悲伤、无望、思想及行动迟缓的患者。它与忧郁、淡漠、有关，最能表示受测者对生活状况的不满，分数太高可能会自杀。得分高者常被诊断为抑郁性神经症和抑郁症。

（3）癔症量表（hysteria，Hy）：共60个题目，来自经常无意识运用躯体化或心理症状来回避困难和责任且有歇斯底里反应的患者。得分高者多表现为依赖、天真、外露、幼稚及自我陶醉，并缺乏自知力，这与教育背景、社会地位等有关。评估用转换反应来对待压力或解决矛盾的倾向，例如觉得身体有火烧、刺痛、虫爬等异样感受。若是精神科患者，往往被诊断为癔症（转换性癔症）。

（4）精神病态量表（psychopathic deviate，Pd）：共50个题目，可反映被试者人格的偏离。得高分者往往漠视社会习俗和社会道德规范，热衷于各种反社会行为。在精神科的患者中，多诊断为人格障碍，包括反社会型人格和被动攻击型人格。

（5）男子气-女子气量表（masculinity-femininity，Mf）：共60个题目，来自于具有同性恋倾向的人群，主要反映性别色彩。高分数的男人表现敏感、爱美、被动等女性化倾向。高分的妇女具有粗鲁、好攻击、自信等男性化倾向，分数特别高时可能与同性恋有关。

（6）偏执量表（paranoia，Pa）：共40个题目，来自于偏执狂患者，高分的人往往具有敏感、多疑、敌意、夸大、妄想等人格特征。如标准T分超过70，并且合并F、Sc量表分数升高者，怀疑与偏执性精神分裂症有关。

笔记

（7）精神衰弱量表（psychasthenia，Pt）：共48个题目，高分者往往表现紧张、烦恼、焦虑、恐怖、内疚、自责乃至强迫症状。一个典型的神经症患者往往同时伴随Pt、D和Hs量表的得分升高。

（8）精神分裂症（schizophrenia，Sc）：共78个题目，来自于思维、情感和行为混乱、出现幻觉的精神分裂症患者，高分者常表现情感淡漠、行为退缩、少言寡语等极度孤僻的人格和怪异的生活方式。极高的分数（标准T分＞80）者可表现妄想、幻觉、人格解体等精神症状及行为异常。几乎所有的精神分裂症患者该量表得分都明显偏高。如果只有Sc量表高分而F量表T分没有升高，提示分裂型人格。

（9）轻躁狂（hypomania，Ma）：共46个题目，来自于过分亢奋、易激惹的躁狂症患者，得高分者常表现为精神亢奋、思维奔逸、行为冲动、情感高涨，精力非常旺盛。极高的分数者可能伴有妄想和紊乱情绪，量表Ma得分极高（标准T分＞90）可考虑为双相情感障碍的躁狂相。

（10）社会内向（social introversion，Si）：共70个题目，来自于对社会接触和社会责任有退缩回避倾向的人群。高分者表现不善言谈、胆怯退缩、过分拘谨、社交沉默。低分者则表现开朗健谈、情感丰富、善于社交、行为积极主动。

2. MMPI的计分及结果解释

（1）统计出各量表原始分后，其中Hs、Pd、Pt、Sc、Ma 5个量表的原始分数需要进一步校正，校正公式：Hs+0.5K，Pd+0.4K，Pt+0.1K，Sc+1.0K，Ma+0.2K。

（2）各量表的原始分需要进一步转化成标准T分，T分在60分以上（中国常模），便视为可能有病理性异常表现或某种心理偏离现象。

（3）将各量表T分数登记在剖析图上，各点相连即成为被试MMPI剖面图。

（4）把量表中的T分超过55分的最高分点，与其次高的分数点组成两点编码系统，参照有关两点分数解释标准，即可对受测者的人格做较为标准化的解释。

3. MMPI问卷的修订 MMPI由于编制的年代久远，有些题目已经过时，甚至有性别歧视类语言存在。20世纪80年代进行了修订。1989年美国明尼苏达大学出版社正式推出MMPI-2，目前MMPI-2是MMPI的唯一授权版本。张建新、宋维真等于1992年开始了中文MMPI-2的修订工作，中文MMPI-2相对于MMPI来说，有不少更新之处，具有更多的优势。其项目内容及中译文都作了相应变动，更符合当代人的实际生活和语言习惯。条目的内容范围很广，包括身体状况、精神状态及对家庭、婚姻、宗教、政治、法律、社会的态度。

修订后的MMPI-2总题目数为567个，其中与MMPI有394个条目完全相同，新增加了107个条目，重新编写了66个条目。MMPI-2除原来的10个临床量表和4个效度量表统称为基础量表外，又增加了4个效度量表、15个内容量表和6个附加量表。除了临床量表10（Si）和量表5（Mf）仍采用线性T分外，所有的临床量表以及新的内容量表T分数皆为一致性T分，从而消除了分数分布差异的影响，便于不同量表相互比较。除此之外，MMPI原版中有16道题是重复的，而MMPI-2版中没有重复项目。美国两个版本的临床分界值T分不同，由MMPI的70分调整为MMPI-2的65分，但中国两个版本的常模界值均为60分。

如果只是临床诊断的需要，MMPI-2前370题就包括所有的临床量表，后面的内容提供更详尽的信息为研究所需。

（二）加州心理问卷

1. 加州心理问卷简介 加州心理问卷（California Psychology Inventory，CPI）由加州大学教授Harrison Gough编制而成。该问卷约有一半题目直接来自MMPI，另一半反映了正常青少年和成人的人格，但与MMPI主要服务于临床诊断不同的是，它更强调正常人格的测评。CPI适用于13岁以上的正常人，由480个“是否型”的题目组成，分成18个量表，每

笔记

个量表得到原始分数后可以转换成标准 T 分数。CPI 有不同性别的常模，除了测查人格特征外，还可以预测被试未来的犯罪倾向、学业成绩和职业成就等。如果被试几乎所有的分数都超过平均标准分数线，则表明他可能在社交和智力两方面都发展都较好，反之则可能不太擅长社交。

CPI 的 18 个分量表都包含人际关系或社会适应的某一个重要方面内容，其中 3 个分量表兼有效度量表的作用，是用来测量参加测验的态度的。18 个分量表依据功能不同可以组合为 4 个量表群：

第一量表群侧重于人际关系适应能力的测评，包括：①支配性量表（dominance，Do）；②上进心量表（capacity for status，Sc）；③社交性量表（sociability，Sy）；④自在性量表（social presence，Sp）；⑤自尊性量表（self-acceptance，Sa）；⑥幸福感量表（sense of well-being，Wb）。

第二量表群侧重于社会化、成熟度、责任心及价值观的测验，包括：①责任心量表（responsibility，Re）；②社会化量表（socialization，So）；③自制力量表（self-control，Sc）；④容忍性量表（tolerance，To）；⑤好印象量表（good impression，Gi）；⑥从众性量表（communality，Cm）。

第三量表群测量智能效率和成就潜能，包括：①遵从成就量表（achievement via conformance，Ac）；②独立成就量表（achievement via independence，Ai）；③智力效率量表（intellectual efficiency，Ie）。

第四量表群测量个人的生活态度和倾向，包括：①心理敏感性量表（psychological-mindedness，Py）；②灵活性量表（flexibility，Fx）；③女性化量表（femininity，Fe）。

2. CPI 的施测及结果解释

（1）CPI 的施测和计分同 MMPI 相似，测验结束后将原始分转换为标准 T 分。

（2）将各个分量表的 T 分绘制成剖析图。

（3）通过 Gi、Wb、Cm 三个分量表的得分，判断测验结果的有效性。如果 Wb 分过低，怀疑被试可能夸大个人的忧愁或完全在作假；如果 Gi 分过高，可能有装好倾向；Cm 分过低，被试随便作答的可能性更大。

（4）关注整个剖析图的高度。如果所有分量表分数几乎都超过标准分均分（T 分为 50），提示受测者在社交和智力两方面均功能良好；如果大多数分都低于均分，提示受测者可能存在人际关系适应困难。

（5）比较不同量表群间的高度。如果第一量表群（从 Do 到 Wb）的得分高于第三量表群（Ac，Ai，Ie），说明受测者的社交技能发展的较好，而成就潜能和智能效率发展得较弱。

（6）注意得分最高和最低的两个分量表。最高和最低分量表中的人格特征词用来描述受测者的人格最有代表性。

（三）大学生人格问卷

1. 大学生人格问卷简介 大学生人格问卷（University Personality Inventory，UPI），又称大学生心理健康调查问卷，是 1966 年参加全日本大学保健管理协会的日本大学心理咨询员和精神科医生集体编制而成（Yamada，1975）。我国学者 20 世纪 90 年代开始从日本引入 UPI，目前应用较多的是中国心理卫生协会大学生心理咨询专业委员会组织修订的 UPI 中文版本。

UPI 主要以大学新生为对象，对于大学生中存在的各种心理问题具有较好的鉴别力。UPI 由三部分构成，第一部分是学生的基本情况，主要作为问卷分析时的参考资料。第二部分是问卷主体内容，共包括 60 个问题，其中第 5、20、35、50 共计 4 个问题是测谎题，不参与计分，反映问卷内容的真实性；其余 56 个问题从不同角度反映学生存在的各种困扰、迷茫、焦虑、紧张、人际敏感、矛盾冲突等身心症状，其中第 8、16、25、26 共计 4 个问题是关键

笔记

问题。第三部分是4个附加题，主要了解被试对自身身心健康状态的总评价，对心理咨询的要求以及过去是否曾接受过心理咨询治疗等。完成整个UPI的时间大约15分钟，简便易行，适用于团体施测。

2. UPI的计分与解释 UPI采用是非式选择，肯定选择的题记1分，否定选择的题记0分，4个测谎题和4个附加题不计入总分。所以，UPI总分最高为56分，最低为0分，得分越高表示身心健康状况越差。UPI的筛选标准主要是通过总分、关键题目和附加题三部分结果来确定，根据筛选标准可将被试分为三类心理健康等级者。UPI的筛选标准视研究需要和使用者的具体情况而定，国内高校目前常用的具体筛选标准如下：

A类：可能有严重心理问题，需重点关注和尽快干预。筛选标准为满足下列条件之一：①问卷总分≥ 25分；②第25题（我有时想死）做肯定选择；③附加题中至少有两题做肯定选择；④明确提出咨询要求且属于心理问题。A类被试不仅有心理问题，同时伴随有各种生理反应，明显影响到正常的学习和生活，所以需要持续的咨询和干预，直至问题解决。

B类：可能有一般心理问题者，应引起日后关注。筛选标准为满足下列条件之一：①问卷总分介于20~24分；②第8题（自己的过去和家庭是不幸的）、16题（经常失眠）和26题（对任何事都提不起兴趣）中有一题做肯定选择；附加题中只有一题做肯定选择。B类被试虽有各种不同程度的心理问题，但生理症状一般不是很明显，仍能维持正常的学习和生活，对他们的及早介入可有效提高其学习和生活质量。

C类：心理健康良好者，不属于A类和B类的被试皆为心理健康良好者。C类被试通常表现出对将来的迷茫和担忧，对他们进行较早的职业生涯规划等心理咨询可能起到有效的预防作用。

3. UPI的应用与评价 UPI由于简便易行、信息丰富，筛选效果理想，在日本和国内高校得到了广泛的应用。在某种程度上而言，UPI是一个经验性量表而非标准化问卷，因为UPI从问卷的编制、条目的制定、记分等级和筛查标准的确立，都缺乏严格的标准化。但是这并不影响它的初筛价值，UPI筛选A类心理问题学生假阳性人数略高于90项症状自评量表（Symptom Check List-90），最终诊断结果需结合面谈。最近，日本有学者认为UPI对神经症有较好的鉴别率，并将问卷分为抑郁、情绪不稳定、偏执、人际交往障碍、过于敏感和躯体化症状六个因子，但是验证性因子分析结果并不理想。

二、理论构架法人格问卷

（一）Edwards个人偏好量表

Edwards个人偏好量表（Edwards Personal Preference Schedule，EPPS）是美国心理学家Edwards于1953年编制的。它以Murray的人类需要理论作为编制的理论基础，主要测量个体在15种不同的心理需要上的反应倾向。全量表包括225个题目（其中有15个重复题目，用以检查反应的一致性），每题包括两个第一人称的陈述句，要求被试按自己的个人偏好从二者中选择其一。最后统计代表15种需求的15个分量表的分数，绘制成剖析图，即可对个人的心理倾向有个概括的了解。EPPS作为心理咨询的工具，在就业指导和人事选拔中得到广泛的应用。EPPS的15种需求分别为成就、顺从、秩序、表现、自主、亲和、省察、求助、支配、谦逊、慈善、变异、坚毅、性爱和攻击。

（二）Myers-Briggs类型测验

1. Myers-Briggs类型测验简介 Myers-Briggs类型测验（Myers-Briggs Type Indicator，MBTI）是一种迫选型、自我报告式的人格评估工具。MBTI是由美国心理学家Katherine Briggs和她的女儿Isabel Myers于20世纪50年代编制，经历了多次修订和标准化，目前已成为企业招聘时应用最广泛的人才测评工具和个人职业生涯规划的必备工具（Katz et al.,

笔记

1999)。此外,MBTI 还被应用于组织管理(Karn et al., 2007)、教育教学(Moore, 2004)、人际交往(Fisher et al., 1998)和家庭治疗(Eddleston, Kellermanns, 2007)等领域。

MBTI 测验共有 93 道题,分为三部分。第一部分共 26 道题,第二部分 47 道题,第三部分 20 道题。其中第一部分和第三部分,每题会给出两个陈述,要求被试从中选择最符合自身情况、最接近自己感受和行为的;第二部分每题给出一对词组或短语,让被试从中选择自己最喜欢的一个。全程测验大约需要 20 分钟可以完成。

2. MBTI 的理论基础 MBTI 的理论基础是 Jung 的心理类型理论。Jung 认为,人的精神态度可以分为两种,内向和外向,前者指向个人内心世界,后者指向外部环境事物。同时,Jung 还提出人的思想功能可以分为感觉、直觉、思维和情感四种,感觉与直觉相对立,同属非理性范畴;思维与情感相对立,同属理性范畴。Briggs 后期又引入了判断 - 感知维度(judging–perceiving),所以,MBTI 实际上共包含四个大维度,每个维度下又分别包含两个对立的因素。

(1)维度一:我们理解世界,获取信息的方式,包括感觉型与直觉型两个对立因素。

(2)维度二:我们制定决策的方式,包括思维型和情感型两个对立因素。

(3)维度三:我们的精神态度指向,包括外向型和内向型两个对立因素。

(4)维度四:朝向外部世界的态度,包括判断型和知觉型两个对立因素。

根据 MBTI 的四个大维度、八个小因素,可以组合形成 16 种动态人格类型。它们不仅可以揭示人格特征上的各种正常的变化,而且从不同角度全面了解个体的心理健康层面,及时发现情绪和心理上的问题。但十六种动态人格类型并不是被直接测量的,该量表使用起来较其他人格问卷都要复杂得多,只有对该理论有足够的了解,非常熟悉四个维度是如何动态地交互作用的假设知识后,才能正确地应用并科学地解释结果。

国外大量的文献评价了 MBIT 的信度、效度和有效性。研究者一般认为它是有效而可靠的测量工具。然而,也有一些研究者质疑它的维度是否真正是"极"的概念;有的学者认为 MBTI 的题目有问题,表面效度太高,容易作伪等。在中国,对于该量表及其理论的引进和研究工作刚刚开始,不论是在理论研究还是实践应用方面都没有积累足够的数据和经验。因此,如何检验其中文版本的实际效度,是研究者和应用者首先要面对的问题。并且,在尚未掌握 MBTI 的理论基础、未能验证它的跨文化版本效度时,就盲目将其作为时髦心理测验工具用于商业领域,容易在解释和应用上造成混乱。

(杭荣华)

第四节　投射测验与人格测评

投射测验(projective test)是心理学的一类人格测试方法,所谓投射(project),是指个体把自己的思想、态度、情绪、动机、兴趣、愿望等人格特点无意识地反映于外界刺激的心理倾向。使用投射测验时,研究者呈现给受試者一种模棱两可的刺激,让受测者在不受限制的情境下,自然做出反应,通过对反应结果的分析来推断受试者的人格。此类测验的共同特点:测验材料无结构;测查方法是间接的,受试者不知测查目的;回答自由;按多个变量对回答作解释。投射测验有联想法、构造法、完成法、表露法等多种形式。

一、联想法投射测验——Rorschach 墨迹测验

Rorschach 墨迹测验是使用最广泛的投射测验之一。该测验是由瑞士精神科医生 Hermann Rorschach 1921 年在临床上最早使用,用来探讨反应与人格的关系的。Rorschach 在创立该测验的第二年即去世,后继者在他最初工作的基础上继续研究,各自发展了自己

笔记

独特的 Rorschach 测验系统。这些系统（或派别）主要有 Beck 系统、Klopfer 系统、Piotrouski 系统、Hertz 系统和 Ra-paport 系统 2。这五大系统除使用共同的刺激物——10 张瑞士标准墨迹图版，保留了 Rorschach 最初的基本记分方法外，其余在测验的实施、记分、解释上都不同，使得不同的研究者得出不同的结论，造成了测验使用上的混乱。为解决 RIT 存在的问题，Exner（1968）成立了 Rorschach 基金会（后改为 Rorschach 工作组），开始了临床和实验研究，并在 1974 年创立综合系统（comprehensive system）。

（一）理论基础

RIT 的原理与精神分析无意识理论密切相关。另外，Rorschach 测验还与刺激反应理论和知觉理论相关。刺激反应理论认为人类的复杂行为可以被分解为两部分：刺激、反应。人的行为是受到刺激的反应。个体不是被动地接收外界的各项刺激，而是主动地、有选择地给外界的刺激加上某种意义，之后再表现出适当的反应。知觉理论则认为一个人的反应虽然也取决于刺激和情境，但他当时的心理状态、已有的经验、对未来的期望也对反应发生很大的作用。

（二）测验材料

RIT 由十张墨迹图构成。在这十张图片中，有五张是黑白的（1、4、5、6、7），各张的墨色深浅不一；另有两张是黑白和鲜红的（2、3）；其余的三张是淡彩色的（8、9、10）。每张图片中的墨迹都是形状对称的。图 8-1 便是其中几张。

图 8-1　Rorschach 墨迹图举例

（三）施测过程

施测在宽松、自由的气氛及安静采光很好的房间中进行，测查的时间大约 45 ~ 55 分钟，分以下四个阶段进行。

1. **自由联想阶段**　测验开始时主试将图片按顺序逐次地展示给被试，并要求被试说出该墨迹看起来像什么，或它使被试想起了什么。被试的回答没有时间限制。除了指导语以外，主试在自由联想阶段不做过多的语言解释，避免采用诱导性的提问。主试的任务是把被试回答的所有内容都完整地记录下来，包括被试从看到图片到开始作答的反应时间，各反应之间较长的停顿时间，以及每张图片的全部反应所需的总时间，作答期间所伴随的情绪表现，肢体动作以及其他的附带的行为。

2. **提问阶段**　看完 10 张图片后，主试按照原先的次序将图片再次交给被试，并要求被试解释如何形成第一阶段的反应。例如是对整体还是局部做出的反应？如果是局部又是哪

笔记

个部位等等？对该部位的形态还是色彩做出的反应？主试在询问时不能使用诱导性的问题，以保证客观性。

3. **类比阶段** 在这个阶段主要确认被试作出某个反应的决定因子是什么。这个决定因子是否也用于其他反应？被试是否会明确承认使用了某个决定因子等。是对第二阶段没完全明白的问题的补充。

4. **极限测试** 有时还需要继续进行第四阶段的极限测试，尤其当被试对某一图片的回答与一般人的反应有明显差异时，主试对其反应及决定因子存在疑问，想进一步确认被试究竟能否使用某个决定因子，究竟能否看到某个画面，特别是对前面几个阶段反应内容贫乏的被试很有必要。

(四)评分与解释

1. **反应部位** 引发被试联想的部位。整体部位(whole)：对墨迹图的整体或接近整体做出反应。整体部位答案数量过多，反映被试期望值过高或有过分概括的倾向；整体部位反应情况过少或无，可能是被试缺乏综合能力的表现。

大局部(district)：对墨迹图明显被空白、色彩等隔开的一大部分做出反应。大局部答案次数多可能表明被试有良好的常识。

小局部(district)：对墨迹图明显被空白、色彩等隔开的一小部分做出反应。

异常部分(unusual detail)：对墨迹图极不起眼的一部分或以不同一般方式分割的一部分进行反应。异常部分次数过频，是思维刻板的表现，或不遵从常规习俗的反映。

空白部分(space)同常人思维不同，将墨迹图作为背景，而将空白作为刺激对象做出反应。

2. **决定因素** 被试以墨迹图中的哪些内容作为反应的依据。

形状(form, F)：被试对墨迹图的形状做出的反应。根据被试的知觉形状与实际墨迹形状相似程度可以分为F^+、F、F^-三类，最常见的形状反应是F；知觉形状少见但是很清楚并与实际墨迹图像相符的称为F^+，知觉形状与实际墨迹图像不符的极差反应为F^-。F^+通常被认为具有现实思维，而F^-则是思维混乱的反映。

色彩(colour, C)：被试做出的反应决定于墨迹图的色彩。C反应多为人格外向、情绪不够稳定的表现。正常人中纯粹的C反应不多见，往往与形状反应F相伴随。

运动(movement, M)：被试把静态的墨迹画面知觉成运动的物体，看到人或物在运动，往往是想象力和移情的反映，用M表示。M同时也是内向性的符号，M出现少反映被试人际关系差，M出现多意味着被试情感丰富。

阴影(shading-texture, T)：被试做出的反应由墨迹的阴影决定，T被认为是一种反映焦虑不安的指标。

3. **反应内容及意义** 被试知觉到的具体内容所代表的意义。

主要有以下反应内容：人(human, H)、动物(animal, A)、解剖(anatomy, At)、性(sex)、自然(natrue, Na)、物体(object, Obj)、血液(blood, Bl)、火(Fire)、建筑物(architecture, Arch)等24类。一般3～4个H是适量，太少是缺乏对他人的理解，没有则是缺乏温暖的人际关系，一般智商高者H较多。正常人的A在25%～40%，焦虑者偏高，轻躁狂者则低于10%。所以A过高和过低都是社会成熟有问题的指标。Bl表示与不安定的色彩反应有关，Fire往往反映内心被压抑或控制的情感反应，Arch则代表身体或业绩。

4. **反应的独创性** 指被试回答的内容是多数人常有的还是特殊的。

从众性(popularity)：表示多数人共有的反应。Rorschach认为，一般被试中有1/3的人对同一墨迹图作出同样的反应为从众。

特殊性(originality)：与众不同的反应。Rorschach认为，在一百次反应中只出现一次的，可视为独创。独创性反应可能是创造性思维，也可能是病态思维的结果。

笔记

以上是对计分维度的介绍。RIT 结果需要综合所有评分作整体的评价，而不能仅仅考虑某一维度的得分。同时，不同的系统使用不同的评分细则，综合系统要像标准测验那样综合一些指标，对照常模进行解释。

二、构造法投射测验

（一）主题统觉测验

1. 概述 主题统觉测验是一种借助被试的想象活动来研究个体潜在人格结构和人格内容的投射测验技术，由 Murray 与 Morgan 等于 1935 年编制而成。联想法投射测验，如 RIT 和 Holtzman 墨迹测验更多关注稳定的人格结构，而 TAT 更关注"此时此地"的心理活动。TAT 的理论基础是 Murray 的"需要 - 压力"理论。Murray 认为人有 27 种心理需要，需要和压力共同决定人类复杂的心理行为。需要与压力相互平衡，则表现为完整的人格；如果需要和压力不平衡并发生冲突，则出现人格异常倾向。同时，Murray 发现人们在解释一种模糊的情境时，总是倾向于将这种解释与自己过去的经历和目前的愿望相一致，不自觉地将个人内心的欲望、冲突、压力等穿插在自己的反应内容中。因此，他创造和选择了经典的 30 张黑白图片作为测验材料，并编制了相应的操作手册，从而形成完整、规范的 TAT（示例如图 8-2）。现在使用的 TAT 是经 Murray 修订过的第 3 版，全套测验材料由 30 张图片和 1 张空白卡片组成，图片内容多为人物，也有部分景物，都是含义隐晦的情景。根据被试的年龄和性别可以把图片组合为四套，分别用于 14 岁以上男子（male）和女子（female）组以及 14 岁以下的男孩（boy）和女孩（girl）组。每套包括图片 20 张（必须包含空白卡），分两个系列进行测验，所以每个系列实际上只用 10 张图片。

图 8-2 主题统觉测验中的一幅典型图片

施测时每次给予被试者一张图片，让其根据图片内容编制一个 300 字左右的故事，说明图片中发生了什么事情？事情发生的可能原因是什么？发挥想象，猜猜事情发展下去可能的结局是什么？以及在整个事情先后发生全程中，主人公的情感、态度和内心感受等发生了哪些变化。对空白的卡片，要求被试面对着空白的卡片先在内心勾勒出一幅图画，然后根据内心图画编制一个故事，要求故事越生动、越戏剧化越好，时间大约为 5 分钟。第一次系列图片一般需要 1 小时，第二次系列图片比第一次系列图片设计得更为独特，时间也更为宽松，大约为 1 天。两次测验间至少间隔 1 天。测验的环境要安静、舒适，主试要制造出轻松、友好的氛围，使被试充分发挥自己的想象力。期间，主试要给被试一些恰当的鼓励和赞许，并要注意被试在测验时的行为反应。测验完毕，主试要及时和被试进行谈话，以求深入了解和澄清故事的内容。测验可个别进行，也可团体施测。

2. 结果解释 关于 TAT 的分析，必须同时考虑内容分析、形式分析和症状分析，但其中最重要的是有关内容的分析，尤其以 Murrary 的"欲求—压力"分析为代表。结果分析大致表现为以下几个方面：

（1）主题分析：对 TAT 中的一个个故事，要明确其主题，详细记述中心主题和内容，分析被试最主要的问题是环境、人际还是自身方面的？然后分析故事中是否有言语异常和语句文理方面的紊乱，有时还要进一步分析故事的次要主题。

（2）主人公分析：故事中的主人公往往就代表被试自己，尤其是被试情感色彩强烈的动

笔记

机被投射的时候，故事中主人公所表现出的情况就是被试者人格的真实面目。例如主人公如果是个隐士，说明被试可能有逃避、退缩心理，主人公如果是个领导，说明被试可能有支配欲望。

(3)主人公的环境压力分析：分析故事中主人公具有什么样的欲求，故事情节中哪些人物、哪些环境对其影响最大？根据影响程度不同，可分为五级压力。

(4)主人公的情感动机：故事中主人公的情绪体验如成功、失败、羞辱、焦虑等往往代表被试自己的心境。主人公的行为方式，特别是异常行为持续的时间、重复的次数等都可以用一个五级量表给分。

(5)故事的结局分析：故事的结局反映主人公自身力量与环境力量抗衡的结果。其中包括：完全的成功、一般的成功、从困境中解脱；或平凡的结局、轻微的失败，甚至是彻底的绝望。不同的结果昭示着是“需要统治压力”还是“压力统治需要”。

(6)兴趣与情操：同样一个人物图片，有的被试描述为一个善良的人，有的被试将其描述为一个阴险邪恶的人。

3. 评价　作为一种经典的投射测验，TAT 具有投射测验的天然优势。它较少地依赖被试的自我知觉能力，以“讲故事”的方式直接展现被试内心真实的想法，反映被试的思维、情感和行为特征；它关注人格的整体评估，是测量人格的深层结构或无意识的有效工具；它不受文化背景的影响，具有文化公平性，可以在跨文化研究中广泛应用；它经济实用，花费时间较少等等。同时，与其他投射测验相比，它又具有自己独特的优点。与 RIT 相比，TAT 结构性更强，更加简洁，更易于操作。但还是需要经过专业训练的人员才能操作。与大部分投射测验一样，TAT 测验缺乏充分的常模资料，操作者不易对测验结果做出解释。TAT 作为评估动机水平的投射测验，还可以用来评估内隐动机，可以预测动机的长远结果。

(二)童话故事测验

1. 概述　童话故事测验(The Fairy Tale Test，FTT)是由希腊心理学家 Carina Coulacoglou 在 1992 年编制，理论基础是心理动力学和发展心理学，优点在于可以进行客观评分和信效度的检验，可以建立常模。FTT 主要用于 7 到 12 岁儿童，不仅提供儿童人格特质的信息，而且提供人格特质间互相关系的信息。由于 FTT 在正常儿童的大样本基础上进行了标准化，它还能评估儿童心理发展变化，以及环境对儿童的影响。FTT 使用图片作为刺激材料。它由七套(21 张)卡片组成，包括 5 个童话人物(小红帽、大灰狼、小矮人、女巫、巨人)和两个童话场景(小红帽故事场景和白雪公主故事场景)。测验中的人物来自一个或多个童话故事。故事中的思想、情感并非一目了然。儿童通过指认卡片刺激，而将自己的思想、情感和冲突投射出来。每个童话人物有三张图片，目的在于预防儿童最初检测时的不安。采用对比的方式，在 3 张图片中通过比较而投射他们的思想。FTT 共考察 25 个人格变量，包括：矛盾心理，物质欲望，对卓越感的追求，支配攻击，财产拥有感，报复攻击，防御攻击，嫉妒攻击，A 类攻击行为，恐惧攻击，口头攻击，口腔需求，助人欲望，归属需求，焦虑，抑郁，情感需求，与母亲的关系，故事内容一致性，自尊，重复回答，道德，被保护的需要，性关注，怪异回答(Coulacoglou，2001)。

2. 施测和评分原则　FTT 使用范围限于：①儿童诊断评价；②教育和训练学生；③研究工具。完成全部卡片约需 45 分钟，以不超过 1 小时最恰当。FTT 施测之前，儿童必须熟悉童话故事，如果不熟悉，可安排回家阅读，过一两个星期再来测验。在测验开始时，主试要与儿童建立融洽的关系，最好让孩子把故事进行简单的叙述。测验期间儿童的非言语行为和任何躯体动作都需注意，对胆小、退缩的孩子要给予鼓励。在进行测验时，必须注意提问要符合儿童的年龄发展阶段的理解力，要确保儿童完全了解测验者的意思，把儿童的回答完整记录在相应的记录表里以便分析。

笔记

定量解析：测验者一定要先把儿童的回答全部看过一遍后，再来给各种变量评分。重要的是搞清楚孩子认同哪个童话人物，这才能保证评分的正确。很多答案内容反映出不止一个人格变量，就需要在不同的人格变量下记分；在一个答案中，如果一个变量被提到不止一次（不同词语表达相同的意思），只需给一个评分。测验者用这种方法逐个进行评估，赋予分数。将各个变量上的原始分数转换成标准化T分数，以便比较FTT测验中的人格变量，并纠正量表分布的偏态。

定性解析：定性解析通常要比定量解析丰富，因为它能分析那些不能量化的内容。当然，这种分析含有一定主观性，测验者的理论背景和临床经验会对解析产生影响。定性解析还包括对测验期间被试者行为表现的观察。儿童对FTT测验的反应可能受到许多外部因素的影响，如情绪的波动，新近生活事件及测验者的人格。测验者需要仔细观察和具备丰富的经验。

3. **对FTT的评价**　当前，用于人格评估的测验大多是自陈式问卷，如MMPI、16PF、EPQ等，这些心理测验容易受到受测者的社会赞许性的影响；另外，大部分的测验采用言语测验的方式，不太适用于儿童，特别是低龄的儿童。FTT的出现一方面填补了儿童人格测验的空白，一方面也在结果中加入定量分析，从而可以进行客观的评分，进行信、效度的检验。作为儿童人格测验，FTT的可操作性很强，在国外已经被越来越多的使用。法国心理学家Tychey和Claude（1993）用童话故事测验对早期母子关系被剥夺的青少年进行了人格分析，指出该测验具有很高的临床应用价值。FTT可以评估成长过程与环境对儿童人格的影响，适合作为一种人格的跨文化研究工具。

三、其他投射测验

除以上经典的投射测验方法外，常用的投射测验还包括完成法投射测验和表露法投射测验。完成法投射测验包括语句完成测验和逆境对话测验（挫折图片研究）。语句完成测验是一种半投射测验，往往先给出句子的主干，然后由被试补充，依据被试的反应内容来推断被试的情感、态度以及内心冲突等的人格特征。这种测试起源于德国，最初用于测查儿童的智力，后来美国使用这种方法来测查人格，广泛地运用于临床，可施测于个人，也可施测于团体。逆境对话测验也是一种半投射测验，原名挫折图片研究，是由Saul Rosenzweig根据他的挫折理论和攻击理论于1941年编制而成。Rosenzweig认为，个体在遭遇挫折情境时，会将其人格特征投射到挫折应对活动中，不同的应对挫折风格决定于其人格特点。

表露法投射测验包括画人测验和画树测验。画人测验的基本假设是：绘画本身是一个自我表露的活动，画面上所表达出的人物像，基本上反映的是绘画者的自我现实像，包括他们在心理上和躯体上的各种信息。一些研究表明树木意向测试具有一定的信效度，可以有效地反映个体的心理状态，敏锐地反映出个体与当前环境交互作用的变化情况，也可以有效地区分特殊群体与正常成年人群体。

第五节　其他人格测评工具

除了前面介绍的人格测评工具外，研究者还常常使用其他测评工具，如评定量表、访谈工具以及情境测验。

一、评定量表

评定量表（rating scale）是由评定者通过观察和记录，给被试情绪、行为或其他人格特质评定不同等级分数的标准化程序。评定量表的理论假设是人格可以通过行为举止表现

笔记

出来，并通过观察来进行评估。和投射法比较，它有事先规定的条目内容限制，所以比较客观；和自陈问卷比较，测评结果不同程度地受到主试个人观察水平等影响。临床上评定量表的应用较多，人格测评常见的评定量表有勒氏内外向评定量表、猜人测验等。数字量表、图标评定、标准评定量表、强迫选择评定。

但对于临床工作人员而言，常用的人格测评工具一方面显得过于庞杂，另一方面不能提供详尽的诊断标准。实际上，临床上更需要操作方便、客观标准、翔实可靠的诊断类（界定类）测评工具。目前，对临床精神病患者进行不同病态人格测评用的方法除自评工具外，还包括各种访谈工具。

二、访谈工具

（一）精神障碍诊断与统计手册 - 第五版（DSM-5）

精神障碍诊断与统计手册 - 第五版（The Diagnostic and Statistical Manual of Mental Disorders，DSM-5）由美国精神病医学学会编著，由美国精神医学出版社于 2013 年出版，中文版由张道龙等翻译，是临床诊断类测评工具。该手册第二部分的人格障碍的诊断标准和编码中，较以往 DSM- Ⅳ的诊断标准，增加了其他人格障碍的诊断，包括其他躯体疾病所致的人格改变及其他特定的人格障碍的两个诊断。而手册的第三部分：新出现的量表及模式中，创新性地加入了人格障碍诊断模式，即将人格障碍的类别、病态人格的特征与人格功能的损害程度结合，并将人格障碍诊断的评估加入量化指标，来判断诊断符合的程度：

（1）从自体及人际两方面判断有无人格功能损害及损害的程度：从人格功能健康（healthy functioning，Level = 0）到极度损害（extreme impairment，Level = 4），共分为五级。

（2）判断与人格障碍类型符合的程度：由非常符合（very good match，Level = 5）到不符合（no match，Level = 1）分为五级。

（3）人格特征方面：能详尽描述（extremely descriptive，Level = 3）到甚少（very little or not at all descriptive，Level = 0）分为四级。

这个创新性的诊断模式，主要应用于临床研究，目前争论较多。Leising 和 Zimmerman（2011）认为目前的人格特质方面缺乏实证支持，对临床来说，目前的诊断评估模式复杂难用，而且较少的研究支持其创新。DSM- Ⅳ的人格障碍工作小组主席 Gunderson（2013）认为新的诊断模式采用层面观念来替代以往多元的记分系统，对已知的正常人格结构的整合具有前瞻性。但他也认为对人格障碍症从自体与人际两方面进行定义缺乏实证，太过激进，目前的诊断模式缺乏系统性的比较研究。

（二）国际人格障碍检查

国际人格障碍检查（International Personality Disorder Examination）是评定人格障碍常用的一个半定式访谈工具，由 Loranger 等（1995）修订而成，WHO 将其作为评估人格障碍的标准化工具，并开发了相配套的计算机软件。该访谈工具共有 157 道题，均采用三级评分，“0”表示不存在相应症状，“1”表示存在所述症状但不能肯定其临床意义，“2”表示明显存在有临床诊断意义的症状。评定结果可将个体分为“肯定人格障碍”、“可能人格障碍”、“没有人格障碍”三种类型。凡是欲被诊断为“肯定人格障碍”者，要求必须在 25 岁前至少符合人格障碍诊断标准之一，而且某种规定行为或人格特质至少持续 5 年以上，人格障碍的诊断才能成立。凡符合三条以上标准，就可诊断为 ICD-10 中的人格障碍，而对 DSM- Ⅲ -R 诊断系统而言，至少符合 4~5 条标准，并且至少有一个条目大于 1 分，诊断才能成立。如果某个体 1 分（包括 1 分）以上的条目超过 10 个，且有一个条目分为 2 分，同时又不能诊断为其他人格障碍时，视为其他类型人格障碍。

笔记

（三）精神病态检查表-修订版（PCL-R）

精神病态检查表-修订版（Hare Psychopathy Checklist-Revised，PCL-R）是Hare（1970）编制的一套病态人格特质工具，可以测评20种精神病态人格特质。PCL-R的所有条目都采用三级评分，被试不符所列情况给0分，非常符合所给情况记2分，介于二者之间为1分。相关研究发现，PCL-R为2分的被试被诊断为DSM反社会型人格障碍的可能性较大。虽然PCL-R在临床和司法领域的应用价值已得到认可，但由于其费用太高，推广使用受到限制。为此，Hare等人又编制了一个只包含12个题目的筛选工具精神病态检查表：筛选版（Hare Psychopathy Checklist：Screening Version），该修订工具的信、效度都较令人满意。

三、人格的情境测验

情境测验（situational test）指测评者设置一定的情境和标准，并观察被测评者在该情境中的反应，根据事先规定的标准对被测评者做出评价的方法。情境测验的种类很多，表现形式可以是各种各样的，有团体讨论的情境，学习成绩考试评分的情境，游戏的情境，两难道德情境等。若按所要测验的目标说，有各种社会特定情境，可以是自然生活情境，如学生上课的课堂；也可以是人为实验情境，如无领导小组讨论。该方法常用于教育及军事等领域或特殊人才的选拔，属于行为观察法的一种。常见的情境测验包括品格教育测验、情境压力测验和角色扮演。

（一）品格教育测验

品格教育测验（character education test）：美国心理学家Hartshorne及May于1928—1930年为研究儿童的品德性质与发展而设计的一套心理测量工具，简称CET。一种是普通测验，如词汇、填词造句或算术推理之类，这种测验先在课堂上施行，测验卷当场收回，然后将每份答卷复制下来，在下一次上课时再把卷子发还给学生，让他们按标准答案自己评分，将自己评分的答卷和原来答卷的复制本相比较，就可以发现儿童在自己评分时做了哪些改动。另一种诚实测验则以由多种特制材料组成，包括情境曲线迷、周迷、方迷三种测验。例如在“周迷”的测验中，要求儿童闭着双眼，分别在不规则排列的10个小圆圈中画上一个符号。通过控制性的实验测定，如果排除偷看的话，3次试验准确画中的圆圈数不可能超过13个（分）。分数高于13的就可以作为偷看的证据。

（二）情境压力测验

情境压力测验（situational stress test）：无领袖团体情境是这种测验的典型情境。通过特别设置一种情境，使被试产生并面临压力，然后由主试观察，记录被试是如何应付的，从而了解他的人格特质。具体做法是，在情境中安排几个互相不认识的人，给他们一项任务，这项任务必须由他们来合力完成，如果在规定时间内没有顺利完成，那么每个人都会受到惩罚。被试在这种压力情境下，可能会有某个人主动站出来带领大家完成任务，并得到其他人的支持与合作。由此可知道，某人可能具有领袖特质。主要用来甄选做特定工作的人员，如军事领导、社会工作人员、经理人选等。

情境测验的优点是通过被试在实际情境中所表现的行为来推断其人格特征，测验的生态效度较高，更接近真实生活，同时在多数情况下被试并不知道测量的真实目的，甚至不知道在接受测验，不大可能作假。但是它也存在局限。首先，成本太高。其次，情境测验只是测到某种特定情境下的某种人格特质，结果并不代表在其他情境中也具备这种特质，而且与情境无关的其他特质并没有被测评到。因此，很难通过一种特定的情境评估出普遍的人格特质。再次，情境测验还存在以下问题：不能评价个体潜能，对人际能力的测评不准，被试人格对测评影响较大。

笔记

第六节　人格测评的进展与未来

一、人格测评的进展

（一）人格测评理论研究

目前人格测评主要包括五个方面的理论模式：精神动力学理论模式（意识和无意识心理冲突）；人际互动理论模式（个体与他人互动的规律）；个人生活史分析理论；多重比较分析理论（个体与标准人格特质测量之间的相对比较）和传统经验理论模式与传统的精神损害种类建立经验性的相关）（Wiggins，2003）。各种理论模式之间存在复杂而细微的区别，每一种模式的产生都受到特定历史背景的影响。

人格的评估及测量技术必须具有信度和效度。被试的性别、种族认同和文化背景以及施测者的态度和信念也会影响人格测评的结果。在临床人格测评时，最常见的三个测量问题是装好、诈病和疾病判别功能（Samuel et al.，2009）。在自陈式量表中，被试自己报告在不同情境中的行为及感受，测试分数不受个人和理论的影响，自陈量表相对而言是客观的，应用较多。但是，自陈量表存在对情绪、思维或人际关系行为等回顾性偏差，加之自陈量表较高的表面效度容易产生装好或装坏倾向。因此，自我报告人格问卷结果的有效性常受到质疑。虽然加入测谎量表，也无法完全杜绝在自陈量表的趋同应答、极端应答等偏差。另外，Shweder 和 Andrade（1979）认为自陈量表测量的是一种观念而不是一种真实行为，人格问卷测量的特质只能作为人与人互相知觉评判的标准，其准确性值得商榷。知觉评判更可能是观念内容而非实际特质。同时，他们研究了人格问卷评价、观念联想评价之间普遍有 0.65~0.90 的高相关，两者与现场实际观察数据间的一致性均低，证实最初的猜测。因此，有些心理学家倾向于采用生态瞬时测量、记日记形式、自我监测方法等，来获取被试每天的动态行为经历（Hunsley，2009）。

虽然投射测验的信度与效度历来遭受许多批评，但由于投射测验的表面效度低，被试不易伪装，测评的人格特质更为真实。近年来许多实证研究表明，关于 Rorschach 法的十多个成功的测量程序，如 Exner 的 Comprehensive System 等，信效度均令人满意，其中一些和人格的客观测验一样好，甚至更好。Mihura（2013）等认为，通常心理学家认为自陈人格测验在信效度方面好，meta 分析发现，投射技术如 Rorschach 墨迹测验综合系统具有好的效度。自陈人格测验在预测短期行为时比较有效，而投射测验技术在预测个体的长期行为时可能更加可靠。

为了提高研究效度，不同研究者一直在不断地努力，力求最真实地测量被试的人格。Goffin 和 Boyd（2009）曾提出一种“作伪综合测评模型”，专门用于企业人格评估领域。根据模型参数，他们可以非常清楚地呈现出个体的作伪能力和作伪动机。另外，Bolt 等（2008）提出在编制问卷时，采用多维反应理论模式，既可以反映个体的答题风格，又可以避免对个体某些潜在人格特点带来误差。Tarnanas 等（2009）认为采用人格评定的相对得分而非绝对得分，可以一定程度地提高效度，具体可以通过设立对照、迫选法和等级评定法来实施。LaHuis（2009）试图采用多重 logistic 回归分析人格评估中个体作伪情况，例如用回归方程的斜率来代表项目难度，一般随着项目难度的增加回归斜率会逐渐下降。如果某被试回归斜率的下降幅度明显减少，则作伪的可疑性较大。有鉴于存在的效度缺陷，Morey（2007）再次修订了 1991 年初次编制的人格评估问卷（The Personality Assessment Inventory）。该问卷最大的特点是它能够探查出被试是否对其自身的精神病理性症状有夸大倾向，所以在临床

笔记

领域和司法领域受到极大的欢迎。例如真正的精神病患者一般不仅在精神病症方面得分偏高，而且多表现出期望得到治疗；而一个伪装的精神病患者往往只有症状得分偏高，而对治疗不感兴趣（Samuel et al., 2009）。Hopwood 等研究发现人格评估问卷与 DSM-5 的第三部分的病态人格特质有较广泛的一致性（Hopwood, 2013）。

（二）人格测评工具研究

MMPI 一直被使用及修订。但 Monnot 等（2009）认为，修订后的 MMPI-2 被发现存在种族偏见，而消除种族偏见最好的方法是增加标准化样本含量和代表性。因此，建议在临床分类和诊断判定中要谨慎对待。另外由于 MMPI 兼测正常、障碍人格，未来可能为更加专门化的正常或障碍人格测量工具所替代。最近对 MMPI-2 修订版的可行性及实用性的研究认为，MMPI-2 修订版可以用于临床的内科患者、公共安全岗位的志愿者的神经心理评估（Tarescavage et al., 2017）。

20 世纪以来，RIT 一直被认为是一种投射工具。对许多心理医生而言，RIT 所提供的丰富的个人信息，是其他许多人格测评工具无法替代的。但是，最近 RIT 的一些支持者对这个假设提出质疑。虽然投射在其中起到了重要的作用，但并不完全是投射在其中发挥主要的作用，因此在内容提问上还需增加许多明确的针对性。更主要的是近几年来，美国人格测评杂志已拒绝使用“投射”这个术语，而代之为“基于行为表现的人格测评（performance-based personality test）”。这一改变有助于参数的解释，但也涉及与能力的混淆辨别，因为许多能力的测试也是基于行为分析而获取。人格的含义比行为要宽泛的多，包含能力以外的许多内容，如价值观、信仰、兴趣等，能力是评判你能做什么，而人格是判定你可能是什么样的人。

另一方面，RIT 一直以来是西方社会所偏爱的一种人格测评工具，但 RIT 相关联的一套极其复杂的评分和解释程序却难以精确，所以迄今有关 RIT 的褒贬评论也一直未曾停止。Hunsley 和 Bailey 对其的评价也许是目前最具代表性和客观性的评论：RIT 对人格测评的不确定性，在所有心理测评工具里，既是它最大的特色，同时也是最受攻击的地方。

二、人格测评的未来

（一）人格测评的应用领域将进一步综合化

目前，人格测验在人力资源领域应用最为广泛，在升学就业、健康教育、家庭咨询、临床咨询、社区服务、公安司法等许多领域也逐步增加。相信随着测验技术的成熟，人格测评将会渗透在社会的各个行业领域。同时，在实际运用中，对各种技术的综合运用是一种趋势。评价中心技术的出现即表明这一点。评价中心是一种多个评价者采用多种评价技术（特别是不同类型的工作情境模拟技术）进行的选拔人才、培训人员的过程。

（二）人格测验的滥用需得到有效遏制

目前，市场上的人格测验花样众多，但信效度有保证的标准化人格测验并不是随处可见。有些未受过专业训练的人员随便使用没有效度保证的人格测验进行施测，或者对测评分数的歪曲解释；许多外来的人格测评工具没有经过很好的本土化修订就投放市场，导致结果不能真实反映中国人自身的人格特点。因此，今后的人格测评领域需要进一步加强规范化管理，成立专门的测评机构，由具有人格测评资格的测量师实施。测评机构和测评人员的专业化，不仅是行业本身发展的需要，也是人格测评更好地服务于社会的必然趋势。

（三）人格测验的科学性将进一步加强

由于社会需求的不断增加和行业的竞争压力，未来社会将会产生更多更加精确、科学的人格测评工具。这些新测评工具的出现，不仅催生了人格理论的进一步完善，而且将会给人们的工作和生活带来更多的好处和便利，尤其是在人格测评的效度上将得到有力保障。

笔记

（四）人格测验的形式将更加灵活多样

人格测验工具目前最常见的无非是问卷法、投射法、访谈法。这些方法要么不够客观，容易受到主试的个人因素影响；要么表面效度太低，不能克服被试的虚假回答情况；或者条目内容太局限、不全面；或者测验对主试的专业水平要求太高。未来人格测验的发展趋势将是充分整合现有测验的优势，不拘泥于某单一形式，而是采用更加灵活多样的形式。

（五）人格测验的计算机化倾向

随着计算机技术的发展，计算机在人格测评中的作用越来越明显。现在开发的人格测评软件，有关测验的记分、分析和解释等复杂、繁琐的工作都是由计算机来完成，节约了人力，提高了工作效率，而且还减少了手工计算所带来的误差。未来的人格测评工作将可能完全由计算机来替代，因为随着网络的普及，完全计算机测试除了更加客观、安全、科学、有效外，更重要的是它的跨越时空特性和动态便捷特性，进一步加快了和国际接轨的速度。

（沈悦娣）

笔记

第九章　人格改变

人格是指个体在社会与生活环境中一贯所表现出的行为模式，是一个人在社会化过程中形成和发展的思想、情感及行为的统合模式，即个体独具的、有别于他人的、统一而稳定的各种特质的总称。个体从出生到死亡的整个生命过程中，其人格具有稳定性，并且与人格的可变性共存。

第一节　人格改变的概念

人格特质会随着年龄和习得性经验的积累而逐渐发生改变，呈现出人格发展的轨迹。人格改变（personality change）是指人的行为模式和人际关系显著而持久地发生改变，包括对情感、需求以及冲动的表达。人格改变不同于人格障碍。人格改变是获得性的，通常出现于成年后，个体人格原本正常，由于社会心理因素、脑部器质性疾病或损伤，或严重的精神疾病引起人格异常，随着境遇的好转和疾病的康复，人格改变可以得到改善或部分改善；而人格障碍则是在儿童或青春期出现，延续到成年，并非继发于其他精神障碍或脑部疾病。

人格心理学领域的著作、文献很少涉及人格改变这一内容。在精神病学范畴内，无论是《国际疾病分类》第10版（International Classification of Diseases，ICD-10），还是《美国精神障碍诊断与统计手册》第5版（Diagnostic and Statistical Manual of Mental Disorders-5th Edition，DSM-5）均未把人格改变单独归为一种疾病单元，所以很少有人单独将人格改变作为研究领域。但是，作为继发的精神症状，人格改变常出现于躯体、精神心理疾病的临床表现中，影响患者本人或他人，甚至对社会带来负面影响，所以值得重视和讨论。

第二节　人格改变的影响因素

人格具有一贯性和稳定性。是什么因素破坏了人格的这一特性，促使其发生变异、甚至出现与既往人格特征截然相反的表现？目前的研究大多从对人格改变的个案着手，回顾性地分析、总结可能影响人格改变的共同因素。现有的研究发现，影响人格改变的因素多集中在社会因素、心理因素、某些精神疾病或脑部器质性疾病等，下面针对这些因素作简要论述。

一、环境因素

中国有句成语“近朱者赤，近墨者黑”，比喻接近好人可以使人变好，接近坏人可以使人变坏，这表明客观环境对人格有很大影响。下面以监狱中的服刑人员为例阐述环境对人格

笔记

的影响。监狱是一个特殊的封闭性的环境，长期的狱中生活使服刑人员必须调整自己来适应监狱环境，久而久之产生人格改变，出现所谓“监狱人格”。

我国学者发现监狱人格主要表现为：第一，被动服从，缺乏主见，由于长期被动地按照监狱所限定的生活环境、生活内容和生活方式来约束自己的行为，服刑人员逐渐形成被动接受、缺乏主见的行为模式。第二，过度自制，谨小慎微，服刑人员为了尽快出狱、渴望减刑，他们往往加倍小心，注意控制个人的行为，久而久之使其人格发生改变，长期的过度自制、小心翼翼有可能使服刑人员精神处于持续紧张状态，当这种持续紧张积累到一定程度时，便有可能导致两种情况的出现，一是当服刑人员遇到一些负性生活事件时，如管教干部的批评、其他服刑人员的挑衅、亲人的抛弃等，有时甚至是一些小刺激，都有可能导致服刑人员负性情绪的爆发，出现强烈的攻击行为；二是导致服刑人员出现悲观厌世情绪，甚至出现自杀行为。第三，人格具有多重性。服刑人员面对判罚必须面对现实，服从于管教，以达到缩短刑期的目的，他们在狱警面前察言观色，投其所好，另一方面，在内心深处又对狱警十分厌恶、反感，在背后辱骂狱警，有时欺负比自己弱小的服刑人员，但在公开场合又表现出一副弱者的姿态，以此来获得他人的同情和谅解。这些截然不同的人格特点常集于一身，尤其是在服刑时间较长的个体身上表现得极为明显。

从“监狱人格”可以看出，极度的环境剥夺和限制可以导致人格发生改变。事实上，人格改变也是心理学家研究人格发展的一个重要表现，可以体现在人格特质随时间和情境的变化而发生变化。例如，从毕生发展的角度来看，人格特征可以表现出程度的增强或减弱。人们的责任心、情绪稳定性和宜人性增强，而外向性减弱。成年早期开放性增强，年长以后反而减弱。

近年来，一些学者提出了后天环境对人格改变产生影响的一些理论。例如，社会投资定律（Roberts et al., 2005）指出，投身于工作、婚姻、家庭和社区等，构建年龄等级社会角色，是人格发展的动力之一。这些社会角色与相应的社会期望相符合，即人格特征表现得更宜人、更富有责任心以及情绪更稳定。但是这些观点通常是通过相关研究得出的，缺乏直接的因果关系加以证明，因此不如生物学观点对人格改变原因的解释更有力。这也体现了心理学家对于先天、后天因素以及二者的交互作用如何影响人格改变的探索。

二、心理创伤

人类自出生到死亡每天都要面对各种各样的压力事件，个体通过调动自己的心理防卫机制，用自己特有的方式处理这些问题。如果应对成功了便是一种经验积累，如果失败了则是一种教训学习。个体通过及时调整，使自己的心理处于相对平衡的状态，很少破坏自己人格的稳定性。但在某些严重的心理压力之下，例如创伤后应激障碍可以使得某些人的人格稳定性发生变化，终身受到症状的影响，最终转变为持久的人格改变。

创伤后应激障碍（post-traumatic stress disorder, PTSD）是由于异乎寻常的威胁性或灾难性心理创伤（战争、地震海啸、交通意外、目睹他人惨死、身受酷刑、被强奸等），导致延迟出现和长期持续的精神障碍。PTSD 主要表现为：①反复发生闯入性的创伤性体验重现、梦境，或因面临与刺激相似或有关的境遇，而感到痛苦和不由自主地反复回想；②持续的警觉性增高；③持续的回避；④对创伤性经历的选择性遗忘；⑤对未来失去信心。多数症状在遭受创伤后数日至半年内出现，大多数患者一年内恢复，少数患者持续多年不愈而成为持久的精神病态和人格改变。

Kozaric-Kovacic 等人对 502 例经历过战斗的士兵进行评估。报告称 20% 的人被诊断

笔记

创伤后应激障碍，6% 的人被诊断为创伤后应激障碍和持久的人格改变。而与 PTSD 相关的人格改变主要表现为：回避有关创伤性经历的事，避免参加可能引起痛苦回忆的活动或去相关的场所，对创伤经历中的重要情节选择性遗忘，对周围环境的普通刺激反应迟钝，对亲人情感变淡，情感麻木，出现社会性退缩，与人疏远，兴趣爱好变窄，对未来缺乏思考和计划等。也有些患者将所经历的创伤归于外界，对周围的人和社会产生不满和愤怒，易激惹、易冲动、好辩论，表现出偏执或反社会人格特征。

三、精神疾病

人格改变常常是精神疾病的早期症状之一，如原本热情的人变得冷漠孤僻，原本有教养的人变得粗俗无礼。精神疾病一般分为轻性精神疾病与重性精神疾病。常见的轻性精神疾病包括焦虑障碍、躯体形式障碍、分离性障碍、睡眠障碍、进食障碍等，常见的重性精神疾病包括精神分裂症、重症抑郁、双相障碍等。轻性精神疾病对人格的影响较小，而重性精神疾病如精神分裂症可有人格改变。

精神分裂症是一组病因未明的精神病，多起病于青壮年，常缓慢起病，具有思维、情感、行为等多方面障碍，及精神活动不协调。通常意识清楚，智能正常。精神分裂症是精神科最常见的精神疾病，其临床症状表现复杂多样，精神分裂症人格改变症状是精神分裂症一个相对独立的症状维度，也是精神科医务人员常常可以观察到的临床症状表现之一。精神分裂症人格改变主要表现为三个方面：退缩和依赖、情绪不稳定、害羞和回避。人格改变症状可以出现在精神分裂症的病前、病中及病后。

四、脑器质性疾病

脑器质性疾病是指脑部的感染、变性、外伤、肿瘤等病变，这些疾病除了其本身的特征性表现外，还可表现为急性脑器质性综合征和慢性脑器质性综合征。急性脑器质性综合征起病多急骤，病情发展较快，病程较短，损害范围较局限，预后多良好，其病变往往是可逆性的，一般不出现人格改变；慢性脑器质性综合征则起病多缓慢，病情发展较慢，有逐渐加重趋势，病程多持久，预后较差，病变常不可逆，在其长期慢性疾病过程中的可出现人格改变。由脑器质性疾病所致的人格改变也称为假性病态人格或假性人格障碍。最常见的人格改变是情绪不稳、易激惹，有较强的攻击性，人格改变可以和其他脑器质性精神障碍同时存在。

下面就常见的脑器质性疾病引起的人格改变予以介绍。

（一）癫痫

癫痫（epilepsy）是一种脑部疾患，其特点是持续存在能产生癫痫发作的脑部持久性改变，并出现相应的神经生物学、认知、心理学以及社会学等方面的改变。早在 20 世纪初，欧洲精神病学家便开始关注癫痫相关的精神障碍，然而对其认识大多局限于患者的精神状态，如焦虑、抑郁及精神病性症状。虽然人们发现慢性的癫痫患者存在人格改变，对其机制及治疗方面的研究却是鲜有报道。

尽管目前大多数研究支持癫痫特有的人格改变，但由于癫痫病因的复杂性，目前尚无法将其相关人格改变与特定的病理生理过程及解剖结构相联系，因此也缺乏明确的概念及诊断标准。Geschwind（2009）在研究颞叶癫痫相关人格改变时，将癫痫性人格改变定义为：慢性的、非急性发作的，并随时间而逐渐进展、逐渐显著的人格改变，是在癫痫发作出现之后逐渐表现出来的，并非急性、自限性的症状，是持久的人格改变。

2007 年国际抗癫痫联盟（International League Against Epilepsy）在“癫痫相关精神障碍的分类”这一提案中，提出了癫痫性人格改变，将癫痫所致的人格改变分为 3 种表现

笔记

类型：①某些情绪的放大，如行为做作、过分亲切或不苟言笑、道德感过强；②言语及行为趋向于格外详细、刻板、固执；③情绪不稳，冲动、易激惹、幼稚且具有暗示性。这种冲动的人格可以引起不恰当的社会行为，严重时产生行为失控。提案明确指出这些人格改变只有在发展到一定程度，显著影响社会适应时才被称作人格障碍（Krishnamoorthy，2007）。

癫痫性人格改变与发病的年龄、病程以及发作频率有关。其可能存在的原因为，发病早的患儿其神经系统尚未发育成熟，可塑性强，癫痫频繁发作导致神经系统功能损伤更加明显，因此，青少年时期发病的癫痫患者更容易合并人格和行为异常。当癫痫频繁、长期发作时，脑内神经网络和相关神经递质亦发生变化，促使患者人格发生改变。

Geschwind（1983）在研究颞叶癫痫患者人格改变的机制时认为，情绪及行为与边缘系统关系密切，颞叶癫痫病灶长期向边缘系统发放冲动，引起边缘系统功能异常，进而引起人格改变。在分子机制研究方面，人们推测癫痫性人格改变与5-羟色胺（5-hydroxytryptamine，5-HT）系统密切相关。研究人员在成人试验和类人猿实验中发现5-HT系统与攻击行为显著负相关性。如使用5-HT和5-HT再摄取抑制剂提高细胞外5-HT水平，可以抑制癫痫局部或全身性的发作（Borowicz，2006）。国内学者发现，原发性癫痫患者精神质人格改变可能与额颞链接纤维及双侧大脑半球的联络纤维受损有关。

（二）颅脑创伤

无论任何原因致使颅脑受到外伤，均称作颅脑创伤，它可以造成头部软组织损伤、颅骨变形、颅骨骨折，进而造成脑膜、脑血管、脑组织以及颅神经等损伤。脑外伤后人格改变，是颅脑损伤所致器质性精神障碍中常见的并发症和主要表现之一。我们在前面章节述及的Gage的案例就是颅脑外伤导致人格改变的典型实例。国内已有研究报告脑外伤后人格改变高达82.3%～92.8%，而且人格改变对个人、家庭和社会所造成的不良影响远大于脑外伤后认知功能损害。目前我国精神损伤或伤残标准中，一般都将脑外伤后人格改变界定在轻度损伤或伤残等级范围，其临床表现也较为多样化，其中言语黏滞、情绪不稳、情感脆弱、易激惹、情感淡漠、情感幼稚、意志缺乏、欲望增强、冲动性行为、自我中心、道德伦理观念不强、孤僻退缩、缺乏亲密人际关系等症状与无人格改变组差异具有显著性，说明这些症状对诊断脑外伤后人格改变有一定的临床意义。

有研究显示，颅脑损伤后人格改变分为以下两种：①衰弱型：最常见，主要表现为易疲劳，注意力集中困难，焦虑，失眠，主观感觉不良，抑郁，严重的出现淡漠，缺乏进取心，不能坚持正常工作。②攻击型：主要表现为情绪障碍和自我控制力受损，具体表现为易激惹、举止粗鲁、情绪不稳定、道德感及羞耻感下降，并可出现攻击行为和病理性激情，无论重性颅脑损伤还是轻微伤都可引起这种攻击性人格改变。

有学者对平均病程为30年的60例颅脑创伤患者进行调查，结果显示23.3%的患者至少表现出一种人格改变，表现形式最多的为回避型人格，占15.0%，其次是偏执型人格和分裂型人格。

在临床工作中，有一种特殊形式的颅脑创伤，即为消除患者的精神症状而采取的精神外科手术治疗。该方法因其疗效和后遗症等问题尚存在较大争议，目前在我国也并未广泛开展。现将精神外科以及该方法对患者人格产生的影响做简单介绍。

精神外科（psychosurgery）是功能性神经外科学的重要组成部分，通过对脑内某些特定部位或联系纤维采用刺激、毁损、切除等方法，改变脑的功能以减轻或消除患者的精神症状，是针对经药物治疗无效的难治性精神障碍的治疗手段。该学科理论认为，当人

笔记

出现病态的精神活动和行为表现时，在其大脑中也会出现相应的病灶。刺激、毁损、阻断或修复这些病灶即可消除症状。Harlow 于 1848 年观察发现，患者情感和行为的改变与额叶受损有关。1888 年 12 月 29 日瑞士精神病学家和神经病学家 Bukhardt 实施了第一例精神外科手术，部分切除了双侧前额叶皮质。1935 年，葡萄牙精神病学家 Moniz 和神经外科医生 Lima 合作，施行双侧前额叶脑白质切除手术来治疗精神分裂症，真正开创了精神外科的先河，该手术被命名为"Moniz-Lima"手术。但早期经典的脑白质切除术常常并发较严重的不良反应，即出现人格改变。Sachdev 和 Hay（1995）报告称 23.5% 的强迫症患者在开颅脑白质切除术后发生人格改变。手术后患者可能会发生不同程度的主动性、驱动力和功能的丧失，也可能出现情感淡漠、失控感和冲动行为。20 世纪 50 年代初，随着吩噻嗪类药物被广泛用于精神分裂症的治疗，加上部分患者遗留下不可逆性的智能、记忆力下降，以及人格缺陷，在随后的 30 年中，精神外科手术数量显著减少。

现代精神外科主要采用立体定向脑内核团毁损技术，主要靶点包括扣带回、边缘叶白质、内囊前肢、尾状核下束、杏仁核、下丘脑等。随着立体定位技术的运用，人格改变的发生率大为降低。

（三）阿尔茨海默病

阿尔茨海默病（Alzheimer' s disease），是一组病因未明的原发性退行性脑变性疾病，多起病于老年期，潜隐起病，缓慢不可逆地进展，以智能损害为主。病理改变主要为皮层弥漫性萎缩，沟回增宽，脑室扩大，神经元大量减少，并可见老年斑、神经元纤维缠结、颗粒性空泡小体等病变。

阿尔茨海默病的临床特征为进行性记忆障碍、认知功能障碍、语言障碍及人格改变等，患者的社会生活功能受到严重影响。其中，人格改变是阿尔茨海默病的行为和精神症状的一种表现，往往出现在疾病的早期，有时人格改变甚至要早于智能减退的出现，常预示痴呆过程的开始。阿尔茨海默病的人格改变主要表现为孤僻、自我为中心、主观、自私、童样幼稚、急躁易怒、多疑、焦虑、缺乏热情。患者与发病前相比判若两人，过去很有礼貌、待人热情、大方，现在变得待人冷漠、粗暴刻薄；过去讲究整洁，现在衣冠不整，东西随处乱放，或者表现某些怪异行为，如家境富裕，却从垃圾中捡拾瓶子、罐子、旧报纸等无用的东西回家并藏起来。

除阿尔茨海默病以外，老年群体多见的额颞叶痴呆（frontotemporal dementia）、路易体痴呆（dementia with Lewy body）、帕金森病（Parkinson' s disease）等也可以伴有人格改变。

（四）颅内感染性疾病

颅内感染性疾病是指细菌、病毒、寄生虫或其他微生物等各种病原体侵入脑组织引起的炎症性病变，包括病毒性脑炎、结核性脑膜炎、朊蛋白病和神经梅毒等。上述颅内感染性疾病可引起精神异常，临床上统称为颅内感染所致精神障碍。这类疾病的发病期可出现人格改变，同时人格改变也会成为其后遗症状之一。颅内感染所致的人格改变常表现为情绪不稳、欣快、肤浅、情感反应不协调、易激惹或淡漠等情绪障碍，以及不可抑制的需要和冲动、不顾后果和社会规范的行为等。

有学者曾对 25 例成人单纯疱疹病毒脑炎病例研究发现，单纯疱疹病毒脑炎最具特征的早期临床表现为意识障碍和行为人格改变。国内学者在 2013 年也曾报道 1 例以人格改变起病的神经梅毒患者。有关朊蛋白病引起人格改变的报道屡见不鲜。

（五）脑部肿瘤

生长于颅内的肿瘤通称为脑部肿瘤，包括原发性脑瘤和继发性脑瘤。肿瘤发生自脑、脑膜、脑垂体、颅神经、脑血管和胚胎残余组织者，称为原发性颅内肿瘤，由身体其他脏器组

笔记

织的恶性肿瘤转移至颅内者，称为继发性颅内肿瘤。颅内肿瘤可发生于任何年龄，以20~50岁为最多见。脑部肿瘤可引起人格改变和行为异常，例如，患者表现为生活懒散、行为被动、兴趣减少、缄默不语、不知整洁、缺乏羞耻感、不主动进食、终日呆坐或卧床不起，甚至出现木僵，有的或无故喊叫、外出无目的乱走，或收藏废旧物品。患者人格改变、行为异常与智能改变常同时出现。

脑部肿瘤引起的症状表现可因肿瘤侵犯的部位不同而各异。额叶肿瘤患者的人格改变表现为放纵、笨拙、情绪欣快、幼稚、愚蠢的诙谐、不负责任、易激惹和自制力缺乏。另外，额叶肿瘤患者常以相反的情感和意志活动同时存在为特征，如欣快与情感淡漠并存，爱开玩笑与对周围漠不关心同在。颞叶肿瘤患者的人格改变表现为情绪不稳定、易激惹、富于攻击性。

五、精神活性物质滥用

精神活性物质（psychoactive substances）是一类作用于中枢神经系统、改变使用者情绪、行为甚至意识状态的化学物质，容易引起使用者出现精神、躯体依赖或物质滥用。精神活性物质有很多，常见的有阿片类、酒精、镇静催眠药、苯丙胺类、大麻、可卡因、苯环己哌啶及类似物、烟草等。大量证据证明，长期使用精神活性物质可致人格改变。

吸毒人群的人格改变主要表现为行为完全以强制性用药为中心，滥用药物搅乱了他们的生活，摧残其身体，成瘾者仍不惜一切手段以获得毒品，放弃自尊自爱，放弃前途和健康，放弃对家庭、社会的责任，变得自私、不诚实、孤僻、冷酷等。酒精依赖患者的人格改变也比较突出，例如易怒、焦虑、紧张、多愁善感、健谈、爱交往、轻率、不计后果、行为易受感情支配等，不能恰当地适应环境。

六、人体器官移植

人体器官移植，是指摘取人体器官捐献人具有特定功能的心脏、肺脏、肝脏、肾脏或者胰腺等器官的全部或者部分，将其植入接受人的身体以代替其病损器官的过程。自1954年世界首例肾移植成功施行以来，器官移植技术迅速发展，肾移植、肝移植在许多国家已成为常规手术。虽然目前没有人体器官移植所致人格改变的系统研究，但较多器官移植后出现人格改变的案例值得思考。

国外一项对来自奥地利的47例心脏移植患者（术后超过2年）的研究（Bunzel，1992）表明，79%的患者认为自己术后并没有发生人格以及自我认定改变，但这些患者都存在防御性和否认性的反应，主要表现在迅速改变话题或荒谬地回答问题等；15%的患者认为自己的人格发生改变，但并不是因为器官移植而是生活压力事件；6%的患者认为自己因为新移植的器官发生了人格改变，他们通过改变自己的情感和认知以适应新的器官。Mann（2004）对20名肺移植术后患者做过调查，即使经过数年以后，很多人还不能很好地接受新的器官，大部分患者认为移植的器官是一个活生生的全能的人在自己体内，这种心理影响患者的人格和自我感知。

目前国内外有很多器官移植后人格改变的个案，但人格心理学方面关于由器官移植引起人格改变的系统研究文献还是很少，在器官移植领域探讨人格改变方面的研究也十分鲜见。

七、其他疾病

与疼痛和伤残有关的慢性躯体疾病也可以导致人格改变，但需要确认直接的病理心理机制之后方可诊断。

笔记

第三节　人格改变的识别与治疗

一、人格改变的识别

由于人格改变是一组继发于社会心理因素、某些精神疾病或脑部器质性疾病的症状群，不是独立的疾病单元，而且不同原因所致人格改变的特征也不尽相同，所以目前没有针对人格改变的单独诊断标准，但人格改变作为一种继发性症状，个体原来特有的人格模式发生了改变，并长期存在，影响患者的社会功能，故需识别和界定。

由于没有单独的医学标准，我们可以借鉴我国工伤伤残鉴定标准（中华人民共和国劳动与社会保障部和卫生部，2006）对人格改变的判定：人格改变是指个体原来特有的人格模式发生了改变，一般需有两种或两种以上的下列特征，至少持续 6 个月方可判定：

1. 语速和语流明显改变，如以赘述或黏滞为特征。

2. 目的性活动能力降低，尤以耗时较久才能得到满足的活动更明显。

3. 认知障碍，如偏执观念、过分沉湎于某一主题（如宗教），或单纯以对或错来对他人进行僵化的分类。

4. 情感障碍，如情绪不稳、欣快、肤浅、情感流露不协调、易激惹，或淡漠。

5. 不可抑制的需要和冲动（不顾后果和社会规范要求）。

DSM-5 人格障碍一章中有关于其他躯体疾病所致的人格改变的诊断标准。ICD-10 成人人格与行为障碍一章中有关于灾难性经历后的持久性人格改变、精神科疾患后持久性人格改变的诊断标准。

值得注意的是，作出人格改变判定的同时，尚需判定导致人格改变的原因，两者结合起来，才能成为一个完整的诊断名称，如脑外伤所致人格改变。

临床上，人格改变与人格障碍有时难以鉴别，主要可以从起病的原因和形式、起病时间和病程特点等方面加以鉴别。人格改变多为继发性，有明显的病因，起病时间明显，病程逐渐加重，患者的思维、情感、智能和意志行为均可出现障碍。人格障碍多为原发性，病因不明，起病时间不明显，病程一如从前，患者以情感和行为障碍为主，思维和智能正常。

二、人格改变的治疗

由于导致人格改变的原因不同，改变后的人格特征也不同，即使人格改变原因相同，不同个体的人格特征也不尽相同。所以，人格改变的治疗方法也有所不同，主要可通过以下方法治疗：

1. **病因治疗**　首先是寻找起病原因，这在诊断时就应解决，但对于一些有共病或多种原因共同作用的个案应分清主要、次要原因，针对原发因素采取环境改变、去除压力源、治疗原发病及停止使用精神活性物质等方法，最大可能从源头上消除原发因素。

2. **心理治疗**　心理治疗对人格障碍是有益的，同样对人格改变患者也是有益的，通过深入接触与他们建立良好的人际关系，帮助他们认识人格上的缺陷，鼓励他们树立信心，改造自己的人格。可采取团体或个别心理治疗模式。

可针对不同患者进行个体化治疗，采用支持性心理治疗、认知疗法、行为治疗、认知行为治疗、精神分析疗法等。

笔记

3. **药物治疗** 心境稳定剂：包括锂盐、抗抽搐药物等，这些药物对易冲动、易激惹、情绪不稳定等患者有效。

抗精神病药物：包括传统和非典型的抗精神病药物，可有助于消除无端猜疑、冲动攻击行为。

抗抑郁药物：目前抗抑郁药的种类较多。抗抑郁药对缓解焦虑抑郁、改善冲动攻击、自杀行为有效。

（王晓一）

笔记

第十章　人格障碍概述、特征和共病

人格障碍指的是明显偏离了个体文化背景预期的内心体验和行为的持久模式，是泛化的和缺乏弹性的。人格障碍起病于青少年或成年早期，随着时间的推移逐渐变得稳定，并导致个体的痛苦或损害。尽管目前已有一些评估工具可以对人格的某些特征进行测量，但是要清晰地界定人格障碍并不容易。

第一节　人格障碍的概述

一、人格障碍的历史发展

精神病学中人格障碍的概念可追溯到19世纪法国精神病学家Pinel提出的“不伴妄想的躁狂症”(manie sans délire)。他在1806年报告了这样一个病例：一个农民被妇女的言语激怒后将她投入井中，而此人从小一直被母亲溺爱，长大后骄横跋扈，稍不如意就发怒，把怒气撒在动物身上，虐待动物。Pinel用“不伴妄想的躁狂”描述那些容易暴怒并使用暴力但没有妄想的人。从他的定义来看，这些人不仅包括现在所谓的反社会人格，也包括一些没有妄想的精神病患者。1835年，英国的心理学家Pritchard发表了他的论著*A Treatise on Insanity and Other Disorders Affecting the Mind*。文中Pritchard援引了Pinel的不伴妄想的躁狂症概念，但他建议采用新的术语，即“悖德狂”(moral insanity)。他将悖德狂定义为：“自然感受、情感、倾向、脾气、习惯、道德倾向以及本能冲动等方面的病态反常，而智能、认知或推理等方面没有明显的缺陷或障碍，尤其是没有任何疯狂的妄想与幻觉”(Pritchard, 1835)。Pritchard在悖德狂方面的研究对于“人格障碍”这一概念的发展是尤为重要的。19世纪后期，人们已经认识到精神疾患也有可能不伴有妄想症状，“悖德狂”的含义更为局限，因此Maudsley(1885)用该术语来描述那些“缺乏真正道德情操的人”。同时期，德国精神科医生Koch认为“悖德狂”这个名称的内涵过于消极，提出了“精神病理性劣势”(psychopathic inferiority)。19世纪对于人格障碍的理解主要在道德层面，往往局限于某种显著偏离社会公认的道德准则的行为模式。

20世纪，随着精神医学的发展，人们对于人格障碍有了更为深刻的理解。1909年Kraepelin应用了“精神病理性人格”这一术语，它不仅包括了反社会型，还包括了易激动、情绪不稳定、好争吵、古怪、说谎以及欺诈6个类型。他相信精神疾病主要是由生物和遗传等因素决定的，因此把人格障碍理解为一种谱系的概念。Schneider扩大了“精神病理性人格”这一概念，以“害人害己”来概括人格障碍。Kraepelin的7种精神病理性人格类型是指那些给他人造成不便、干扰或痛苦的人，而Schneider还将给自己造成痛苦的人包括进去。20世纪上半叶，人格障碍的研究不再拘泥于社会道德范畴，人格障碍逐渐成为一个重要的临床诊断。

笔记

二、人格障碍的临床描述

目前常用的精神障碍分类系统包括美国精神障碍诊断与统计手册（DSM 系统）和国际疾病分类（ICD 系统）。由于对精神障碍的本质认识是一个渐进过程，因此精神障碍的分类也同样处于不断发展之中。本章重点叙述 DSM，尤其是 DSM-5 的相应内容。

1952 年，美国精神病学会（APA）制定了 DSM 系统。1952 年，DSM- Ⅰ所定义的人格障碍，是指在特定压力环境下出现功能失常，此后发展为固定的适应不良的行为。1968 年，DSM- Ⅱ更多地强调了人格障碍导致的痛苦和功能损害，而不仅仅是偏离社会的行为。1980 年，DSM- Ⅲ开始把人格障碍作为一个独立的“轴”，这样归类有利于对每一病例是否有人格障碍进行探索。1987 年推出的 DSM- Ⅲ -R 和 1994 年出版的 DSM- Ⅳ，在 DSM- Ⅲ分类模式的基础上，结合当时的循证研究结果，进一步提高了人格障碍分类的信度和效度，总体上并未对 DSM- Ⅲ作根本性的调整。2000 年出版的 DSM- Ⅳ -TR 中描述人格障碍的特征为“不灵活、非适应性、并会导致明显的功能损害或主观痛苦的”，将人格障碍分为三组：A 簇（怪异性）人格障碍，包括偏执型人格障碍、分裂样人格障碍和分裂型人格障碍；B 簇（野蛮性）人格障碍，包括边缘型人格障碍、自恋型人格障碍、表演型人格障碍和反社会型人格障碍等；C 簇（依附性）人格障碍，包括回避型人格障碍、依赖型人格障碍和强迫型人格障碍等。

2013 年 5 月出版的 DSM-5 仍将人格障碍分为三组：A 簇人格障碍，通常表现得奇特或古怪，包括偏执型人格障碍、分裂样人格障碍和分裂型人格障碍；B 簇人格障碍，通常显得戏剧化、情绪化或不稳定，包括反社会型人格障碍、边缘型人格障碍、表演型人格障碍和自恋型人格障碍；C 簇人格障碍，通常表现得焦虑或恐惧，包括回避型人格障碍、依赖型人格障碍和强迫型人格障碍。

DSM-5 相较 DSM- Ⅳ -TR 的主要更新是在第三部分（Section Ⅲ）中介绍了人格障碍评估诊断的一种新方法，即维度型 - 界定型混合模型（a hybrid dimensional-categorical model）。该模型修订了人格障碍的一般准则，根据人格功能和病理人格特质的核心障碍，为临床医生提供某一型人格障碍的评估方法以及针对不同严重程度的人格障碍的整体治疗措施。基于人格功能和病理人格特质在一个或多个人格特征域的核心障碍的标准，该模型给出了六项具体的人格障碍类型（反社会型、回避型、边缘型、自恋型、强迫型和分裂型）的诊断标准。其他不能归为以上六种类型的人格障碍归为其他非特定型（personality disorder trait specified，PDTS），该型被定义为在人格功能上有重大损害，用人格功能水平量表（levels of personality functioning scale）来衡量一种或多种病理人格特质域。人格功能的水平基于自我功能和人际交往功能。自我功能反映在身份和自我导向方面。人际交往功能的损害包括同情和亲密关系的能力受损。六个大的人格特质域（负性情绪、疏离、敌对、放纵、强迫、精神质）的定义，以及多种特质的组合（如冲动和严格的完美主义）也在 DSM-5 中说明。

根据 DSM-5 实施指南，用维度型 - 界定型混合模型评估病理人格标准的方法包括以下几条：

1. 人格损害（自我和人际交往）是否存在？

2. 如果存在，根据人格功能水平量表评价自我（身份或自我导向）以及人际交往（共情或者亲密关系）功能损害的水平。

3. 是否存在 6 种人格障碍类型之一？

4. 如果存在，记录人格障碍的类型以及人格损害的严重程度。

5. 如果不存在，是否具有其他 PDTS 人格特征？

笔记

6. 如果是，记录其他 PDTS 人格特征，查明并列出适用的特质域，记录损害的严重程度。

7. 如果人格障碍是存在的，详细的人格剖面对评估特质方面以及对个案的概念化有帮助。

8. 如果不是具体的人格障碍类型也不是 PDTS，但对个案的诊断有帮助，那么评估其人格的特征域和/或相关特征方面的内容。

根据维度型-界定型混合模型，诊断人格障碍，必须满足下面的条件：

A. 自我（身份或自我导向）以及人际交往（共情或者亲密关系）功能严重损害。

B. 一个或者多个病理人格障碍特征域或者特征方面。

C. 人格功能的损害和个体人格特质的表达在不同时间相对稳定，在不同环境下相对一致。

D. 对于个体发展的阶段或者是社会文化环境而言，这种人格功能的损害和个体人格特质的表达不能被理解为是符合规范的。

E. 人格功能的损害和个体人格特质的表达不仅仅是由于物质所带来的直接的生理反应（如物质滥用，药物治疗），或者是一般的医学状况（如严重的头部外伤）所致。

综上所述，人格障碍的定义是：18 岁以上成年人个体的人格特征明显偏离正常，使患者形成了一贯的反映个人生活风格和人际关系的异常行为模式。这种模式显著偏离特定的文化背景和一般认知方式（尤其在待人接物方面），明显影响其社会功能与职业功能，造成该个体对社会环境的适应不良，患者自己为此感到痛苦。而这种人格特征及其潜在适应不良通常在童年时期即已显露并会在人生的大部分时间持续存在。

DSM-5 将人格障碍分为：偏执型、分裂样、分裂型、反社会型、边缘型、表演型、自恋型、回避型、依赖型、强迫型人格障碍；ICD-10 将人格障碍划分为特异性人格障碍、混合型及其他人格障碍两大类；表 10-1 对 ICD-10、DSM-5 诊断人格障碍的分类进行了比较。

表 10-1 ICD-10、DSM-5 的人格障碍分类

ICD-10		DSM-5	
诊断编码	诊断名称	诊断编码	诊断名称
F60.0	偏执型	301.0	偏执型
F60.1	分裂样	301.20	分裂样
		301.22	分裂型
F60.2	反社会型	301.7	反社会型
F60.3	情绪不稳定型	301.83	边缘型
	边缘型		
	攻击型		
F60.4	表演型	301.50	表演型
		301.81	自恋型
F60.6	回避型	301.82	回避型
F60.7	依赖型	301.6	依赖型
F60.5	强迫型	301.4	强迫型
F60.8	其他特定型		
F60.9	其他非特定	301.9	其他非特定

笔记

特别值得注意的是，在 DSM-5 中分裂型人格障碍除了作为人格障碍中的一个类型存在，同时也归在精神分裂症谱系和其他精神病性障碍的分类中。

WHO 官网上 ICD-11 测试版草案显示，其将人格障碍分为强迫型人格障碍、反社会型人格障碍、焦虑型人格障碍、回避型人格障碍、边缘型人格障碍、依赖型人格障碍、反社会型人格障碍、情绪不稳定型人格障碍（边缘亚型和冲动亚型）、表演型人格障碍、自恋型人格障碍、偏执型人格障碍、分裂型人格障碍、焦虑（回避）人格障碍。其具体标准预计将于 2018 年 ICD-11 正式出版时公布。

三、人格障碍的流行病学

在一般人群中进行人格障碍流行病学的研究始于 DSM- Ⅲ诊断标准的标准化测量工具的发展和运用之后。由于有些人格障碍的患病率低，人格障碍的流行病学研究就需要大样本。而且在社区调查中，难以可靠地确定人格障碍者，因为人格障碍患者出于自创的特殊保护自己的措施，很少将自己暴露在医生面前，尤其是 DSM- Ⅳ所指的 A 簇患者。同时，调查者很难从知情者处获得信息。另外，用界定型的诊断标准，人格障碍之间彼此还会有合并症，这样就给相关发病率的调查带来了很多的不便。因此，每一型的人格障碍的发病率至今不能确定，在我国则更缺少这方面的数据。

1982 年国内十二个地区精神疾病流行病学调查人格障碍患病率为 0.13‰。我国于 1993 年在全国七个地区流行病学调查显示，人格障碍的时点患病率和终生患病率均为 0.10‰，城乡患病率无显著差异。然而客观分析，实际情况可能高于这一结果。

国外学者近年来对人格障碍的患病率作了一些研究，采用的研究手段主要为量表测查和诊断性访谈。澳大利亚的研究（n = 10641）显示，6.5% 的澳大利亚人至少患有一种人格障碍，并且人格障碍者多为年轻、未婚、男性（Jackon，Burgess，2000）。而挪威的调查（n = 2053）显示，人格障碍的患病率为 13.4%，各亚型的患病率在 0.6%~5.0% 之间，以回避型人格障碍患病率最高（5.0%），且人格障碍的患病率在中学及以下文化程度的人群中最高（Torgersen et al.，2001）。美国的一项大样本研究（n = 43093）发现，至少符合 DSM- Ⅳ一种人格障碍亚型的诊断标准的美国人占 14.8%（Grant et al.，2004），而美国另一项研究（n = 5692）则显示 9.1% 的人符合至少一种人格障碍亚型诊断（Lenzenweger et al.，2007）。由于取样的方法、使用的诊断系统和选择的样本不同，结果也不尽相同。

对来自美国、英国和德国的 8 项研究资料进行分析，发现人格障碍的总患病率（即各种类型的总和）估计为 6.0%~15.0%。城市人口的总患病率通常较农村人口更高。男性和女性的总患病率相当，且随着年龄增加患病率逐渐降低。

在有精神症状的患者中，人格障碍的总患病率较高。在那些就诊于全科医学的患者中，人格障碍的患病率为 5.0%~8.0%。而在那些精神病高发病率的群体中，人格障碍的患病率升高到 30%（Casey et al.，1984）。在精神科门诊患者和住院患者中，人格障碍的总患病率高达 50%。

根据多项大规模的流行病学调查，偏执型人格障碍的患病率为 0.7%~2.4%，分裂样人格障碍的患病率为 0.6%~1.7%，分裂型人格障碍的患病率为 0.06%~3.3%，反社会型人格障碍的患病率为 0.6%~4.1%，边缘型人格障碍的患病率为 0.5%~2.7%，表演型人格障碍的患病率为 0~2.0%，自恋型人格障碍的患病率为 0~1.0%，回避型人格障碍的患病率为 0.8%~5.2%，依赖型人格障碍的患病率为 0.1%~1.5%，强迫型人格障碍的患病率为 0.9%~2.4%。表 10-2 对 5 项人格障碍流行病学研究做了统计归纳。

笔记

表 10-2 五个社区研究符合 DSM-Ⅲ-R 或 DSM-Ⅳ人格障碍的加权患病率(%)

人格障碍类型	Torgersen 等(2001)	Samuels 等(2002)	Coid 等(2006)	Lenzenweger 等(2007)	Trull 等(2010)
偏执型	2.4	0.7	0.7	2.3	1.9
分裂样	1.7	0.9	0.8	4.9	0.6
分裂型	0.6	0.6	0.06	3.3	0.6
反社会型	0.7	4.1	0.6	1.0	3.8
边缘型	0.7	0.5	0.7	1.6	2.7
表演型	2.0	0.2	–	0.0	0.3
自恋型	0.8	0.03	–	0.0	1.0
回避型	5.0	1.8	0.8	5.2	1.2
依赖型	1.5	0.1	0.1	0.6	0.3
强迫型	2.0	0.9	1.9	2.4	1.9
各种型	13.4	9.0	4.4	11.9	9.1

资料来源：Samuels，2011

（袁勇贵　张文瑄）

第二节　人格障碍的特征

人格障碍一般具有以下共同特点：

1. 常在个体发育的早期阶段作为体质因素和社会经历的双重结果而出现。

2. 具有根深蒂固的和持久的行为模式，表现为对广泛的人际关系和社会处境产生固定的反应。

3. 与特定文化背景中一般人的感知、思维、情感，特别是待人方式有极为突出或明显的偏离。

4. 常常伴有不同程度的主观的苦恼及社会功能与行为方面的问题。

以下简述 DSM-5 中常见各型人格障碍的具体特征。

一、偏执型人格障碍

偏执型人格障碍（paranoid personality disorder）的定义特征模式是对他人的不信任和猜疑，比如把他人的动机解释为恶意的。这类患者表现固执、敏感多疑、心胸狭隘；自我评价过高，认为自己过分重要，拒绝接受批评与否定，否则可表现出冲动攻击行为；深信他人长期试图欺骗或者剥削他们，过分担忧被他人伤害或者虐待，过度警惕证实他们怀疑的证据；容易发生病理性嫉妒。

这类患者通常是敏锐的环境观察者，能注意到大多数人容易错过甚至是根本就不会注意的细节信息，并且认为这些信息是有意义的，并利用大量时间和精力去解开这些线索，弄清对方的真正意图。这类患者对真实存在的或者感知到的批评否定非常敏感，通常会表现出愤怒，并怀恨在心。

认知理论家认为偏执型人格障碍患者拥有一种潜在信念，认为别人都不怀好意且具备欺骗性，而自己缺乏信心保护自己免遭伤害（Beck，Freeman，1990）。这类患者一

笔记

般会错误地解释与他们猜疑相一致的情境，比如看见同事表情紧张，可能会认为同事做了陷害自己的事情。即使反对自己的观点是合理的，他们会排斥它，甚至会认为反对者也是阴谋的一部分。为保护自己不被陷害和攻击，患者会变得退缩或者充满敌意，到处争辩，有时会主动攻击。这些表现使得他们人际关系紧张，亲密关系不稳定，难以相处。

一般人群中，被诊断该疾病的人口比例为 0.7%~5.1%（Lenzenweger, 2008），多见于男性，一般自身是和谐的，不会主动或被动寻求医生帮助，多出现在司法鉴定或信访部门。这类患者也可以共病其他精神障碍，职业功能也会受到不同程度的损害，预后普遍不乐观，压力下症状会加剧。

二、分裂样人格障碍

分裂样人格障碍（schizoid personality disorder）又称关闭型人格（shut-in personality; Hoth, 1913），这类患者的普遍模式是表现出社交关系的脱离和人际交往中情绪表达范围受限。这类人对发展亲密关系漠不关心，在与人的互动中体验不到任何快乐，正性情绪体验和表达都很少，几乎没什么事能引起其兴趣，包括与他人发生性行为。

分裂样人格障碍的患者孤独、退缩、沉默，情感上冷漠，爱好很少，对他人的赞美或批评都显得无所谓，倾向于认为人际关系是无用的、麻烦的、侵入性的，偶尔有患者会谈论到在社交中体验到痛苦。周围人描述他们时，经常用到“独行侠”“冷漠”“孤僻”“无趣”等词语。这类患者尽管表现出趋向白日梦和内省性隐蔽，但未丧失认识现实的能力，可以在社会中发挥自己的功能，尤其是不需要频繁人际交往的领域。

这类疾病临床上非常少见，大约 0.8%~1.7% 的成人会在一生的某个时间表现出该障碍（Lenzenweger, 2008），寻求治疗的患者中，男性人数超过了女性（Zimmerman et al., 2005）。

三、分裂型人格障碍

分裂型人格障碍（schizotypal personality disorder），是一类以主认知（或感知）扭曲，外表、行为古怪，情感敌意，神经过敏，人际交往困难为主要特点的人格障碍。分裂型人格障碍者存在社交焦虑，有歪曲的认知和感知，表现为言语离奇、情绪反应不适当以及行为怪异。一般认为此型人格障碍与精神分裂症有关，两者有类似症状，只是分裂型人格障碍的程度更轻，且个体始终维持着与现实的基本接触。ICD-10 并未将其归为人格障碍而是置于精神分裂症的范围，称之为分裂型障碍。

这类患者有社交焦虑，与人相处时总会感到紧张不安，情绪范围受限，因此难以建立人际关系，缺乏朋友和同伴。他们认为自己与他人有别，难以融洽相处。自幼便表现出社交中被动，缺乏人际交往以及对批评过度敏感。这类患者的突出症状包括：扭曲的认知和知觉；行为古怪和反常。他们歪曲的认知和知觉包括援引观念（并非妄想），猜疑、怪异的信念，奇特的想法（如相信千里眼、测心术、心灵感应）和不寻常的知觉体验（如感到精灵的存在、类似幻觉的边缘体验）。他们还有离奇的言语，如不寻常的造句、语词和短语，以及言语含混难解、离题倾向。人际互动时，他们有着不恰当的情感反应或者没有情感反应，表现为古怪、情感倒错、呆傻。他们的行为离奇，表现为举止奇特，衣着异常，忽视传统，以及表现出笨拙的社交行为。

分裂型人格障碍的特征表现处于分裂样人格障碍和精神分裂症之间的边缘地带。本症患者可见理解、思维和沟通障碍。这类人表现外表和观念古怪，沉浸于神秘而深奥

笔记

的思考，这种思考在通常的思考范围之外，这损害了患者的日常功能。一些患者报告自己有“超自然”体验，包括知觉扭曲，比如：灵魂出壳、遥视、透视、心灵感应等。他们用自己特有的语言报告这些体验，由于他们大量使用模糊的表达，因此让人很难理解。患者通常穿着怪异，行为反常，看上去很古怪。尽管他们通常没有妄想倾向，但是他们被牵连观念折磨，这是他们古怪信念的一部分。他们与社会隔绝，接触不良，言行导致社会适应困难，受人嘲弄，这让很多患者变得多疑甚至偏执。尽管他们对批评不敏感，但通常会回避社交场合。他们敏感多疑伴有牵连观念，在患者中，被害观念并不罕见。他们只信任极少数人，通常是一级亲属。他们有时言语古怪，情感受限，不断被人嘲笑、批评或者说闲话。患者认为世界是一个充满敌意和不可预测的场所，最好的选择就是回避它。另有一些患者需要证实自己的判断，因而常扮演一个侦探的角色。

分裂型人格障碍的临床表现可有几种亚型：

1. 具有显著精神病样症状的亚型，如位于幻觉边缘的再发性错觉。这种错觉界定不良，但非真性幻觉，牵连观念和多疑较为常见。

2. 精神病样症状是发作性的，称之为边缘性分裂型人格。患者的言语是丰富的和离题的。这类人可能会戏剧性地表示与社会隔绝，无论如何也难以与人保持亲密的关系。

3. 无明确精神病样症状，但有显著的社会隔绝。只是因为他们多疑和外表古怪才被诊断为分裂型人格障碍，而不标以分裂样人格障碍。

分裂型人格障碍在总人口的患病率为 3.9%（Pulay et al., 2009）。在临床寻求治疗的患者中，男性更多见（Zimmerman et al., 2005）。诊断该疾病时，要注意患者古怪异常的思维并不属于文化信仰的一部分。

四、反社会型人格障碍

反社会型人格障碍（antisocial personality disorder）也称作悖德型人格障碍（delinquent personality disorder）、无情型人格障碍（affectionless personality disorder）、精神病态（psychopathic）或社会病态（sociopathy），是一种以行为不符合社会规范为主要特点的人格障碍，其行为异常主要是缺乏自我控制能力。反社会型人格障碍的特点有冷酷无情、短暂的人际关系、不负责任、冲动和易激惹、缺乏罪恶感和悔恨并且不承担责任。

最早关于反社会型人格障碍的研究是从 1806 年法国著名精神病学家 Pinel 的报告开始的。他将这种病态行为归入当时的精神病学分类之中，称之为“不伴妄想的躁狂症”。之后心理学家 Prichard 首先提出了“悖德狂”这一诊断名称。后来“悖德狂”这一名称逐渐被“反社会型人格”所代替。1876 年，意大利精神病学家、犯罪学家 Lombroso 在其 *Criminal Man* 一书中提出了“天生犯罪人”的概念，并且认为这些人大多是悖德狂者，或者称之为“道德卑劣”（moral imbecile）者。

反社会型人格障碍对社会的影响非常严重，与违法犯罪行为关系非常密切，因此引起心理学家和精神病学家的高度重视，是迄今为止研究最多的一种人格障碍类型，也被看作是最难治疗的人格障碍之一。此种人格障碍男性多见，多发生于童年期和少年期；他们年轻时多有品行障碍史，严重不负责任和社会性威胁行为，并持续到成年。患病率在发达国家为 4.3%~9.4%（Reich et al., 1993），我国台湾地区为 0.3%（Zoccolillo, 1999）。此型人格引起的违法犯罪行为最多，在监狱和劳教机构中具有这种人格的占相当大比率（40%~78%），

笔记

且多为累犯或惯犯。在同一性质的屡次犯罪，罪行特别残酷或情节恶劣的犯人中约1/3~2/3的人属于这种类型。国内学者研究发现，罪犯中反社会人格障碍存在年龄差异，随着年龄增大，反社会人格障碍的发生率逐渐降低。18~24岁罪犯的反社会人格发生率最高，45岁及以上罪犯反社会人格障碍发生率最低。反社会型人格障碍在精神科临床或门诊少见，有时他们为了回避法律责任会到精神病机构求治。

根据精神病学家和心理学家研究的成果来看，产生反社会型人格障碍的主要原因有：早年丧父丧母或双亲离异、养子、先天体质异常、恶劣的社会环境、家庭环境和不合理的社会制度的影响，以及中枢神经系统发育不成熟等。一般认为，家庭破裂、儿童被父母抛弃和受到忽视、从小缺乏父母亲在生活上和情感上的照顾和爱护，是反社会型人格形成和发展的主要社会因素。

这类患者冷酷无情，从不关心他人，其性生活也没有一丝温情可言。他们可能对他人，包括对性伴侣和儿童采取残忍或有辱人格的行为，使其受到身体或性虐待。他们与他人的关系是肤浅而短暂的。他们不负责任，并且有违反社会规范的行为。他们不遵守规则，反复触犯法律，常因暴力犯罪而入狱，且其犯罪行为通常始于青少年时期。

这类患者以冲动和不负责任的方式，有时是以敌意和严重的暴力方式来显露内心冲突。他们冲动控制能力差，做事缺乏目标和计划，并且通常因频繁被免职而有不稳定的工作记录。他们常冒险，不顾他人和自己的安全。他们易激惹，愤怒之际有时以暴力袭击他人。他们对挫折的耐受力很差，常不能预计自己的反社会行为所带来的消极后果，丝毫没有罪恶感或悔恨，以及不因受到惩处或其他不利结局而改变自己的行为。惩罚既难以改变他们的行为，也不能改善其判断力和预见力，而只会使他们对世界更冷酷，所以患者会反复触犯法律，成为屡教不改的顽固分子或罪犯。他们逃避责任，总是为自己的不道德行为找借口，或是把应负的责任推卸给他人，并将自己的过失合理化。他们极具欺骗性，在人际交往中信口雌黄，并习惯于挥霍。他们容易无聊和不安，不能耐受日常事务的沉闷。因此，他们常常随意改变与他人的关系（容易从一种关系向另外一种关系转移），经常使自己处在一种不良的状态。

反社会型人格障碍者往往戴着心智健全的面具，表面看起来非常正常，富有魅力和善解人意。然而，他们的过去经历却显示出他们在行为、自我意识、爱与性、人际关系和认知模式等方面所存在的功能障碍。他们难以与人建立良好的关系、自我形象不良、行为冲动、情感肤浅、思维偏执、缺乏爱的能力。

反社会型人格障碍者在儿童时期可能就有品行障碍或相关的异常行为，如经常说谎、逃学、斗殴、离家出走、偷窃等。有些人可能患有注意缺陷与多动障碍。一般而言，反社会行为在青年时期发生得最频繁，以后会随年龄的增长而逐渐减少，但有些人会终身存在不顾自己、侵犯他人的行为。这类人在幼年往往有学习成绩不良、逃学、被开除、漫游、反复饮酒、性放荡、说谎、破坏公物、偷窃、违纪、对抗长者、攻击人等表现。

反社会型人格障碍虽然经常发生违纪行为，但与一般犯罪是有区别的。尽管二者对所犯罪行为均负有完全责任能力，但司法精神科医生和司法工作者仍应区分反社会型人格障碍犯罪者和不法分子作案：①一般犯罪者往往有计划和有预谋地达成犯罪，反社会型人格障碍者多不能；②犯罪者违法目的明显，反社会型人格障碍者多受情感冲动支配，犯罪动机较模糊；③犯罪者在使他人受害时作案手法隐蔽和狡诈，企图逃避罪责，反社会型人格障碍者害人害己，而对自己的危害尤大；④反社会型人格障碍者较少造成凶杀或其他严重案件以致被判处极刑；⑤一般犯罪者的人格固然是有缺陷的，但未达到人格障碍程度，而反社会

笔记

型人格障碍者则在心理活动的各个方面都有严重的影响，反映在生活的各个侧面，出现持续和长期的行为障碍。

五、边缘型人格障碍

边缘型人格障碍（borderline personality disorder，BPD），是一种以情感、人际关系、自我意象的不稳定及冲动行为为特征的复杂而严重的人格障碍，以反复无常的心境和不稳定的行为为主要表现。

1938 年 Stern 在治疗精神分裂症时第一次采用“边缘性”这个术语。有关边缘人格障碍的描述最早可以追溯到 1801 年的 Pinel 的观察。他发现有些精神病患者仍然保持着理性。1837 年，Prichard 提出其实很多人们认为的“无理由的疯癫”的人其实是有精神疾患，只不过这种精神疾患主要以情绪、习惯、气质的不同体现出来。他们观察到的很多患者其实就是今天所说的边缘型人格障碍者。

边缘型人格障碍的诊断实体开始进入精神科诊断，始于 1948 年的 DSM-Ⅰ，当时的名称叫做“情绪不稳定型人格障碍”（emotionally unstable personality disorder），在 1968 年的 DSM-Ⅱ中被取消，因为它与当时的另外一个诊断，即循环型人格障碍有很大重叠。1980 年 DSM-Ⅲ乃至以后的版本中保留了边缘型人格障碍的诊断，并以之取代了循环型人格障碍。

边缘型人格障碍起病于成年早期，是临床上最常见的一种人格障碍，在普通人群中占 1.0%~3.0%。国外报道边缘型人格障碍的患病率为 1.0%~2.0%，占精神科门诊患者的 10% 和住院患者的 20%，女性多于男性，男女患病比例为 1∶3，约 10% 的患者会自杀死亡，是一般人群的 50 倍（Grootens et al.，2008）。BPD 具有高自伤和自杀风险（Lieb et al.，2004）。国内学者发现在中国精神科门诊就诊者中边缘型人格障碍患者比例为 5.8%，其中女性患病率高于男性，患病率随年龄增长而下降，男女有相似趋势。

边缘型人格障碍的发病与遗传因素、神经生物学、家庭、社会环境因素密切相关。比如 van Elst（2001）发现边缘型人格障碍者前额叶背外侧皮质区和左侧纹状体的神经功能受损。Leyton 等（2001）提出边缘型人格障碍患者大脑皮质通路中 5-HT 合成能力的下降等。此外，发病可能与患者童年时遭受家庭暴力或受到身体或性方面的虐待，或童年期与家人分离，被忽视，父母离异死亡以及双亲有冲动和忧郁的特质有关。

边缘型人格障碍的突出表现是：自我认同混乱，长期感到空虚，竭力避免被抛弃，冲动，难以控制愤怒，情感不稳定，人际关系极其不稳定，冲动及自毁、自杀行为。同时，患者有时会产生暂时的、与心理压力有关的偏执观念或者严重的分离性症状。患者通常缺乏自我目标和价值感，对自我身份的认同极为混乱，表现出对自我形象、目的及内心的偏好常是模糊不清的或扭曲的，导致在生活中出现各种矛盾和冲突。患者的情绪控制能力很差，往往有强烈的焦虑情绪，很容易愤怒、悲哀、羞耻、惊慌、恐惧。由于易卷入强烈及不稳定的人际关系，患者可能会陷入连续的情感危机，也可能会竭力避免被人抛弃而出现一连串的自杀威胁或自伤行为。患者常常感觉到空虚和孤独，却又非常惧怕孤独，因而常通过各种刺激性行为和物质如饮酒、滥交、吸毒等来排遣空虚孤独感。当遇到压力性事件时，患者极易出现短暂性发作的紧张焦虑、易激惹、惊恐、绝望和愤怒。人际冲突时有发生，患者很难建立亲密的关系，经常失业或出现婚姻破裂。在某些压力状态下患者可能出现人格解体、偏执观念、错觉或幻觉，但症状轻微，精神压力解除后能迅速缓解。

笔记

临床上以女性患者居多，病症在成年早期即已暴露，但随年龄增长趋于缓和或稳定。患者坚信自己由于在童年时被剥夺了充分的关爱而感到空虚、愤怒。因此，他们会无休止地寻求关爱。精神科医师遇到边缘型人格障碍患者大多在急诊室，其时他们表现极度的愤怒和争辩纠缠，并试图将争吵的责任推给他人。有的患者向医师发出惊人的和不适当的求助要求。他们常诉述心绪焦虑、愤怒、抑郁和长期空虚感。当遇有挫折时可发生短暂精神病发作，如真实感和个体认同出现轻度偏离，伴发人格解体和非真实感，常见心因性混乱的短暂发作和与现实接触的障碍。边缘型人格障碍患者的行为是无法预测的，他们很少能够达到他们的能力所允许的水平，他们可处于长期愤怒并以攻击爆发来表达，这种未预料到的暴力是诊断障碍人格的线索。在不顺利或痛苦的生活面前，他们可反复发生自毁动作如切血管和自残肢体，其目的是为了获得他人的关注和帮助，他们在自伤时若无其事，并不感到疼痛，但可消除紧张。他们对人抱有依赖或敌意的矛盾态度，人际关系不良。这类人需求亲密关系，又不能耐受亲近，结果导致与人分离。边缘型人格障碍患者不能耐受孤独，寻找的同伴常不合意，故而感到孤单和空虚。他们常常诉述缺乏认同的一致，当受到心理压力时表现抑郁，有时掺和其他情绪。治疗时不合作、挑剔，实施治疗困难，甚至会发生自杀行为。许多边缘型人格障碍患者生活在无意义、缺乏目的或无用的状态下，颇似抑郁症；但因缺乏悲伤、罪恶感、自责、自尊心低等可与抑郁症区别。

由法院转诊的边缘型人格障碍患者一般无明显精神障碍的征象，仅有不适当的违纪行为，如进一步观察可发现人格障碍的特征。由于边缘型人格障碍的临床表现是多种多样的，导致在不同时期可能作出不同的诊断。抑郁是常见的诉述，可伴有厌烦、空虚和无用感；另外，惊恐发作，严重愤怒和嫉妒，冲动动作或短暂精神病的代偿障碍状态均具有特征性。

六、表演型人格障碍

表演型人格障碍（histrionic personality disorder）又称寻求注意型人格障碍（attention-seeking personality disorder）或癔症型人格障碍（hysterical personality disorder），以人格不成熟和情绪不稳定为特征，为引人注意会作出自我表演、行为夸张，受暗示性和依赖性都很强，渴望得到理解和评价，社交中容易感到受伤，高度自我中心，易激动，情感肤浅，易把想象当作现实，不停追求新鲜刺激的生活，言谈举止不成熟，可能类似儿童。

表演型人格障碍和边缘型人格障碍有很多相同的特征，比如情绪迅速变化、人际关系不稳定，但边缘型人格障碍患者表现出自我毁灭、亲密关系的愤怒式破裂和慢性的内心空虚感，而表演型人格障碍患者是时刻想成为人们关注的焦点。为赢得更多的赞美式关怀，行为表现出戏剧化以及公然的性诱惑，但性生活被动，往往性乐缺乏。这类人会夸大自己的外表的吸引力，表现出表现癖和夸大的特点，对批评的反应往往是冷淡或者愤怒。周围人描述他们时，经常用到"自我中心""肤浅""苛求""过度依赖""及时满足"等词语。这类患者需要持续被关注，但因无人能做到这一点而导致人们的疏离。

临床中女性相对于男性来说，更可能被诊断为该障碍。2001—2002 年全美流行病学调查显示该疾病的患病率为 1.84%（Grant et al., 2004）。这类个体的婚姻状态更多的是分居或者离婚，为了得到更多的照料，他们会夸大躯体问题，也做自杀威胁。

笔记

七、自恋型人格障碍

自恋型人格障碍(narcissistic personality disorder)是以妄自尊大的观念和全神贯注于无限成功、权力和智慧光辉的幻想为主要表现的一种人格障碍类型。自恋型人格障碍的特征有:对自我价值夸大,缺乏对他人的共感性,过于自负,幻想巨大的成功、权力等,认为自己与众不同,无根据地夸大自己的成就和才干,认为自己应被视为"特殊人才",认为自己的想法是独特的,只有特殊人物才能理解,过分需要他人的赏识,极具特权意识,喜欢利用他人,缺乏同情心,易妒忌、认为他人嫉妒自己,骄傲自大。

自恋型人格障碍的临床描述大部分来自于精神分析治疗过程,因此其病因学研究主要是精神动力学机制,其中自尊心调节是关键的致病因素。"自恋"首次由文学概念被引申入临床描述。自恋者自我欣赏、自我抚摸、自我玩弄,直至获得彻底的满足。1914年,精神病学大师和精神分析学始祖Freud首次较系统地论述了自恋的问题。在著名的论文*On Narcissism*:*An Introduction*中,Freud对自恋的起源、本质、表现形式以及在人的发展中的作用分别作了说明,并以此构成其性学理论的重要组成部分。Freud认为,自恋是一种未区分的精神能量,来源于libido,最初用于自我及养育自己的女人,称之为原始的自恋;每个人身上都存在原始的自恋,这是种自体性欲的性满足,其目的在于自我保护。

近三十多年来,有关自恋及自恋障碍的研究逐渐增多。1967年,Joffe和Sandler率先明确提出自恋和自恋障碍的研究方向,他们认为"临床上认识自恋和自恋障碍必须要考虑到社会文化对其的影响,情感、态度、价值和理想是后现代心理学很重要的部分,研究自恋必须考虑上述因素"。1968年,美国心理分析学会定义自恋为:"一种心理的兴趣集中在自身的注意力"。20世纪70~80年代时,美国精神病学家Heinz Kohut在一系列论文和两本主要的著作*The Analysis of the Self*和*The Restoration of the Self*中,设计了对自恋型人格障碍的完全不同的临床解释和治疗模式。他认为自身是一个相对于客体的概念。有这样一类患者:一方面,他们的精神病理介于神经症和边缘状态之间;另一方面,他们的精神病理介于温和的人格障碍和神经症之间。这种类型的人格障碍能否被分析,需要看他们的移情,而不是由其他的临床描述决定。小样本调查发现,健康人群中自恋型人格障碍的患病率为3%。自恋型人格障碍患病率无性别差异,在所有社会经济和文化层次均可发生。

此型人格障碍者自命不凡、妄自尊大。他们幻想自己很有成就,拥有权力、智慧和美貌,认为自己与众不同,期望别人羡慕自己,并给予他们特殊的待遇。他们认为自己有权享有最好的东西,并力图与地位显赫的人物拉上关系。他们利用别人而不顾及别人感受,也不对其抱以同情。他们嫉妒他人拥有的财产和取得的成就,同时期望别人以同样的方式嫉妒自己。他们显得傲慢、目空一切、骄傲自大,好以恩人自居或以恩赐的态度待人。这种人常有特权感,期望自己能够获得特殊的待遇,其友谊多是从利益出发的。他们不能理解别人的细微感情,缺乏将心比心的共感性,因而在人际关系中常出现问题。

他们的自尊很脆弱,过分关心别人的评价,要求别人给予持续的注意和赞美;对批评感到愤怒和羞辱,外表则以冷淡和无动于衷的反应来掩饰。在实际中,他们稍有不如意,就会体会到自我无价值感。这类人可因轻微的刺激而出现抑郁心境。他们的自尊是欠稳定的,思想贯注于应如何去做事和周围人如何看待自己。自恋的特质常见于从事需要全

笔记

神贯注的戏剧、艺术、体育或科学工作者等。虽然他们对自己的品质、成就和想象力表现明显夸大，但也因浅薄感、自卑和微不足道而烦恼。这种内在的脆弱性常反映在对不能获得承认和对批评的过分敏感。个人挫折可体验为对自恋的损伤，患者可表现不合理的愤怒或因不能谅解而产生的报复欲望。自恋型人格障碍通常会因为社会退缩，或者合并抑郁心境而使得病情复杂。婚姻问题和糟糕的人际关系往往成为患者的主要损害来源。自恋型人格障碍患者常有普遍性的人际关系障碍，他们的抑郁情绪、人际困难或不切实际的目标可能影响工作。但另一方面，他们对功利的追逐也可能使他们获得较高的工作成就。

八、回避型人格障碍

回避型人格障碍(avoidant personality disorder)，其最大特点是行为退缩、心理自卑，面对挑战多采取回避态度或无能应付。患者表现为长期和全面的脱离社会关系，由于担心被取笑、嘲弄和羞辱而回避社交行为尤其是涉及较多人际交往的职业活动。他们自卑，过分焦虑和担心，怕在社交场合被批评、拒绝或陷入窘境。

1911 年，Bleuler 在研究精神分裂症以及它的不同发展期的病理时就已经有关于回避型人格障碍的记载(Million et al., 2004)。Schneider 所描述的"不安全的自我 - 否定型精神病患者"所具有的特征为他们好像得了慢性疾病一样对自己感到不满意，在事情变得糟糕时总是在自责并且深深隐藏这样的情绪。回避型人格障碍和分裂型人格是常见的被混淆的两种人格类型，直到 Kretschmer 提出情感淡漠和过度敏感的概念，并以此进行鉴别。情感淡漠，是精神分裂症的前兆，无情绪感觉，缺乏自发的情感；而过度敏感尽管也是退缩，但情绪上表现为兴奋同时伴有焦虑。过度敏感的人很脆弱，也很害羞，爱生闷气，并怀疑他人，他们企图"尽量回避和抑制外界所有刺激"，这是一种典型的回避模式。国内学者报道此型人格障碍的患病率大概在 0.4%~1.3%。另有资料表明回避型人格障碍在一般人群中的患病率在 0.5%~1.0%，约占精神科门诊的 10%。

回避型人格障碍的形成与先天遗传因素和后天环境因素密切相关。在遗传素质的基础上，回避型人格形成的主要原因是自卑心理。这种自卑感源于幼年由于无能而产生的不胜任和痛苦的感觉，或由一些缺陷所导致。

此型人格障碍者处于持久和泛化的紧张状态。他们有不安全感，自卑，低自尊。他们自感社会地位低下、缺乏吸引力或不如别人，与人交往显得笨拙。他们总认为可能会遭到拒绝、被反对和受到指责，并且担心自己陷入窘境或被嘲笑。他们对新的经历持谨慎态度，并且尽量避免与陌生人接触，不肯与人打交道。他们面对日常生活中的危险感到害怕并避免承担风险，在生活风格上设立许多限制。他们与人相处时显得局促不安，因而避免那些与人密切交往的社交活动或职业活动。他们对拒绝与批评过于敏感。他们几乎没有亲密朋友，在新的人事关系中过于拘谨，由于担心遭到责难或受人奚落而难以与人发展成亲密关系。事实上，他们内心强烈渴望别人给予热情与接纳，因此与分裂型人格不同，并非情感淡漠，而是十分渴望社会交往但是力不从心，由于不能和他人建立良好关系而苦恼。回避型人格患者与分裂样人格一样，可有胆怯、退缩、冷淡和陌生的表现；但不同之处是回避型人格是焦虑、过分敏感、逃避和不信任。他们不会因为被排斥而发脾气，而表现为退缩。

九、依赖型人格障碍

依赖型人格障碍(dependent personality disorder)个体对人际交往感到焦虑，焦虑是来

笔记

源于渴望得到他人关心的深层次的需要，而不是担心遭到批评。这类人缺乏自信心，总是感到自己孤独无助、笨拙，不能独立活动，为了得到他人的关爱，他们否认任何可能让他人不悦及导致分歧的自身想法以及感受，会屈从极其不合理或令人不高兴的要求，极度依附他人。因为不能独立生活，随时需要有人在身旁，一旦独处便感到非常不适。这类患者害怕承担责任，允许他人对自己的生活承担主要责任，因为自己很难做出决定，包括日常一些小事，所以过度依赖他人的建议和保证。为了获得他人的帮助和关爱，患者会迁就、取悦对方，甚至是被利用或虐待。当人际关系中发生冲突或者关系破裂时，个体往往表现出抑郁和焦虑障碍。

全美流行病学调查数据显示该疾病的终生患病率较低，为 0.49%（Grant et al., 2004），女性多于男性（Fabrega et al., 1991）。认知理论认为这类患者具有与依赖需要相关的夸大和顽固信念，如“我是弱小的”。正因为这样的信念，他们会表现出过度依赖。

十、强迫型人格障碍

强迫型人格障碍（obsessive-compulsive personality disorder），是一种以情绪限制、秩序性、坚持执拗、犹豫不决、完美为主要特征的人格障碍。这类人过分认真，过分注意细节，责任心过强，为自己建立严格的标准，在思想上呆板、保守，在行动上拘谨、小心翼翼。他们常常自我怀疑，担心达不到要求而使神经常处于焦虑和紧张之中，得不到松弛，过分地注重工作，怕犯错误，遇事优柔寡断，难以作出决定。

强迫型人格障碍者多见于从事秩序性、严肃性职业者和那些需要坚持、注意细节、分类、编目工种者，如医生、财会人员等。高奖赏工作、遵守时刻和按部就班的文化是形成强迫型人格障碍的土壤。强迫型人格障碍多见于年长儿童或尚属成功的男性，男女比例约为 2∶1。Matsunaga 等（2000）认为不同性别的强迫症状在人格障碍的分布上有很大区别，造成这种差别的原因是男女存在不同的社交及人际交往特点。

强迫型人格障碍一般在幼年时期形成，与家庭教育、生活经历等社会因素直接有关，也同遗传素质相联系。父母管教过分严厉、苛刻，要求子女严格遵守规范，绝不许自行其是，造成孩子做事过分拘谨和小心翼翼，生怕做错事而遭到父母的惩罚，做任何事都思虑过多，优柔寡断，并慢慢形成经常性紧张、焦虑的情绪反应。Eysenck 认为遗传因素在内向人格（包括强迫型人格障碍）的发生上起作用，遗传因素可能是发展为强迫特质的素质，如家庭成员中有人患强迫型人格障碍，其亲属患强迫型人格障碍的概率比正常家庭要高。也有研究者关注到社会因素对强迫型人格形成的影响，认为家庭对强迫型人格障碍的形成影响最为明显。由于父母的教育方式刻板，限制了孩子的自主性，使孩子形成矛盾、固执、害羞的人格；孩子幼年时期受到较大的挫折和刺激，也可能产生强迫型人格障碍。这些人受强烈刺激或持续的精神压力，容易发展为强迫症。有人把强迫型人格障碍分为两种类型，第一型患者以不确定、疑虑、踌躇和消耗时间的思维为特征，容易发展成强迫症，第二型患者以固执、僵硬、郁闷、易激惹等为特征。部分强迫型人格障碍可能是精神分裂症的先兆。强迫型人格障碍者晚年易发生抑郁症，伴有心身疾病者也较常见。

强迫型人格障碍者过分专注于细节、规则、秩序和计划等。他们属于抑制性完美主义者，把日常工作变成了不必要的负担，过分沉浸于琐碎的细节之中，以至影响完成工作。他们缺乏想象力，很难把握机遇。他们有较高的道德标准且做事过于认真负责及瞻前顾后、谨小慎微，且习惯于以道德标准判断正误。这些特点使他们无法享受生活，因而他们似乎没有幽默感，并且别人的逍遥快乐也会令其不自在。他们因过分关注工作成就而忽略了人际关系。

笔记

这类人格障碍缺乏对新环境的适应性。他们僵化而执拗，刻板而固执，不喜欢变化而宁肯选择安全且熟悉的习俗旧法。他们固执己见并喜欢控制他人，不合情理地期望他人必须严格按自己的要求办事。他们有时吝啬得如守财奴，既不乐于付出也不喜欢受礼。他们不喜欢扔掉东西，可能会贮藏物品或钱财。他们迂腐且过于强调社会习俗，行事过分迟疑、谨慎、犹豫不决。他们在新的处境之下难以权衡利弊，因而四处征求意见，拖延做出决定的时间。他们惧怕犯错误，即使在做出决定之后，仍会疑虑重重，唯恐出错。他们对批评敏感，表现为过分关注他人的看法，担心自己会受到苛刻的批判。这类人几乎没有情感流露，但他们内心常针对那些干扰其生活常规的人酝酿着未表达的愤怒和怨恨，且这种愤怒情绪可能伴有攻击性的强迫观念与强迫意向。

大多数强迫性表现具有适应性，只要症状不是特别明显，患者常能取得很大成绩，特别是在需要秩序、完美、锲而不舍的科学和其他领域。但对于自己不能主宰、必须依靠他人的处境或者难以预料的情感和人际关系境况，强迫型人格障碍患者常会感到不适。

精神检查时，强迫型人格障碍患者显示出寻常的和谨小慎微的外表，坐下后表现体态不灵活和不自如，头发可能不寻常的整洁。情感并不迟钝和平淡，但是受限制的，很少出现发自内心的笑和哭。他们的心境是严肃的和沉闷的，偶尔可见焦虑或抑郁。讲话的声调是低沉和单调的，句子是拉长的，回答问题过于详细和迂回。日常生活中常见隔离、理智化、转换、反向形成和退行等机制。

十一、其他人格障碍

临床实践中，除上述十种典型的人格障碍以外，还有其他一些无法归在上述类别的人格障碍，分为以下三大类：

第一类，由于其他躯体疾病所致的人格改变。这种障碍是其他躯体疾病直接导致的病理生理性结果，有明确的来自病史、查体或实验室检验的证据，而且不能用其他精神障碍更好地解释。

第二类，其他特定的人格障碍。这种障碍具备人格障碍的典型临床表现，引起具有临床意义的痛苦，或者明显的社会功能的损害，但未能符合人格障碍中任一种疾病的诊断标准。临床工作者选择它用来交流未能符合任一种特定的人格障碍的诊断标准的特定原因。

第三类，未特定的人格障碍。和第二类一样，均是未能符合人格障碍中任一种疾病的诊断标准。不同的地方是，因信息不足或者无法作出更特定诊断的时候，不给出特定的原因。

（刘彦茹）

第三节　人格障碍的共病

正常人格和人格障碍之间的界限常常不明确，不同类型人格障碍之间的界限也常常难以确定，而且许多患者具有一种以上人格障碍诊断标准中的特征。例如，对一个患者作出一种以上人格障碍的诊断时，即可使用共病（comorbidity）这一术语。共病是指人格障碍与精神疾病伴发或不同类型人格障碍之间相互重叠。近年来，共病问题引起精神病学家极大的兴趣和关注。共病不仅影响临床表现，对治疗和结局亦尤为重要。因为每个患者都有他自己的人格，所以人格障碍可能出现在精神科临床实践的各个方面，它对理解和治疗患者

笔记

是至关重要的。临床精神障碍、人格障碍和正常人格特征之间在概念上都有很大重叠。人格障碍对临床精神障碍的影响表现在如下几个方面：①加重精神疾病症状的严重程度，表现为症状数目多，严重性高（有较多的重精神病症状）；②为难治性精神疾病常见原因，如与人格障碍共病的精神分裂症、抑郁症、强迫症、焦虑症等对治疗抵抗；③不良的结局，表现为患者的社会功能、职业功能、家务功能、治疗依从性等受到较大的损害；④再住院率高，这与伴发人格障碍的精神疾病复发率高有关系；⑤长期存在心理社会危机，如发生自杀和自杀未遂的风险高。

一、精神分裂症和人格障碍共病

大约33%的精神分裂症患者同时具有A簇、B簇、C簇三簇人格障碍的特征（Moore et al., 2012）。其中，B簇人格障碍特征和自杀行为、低认知表现、童年不良遭遇显著相关；C簇人格障碍特征和精神分裂症中高情感迟钝评分密切相关；A簇人格障碍特征仅在对照组中和健康童年缺失相关。研究发现，精神分裂症合并多种人格障碍更容易造成较高概率的童年期自杀行为、较早的精神分裂症发病年龄及较差的认知功能。

关于精神分裂症和人格障碍共病的研究主要多见于精神分裂症和分裂型人格障碍、边缘型人格障碍等的研究。2005年Asarnow对儿童期发病的精神分裂谱系疾病进行了追踪调查，发现25%的分裂型人格障碍患者后来患了更严重的精神分裂谱系疾病，支持了分裂型人格障碍增加了患严重精神分裂谱系疾病风险的假说。2010年Bahorik和Eack研究发现精神分裂症合并有边缘型人格障碍的患者占17.6%。住院期间合并有边缘型人格障碍的患者与不合并边缘型人格障碍的患者相比，精神症状的严重程度略有上升，同时伴有高水平的焦虑和抑郁情绪。出院一年后，合并有边缘型人格障碍的患者在精神症状的改善方面和社会功能恢复方面远不如不合并边缘型人格障碍的患者，特别是敌意和猜疑方面。同时，其再住院率也明显高于不合并边缘型人格障碍的精神分裂症患者。2012年Maghsoodloo等发现与未犯罪的精神分裂症患者相比，犯罪的精神分裂症患者与反社会型人格有更高的共病率（73.3%）。2014年Volavka研究发现精神分裂症患者合并边缘型人格障碍、反社会型人格障碍和物质使用障碍时会增加其暴力行为的危险性。这些研究表明：精神分裂症合并人格障碍并不少见，合并边缘型和反社会型人格障碍成为精神分裂症患者病程和结局的负性影响因素。

二、心境障碍和人格障碍共病

心境障碍和人格障碍共病的研究主要集中在心境障碍和边缘型人格障碍等的共病。边缘型人格障碍者中共病率最高的疾病分别是心境障碍（97.6%，包括抑郁症和心境恶劣）、物质滥用（59.1%）、焦虑障碍（90.5%）和进食障碍（62.2%）。和其他人格障碍者比较起来，边缘型人格障碍的心境障碍终生患病率显著增高。

边缘型人格障碍患者的抑郁症的首发年龄低，抑郁症状更加严重，社会功能低，抑郁症病程长，患者反复住院，有更多的自杀意念和自杀行为，病史中有更多的童年躯体虐待或性虐待的历史，更容易并发恐惧症、摄食障碍和物质滥用。抑郁症合并边缘型人格障碍者疗效差，压力事件多，社会适应性差，并有更严重的社交焦虑障碍。与不合并人格障碍的抑郁症患者相比，边缘型人格障碍共病组有更多的愤怒和敌意，更高的人际关系敏感性，更容易出现偏执观念。合并有边缘型人格障碍的抑郁症患者自杀的风险大于单纯的抑郁症患者，并且尝试第一次自杀的年龄小于单纯的抑郁症患者。合并有边缘型人格障碍的抑郁症患者自杀的成功率高于单纯的抑郁症患者。

笔记

人格障碍与双相情感障碍也存在较高的共病率。Brieger等（2003）发现38%的双相情感障碍患者同时符合人格障碍的诊断，如边缘型、强迫型和自恋型人格障碍等。边缘型和自恋型人格障碍能显著增高患者罹患双相情感障碍的风险。George 等（2015）发现有 28.8% 的双相情感障碍缓解期的患者合并有人格障碍，且 B 簇和 C 簇人格障碍比 A 簇更为常见。Latalova 等（2013）回顾了 1970—2012 年的相关文献，发现双相情感障碍患者合并人格障碍（尤其是边缘型人格障碍）与更复杂的病程有关（如复发，稳定时间短，发病年龄早等），他们共病物质滥用、自杀和攻击的可能性更高。

三、焦虑障碍和人格障碍共病

焦虑障碍患者经常共病一种或数种人格障碍，且共病者的临床问题更加复杂和严重。焦虑障碍和人格障碍共病的研究主要集中在强迫症、社交恐惧症和人格障碍等的共病。

强迫症患者中仅有少数人伴有强迫型人格障碍，而回避型、依赖型、表演型等人格障碍更多见。一项研究涉及早发型（18 岁以前）和晚发型（18 岁以后）强迫症患者，结果提示前者和分裂型人格障碍高度相关。有一半强迫症患者伴有轻到严重程度的分裂型症状（包括援引观念、多疑和神秘观念、错觉和精神病样思维）；文献显示 5%~32% 的强迫症合并有分裂型人格障碍。

社交恐惧症与回避型人格障碍的相关比与其他人格障碍的相关性更强，它们两者在症状上也更具有相关性。单纯的社交恐惧症患者比单纯的回避型人格障碍患者有更高的功能障碍，但出现抑郁症和人际问题的比例较低。

四、物质相关障碍和人格障碍共病

目前对反社会型人格障碍、边缘型人格障碍与物质相关障碍共病的研究较多。遗传研究显示了反社会型人格障碍和物质滥用病因上的关系。比如，在对分 开抚养的同卵双胞胎的研究中，研究者发现反社会型人格障碍和物质依赖性存在本质上的遗传相关性。物质滥用的反社会型或边缘型人格障碍患者，当经历了生活中的一些负面事件或是曾经历过儿童期性虐待，便有很大可能性采取自杀的行为。

边缘型人格障碍的患者出现酒精滥用和其他物质滥用的比率分别是不伴边缘型人格障碍的患者的 4.3 倍和 8.7 倍。以年龄小于 30 岁的成人和青少年中合并有边缘型人格障碍的酒精滥用者以及无物质滥用的边缘型人格障碍患者为研究对象，结果发现两组在选择自杀的方式上没有差异，但是 55 岁后合并有酒精滥用的边缘型人格障碍患者和单纯的边缘型人格障碍患者相比，自杀率和自杀致死率均增加，表明合并有酒精滥用的边缘型人格障碍自杀的风险显著增加（Wilson et al., 2006）。

五、其他共病问题

对创伤后应激障碍与边缘型人格障碍关系的研究发现，30.2% 的边缘型人格障碍患者同时被诊断患有 PTSD，而 24.2% 的 PTSD 患者也被诊断为边缘型人格障碍。边缘型人格障碍与 PTSD 共病的患者比未共病患者的生活质量更差，更易与其他精神障碍共病，自杀的风险更高，童年期创伤事件的发生率也更高（Pagura et al., 2010）。PTSD 与边缘型人格障碍共病的患者比边缘型人格障碍患者的精神病理和心理社会功能受损更为严重，而流行病学研究显示 PTSD 共病边缘型人格障碍的风险并不比其他人格障碍高，且这种共病的发病机制也未明确（Frías et al., 2015）。

2014 年发表的 meta 分析显示，非典型性进食障碍和暴食障碍与人格障碍共病率分别为 38% 和 29%，C 簇人格障碍共病率最高分别为 38% 和 30%（其中回避型人格障碍为 18%

笔记

和12%，强迫型人格障碍为11%和10%），B簇人格障碍分别为25%和11%（其中边缘型人格障碍为12%和10%）。

近年来，对人格障碍的共病的研究具有临床和理论的双重意义，共病不仅影响精神疾病的临床表现、病程和预后，还反映这些合并发生的精神障碍可能存在共同的内在病因及相互间的因果关系。

（袁勇贵　张文瑄）

笔记

第十一章　人格障碍的诊断

各种类型的人格障碍理论背景、致病机制等都很不相同，因此要完全掌握人格障碍的诊断方法，对精神医学和心理学的理论和实践的储备有较高的要求。

第一节　关于临床诊断的说明

一、人格障碍诊断的历史沿袭

虽然对于各类人格理论的提出已有上千年的历史，但人格障碍作为一种精神疾病的临床诊断才经历了两百多年的时间。根据记载，临床上第一例被描述为人格障碍患者是 Pinel 在 1806 年报告的病例。从如今的角度看，该患者可能具有反社会型人格障碍，也就是说，最早的人格障碍往往被界定为与一种社会道德规范明显悖逆，且超出人们对犯罪行为的理解的一种异常行为模式。

此后，Freud 的精神分析一度成为精神医学领域的重心，继精神分析学派理论（儿童心理成长存在口欲期、肛欲期和性器期等阶段），又提出了停滞于三个童年期成长的性心理阶段分别导致依赖型、强迫型和癔症型人格类型（即后来的表演型人格）。这些人格障碍的类型完全脱胎于精神分析学派的理论体系，描述上生动形象，对其理解和把握则离不开精神分析的心理动力学理论。随着精神分析自身的理论发展，包括后来的自体心理学和客体关系理论，边缘型和自恋型人格障碍的诊断则相继问世。

二、人格障碍诊断的一般原则

人格障碍的诊断对即使是经验丰富的精神科医师而言也不是一件容易的事情，和其他精神疾病一样，没有特异的生物学特征可以辅助诊断。在诊断特定人格障碍之前，首先必定是先判断其是否符合人格障碍的一般性特征，这就需要从以下几个方面来界定。

（一）正常还是异常

判定患者的人格是正常还是异常，是关键也是难点。比如说，一个银行工作人员对数字准确性的反复检查，总是担心出错等特征可能符合强迫型人格障碍的部分特征，是否就可以据此诊断该银行人员患有强迫型人格障碍？答案是不一定的，还需要考察其他方面。

1. 人格障碍具有根深蒂固的特征，很难被周围人或身处的环境所改变，这就是说，患者是否在其他环境中也表现出同样的思维行为模式。这种难以矫正的特点是区分正常的人格特点或人格障碍模式的关键要素。对于上面提到的银行人员来说，就需要了解是否该人员在和朋友或家庭聚会时，也是表现出在银行工作时那种刻板检查、追求完美等特征，或者明明知道这么做是不恰当的，仍然会反复地以这种方式来应对。

2. 人格障碍具有适应不良的特征，与人格障碍患者维持长期稳定关系是很难的，其性

笔记

格上的问题会导致他们的家庭、工作、生活中常常矛盾迭起，加之他们不善于处理这些矛盾，导致无法适应环境。有调查发现人格障碍患者的婚姻状态常常是分居、离异或者单身，工作状态也以失业、病休为主，而这些人中接受良好教育的却不在少数。人格障碍所造成的适应不良有三个特点，一是多场景，二是这种适应不良会形成一种恶性循环，三是通常他们还会把自己的问题归罪于其他人，甚至完全否认他们自己存在问题。比如说，如果该银行工作人员符合强迫型人格障碍的诊断，那么他的家庭生活和人际关系必定存在一些问题，刻板行为会导致其人际关系的问题恶化，而其无法认识到导致问题恶化的原因，进而更小心谨慎，追求完美，唯恐出错，这种强迫型特征会进一步恶化。

3. 大部分人格障碍会具有给患者及其身边人带来痛苦，并伴有社会、工作以及家庭的功能损害的特征。

(二)状态还是特质

临床上的人格障碍诊断事实上远比理论复杂得多，人格障碍患者一般不会以性格问题为主诉来寻求帮助，而是因为处于某个状态来求助，例如工作、家庭生活、人际关系等问题或受挫后的情绪问题。此时如果诊断人格障碍就会有难度，因为如前所述人格障碍应该是一种特质而不是状态，这就要花时间来判断状态和特质的关系。这两者区分就需要有足够的时间和耐心。人格障碍的诊断是一个费时的过程，很难在一次面谈后就能得出人格障碍的诊断。那么，该如何做到准确地把握状态还是特质的界限呢?

1. **纵向的方式来看待人格障碍**　特质具有时间上的一贯性，也就是说，该人格障碍患者必定是有从成年早期开始一贯的思维行为模式，而状态则是在近期发作的，或呈现发作性的特征，例如，抑郁症的患者可以表现出社交退缩、自卑、缺乏精力，这样的话似乎可以诊断回避型人格障碍，但如果抑郁发作之前患者并无上述回避的特征，或者当抑郁症状缓解之后，回避的情况也不存在，这就说明该患者的回避仅仅是一种状态。临床医生不但需要通过要求患者回顾性地描述他们既往的许多表现来区分特征和状态，更重要的是给予足够的时间去随访患者。

2. **扩大信息来源**　在临床工作中，有时候患者身边亲近的人所提供的信息也非常重要，当患者深陷在某种状态中，他们的描述会变得不客观。抑郁或者焦虑状态下的患者往往因为对自身的评价过低，故认为自己符合多种人格障碍的特征，而精神病性状态、躁狂状态的患者则可能会掩藏一些他们人格上的问题。那么，在诊断人格障碍时，就需要去了解那些知情人所提供的信息(例如，询问患者目前状态前的表现)。但是，需要注意的是，在诊断人格障碍时一定是以患者本人描述的或认可的信息来诊断，所有其他来源的信息，需要回到患者身上进行确认，并不能全凭别人的描述或者医师的印象来诊断，不然会有所偏颇。

三、人格障碍诊断现存的问题

(一)人格障碍的诊断易被忽视

我国早期对人格障碍流行病学调查数据结果明显低于欧美国家，人格障碍的诊断在国内是处于被忽视的状态，这与人格障碍诊断的复杂性有关。临床上需要对人格障碍患者给出明确诊断往往需要在三次面谈以上，且每次面谈需要的时间(40 分钟左右)也是目前临床上的门诊时间(小于 15 分钟)所不够的。另外一个重要原因是往往临床医师诊断了状态问题(如抑郁症)就不愿再花时间去评估患者的人格，而且人格障碍相应的治疗手段的缺乏也是造成其诊断上不被重视的原因。

(二)人格障碍易共病

各种人格障碍产生的历史背景的差异促成了目前人格障碍临床应用的另一个尴尬处

笔记

境：各种人格障碍之间有很多诊断上的重叠，大部分人格障碍患者可能符合两种或两种以上的人格障碍标准。这种高共病的问题也给诊断带来一定的困惑。具体内容详见第十章。

第二节　偏执型人格障碍

一、诊断

偏执型人格障碍的诊断标准（根据 DSM-5，F60.0）

A. 对他人普遍的不信任和猜疑，以至于把别人的动机解释为恶意，开始于成年早期，存在于各种背景下，表现为下列 4 项（或更多）症状：

1. 没有足够依据地猜疑别人在利用、伤害或欺骗他。
2. 有不公正地怀疑朋友或同事对他的信任和忠诚。
3. 对信任他人很犹豫，因为毫无根据地害怕一些资料信息会被别人恶意地利用来对付他。
4. 善意的谈论或事件会被当作有贬低或威胁性的意义。
5. 持久的心怀怨恨（例如不能原谅他人的侮辱、伤害或轻视）。
6. 感到自己人格或名誉受到攻击，但在他人看来并不明显，且迅速作出愤怒反应或反击。
7. 对配偶或性伴侣的忠贞反复地表示怀疑，尽管没有证据。

B. 并非仅仅出现于精神分裂症、伴精神病性特征的双相或者抑郁障碍或者其他精神病性障碍的病程之中，也不能归于因其他躯体疾病的生理效应。

注：如果在精神分裂症起病之前已符合此诊断标准，可加上“病前”，例如：“偏执型人格障碍（病前）”。

二、鉴别诊断

偏执型人格障碍需要与偏执型精神分裂症鉴别，两者之间的核心识别还是状态和特质的区别。前者是以持久的偏执态度为主，而后者则是以显著的偏执性妄想为主的精神病性障碍。当然其他伴随症状也可以帮助区别，偏执型精神分裂症患者往往还会伴有其他的精神分裂症的核心症状，如幻觉和其他思维障碍。另外，从症状的严重程度和偏离程度上看，显然精神分裂症的偏执症状内容往往会让人觉得不可思议，内容常缺乏现实的基础，且缺乏系统性，偏执型人格障碍不包括不可思议的想法、歪曲的知觉体验或古怪的想法或言语，他们偏执的内容往往有一定的现实基础，一般人有时甚至会误信其所言。

有时候，偏执型人格障碍需要和边缘型人格障碍相鉴别，因为边缘型人格障碍在临床上也可以看到在一段时期呈现出一种偏执的状态，但显然偏执型人格障碍患者不会具有边缘型人格障碍患者那些人际关系、自我形象和情感的不稳定的鲜明特征，边缘型人格障碍的偏执表现往往与其情绪化特征有一定的关系，而不会像偏执型人格障碍那样寻求逻辑上的恶意，两者是理性偏执（偏执型人格障碍）和感性偏执（边缘型人格障碍）的区别。

三、典型案例

王某，男，36 岁，因工作问题前来就诊。患者在某国企工作，负责技术相关的事情，人际关系一直比较简单，不愿与人深交，总是处处提防人家，从小就是如此，一直是学校中的独行客。但患者并不内向，学习能力突出，他举例说自己和同学关系不好的原因是他故意保持与同学的距离，追问之下患者说现在的社会氛围就是这样，要处处提防，如同学向他借

笔记

笔记，他会担心这些同学因为学习成绩的竞争关系，可能会在他的笔记上做手脚，以此来影响他的成绩。对于没有同学愿意主动亲近他的结果，他对此解释为嫉妒其才能。最近国企改革，他因人际关系不好，被多个部门踢皮球，总是没有合适他的工作岗位，为此恨意更甚，对平时同事得罪他的事情一直耿耿于怀。前几日同事开玩笑时无意中涉及他，此后整日患者都不开心，觉得白白被人欺负了，晚上特意找到该同事理论，最后双方争执起来不欢而散。他得出结论，断定是那人故意搞鬼，通过贬低他来保住他们的位子，以后一直伺机整垮这些人。

第三节 分裂样人格障碍

一、诊断

分裂样人格障碍的诊断标准（根据DSM-5，F60.1）

A. 一种脱离社会关系，在人际交流场合中情绪表达受限的普遍模式；起始于成年早期，在各种背景下，表现为下列4项（或更多）症状：

1. 既不渴望也不享受亲近的人际关系，包括成为家庭的一部分。
2. 几乎总是选择独自活动。
3. 对与他人发生性行为的兴趣很少或不感兴趣。
4. 很少或几乎没有活动能够令其感到有乐趣。
5. 除一级亲属外，缺少亲密的朋友或知己。
6. 对别人的赞扬或批评都显得无所谓。
7. 表现为情绪冷淡，疏离或情感平淡。

B. 并非仅仅出现在精神分裂症、伴精神病性特征的双相或者抑郁障碍、其他精神病性障碍或孤独症（自闭症）谱系障碍的病程之中，也不能归于因其他躯体疾病的生理效应。

注：如果在精神分裂症发病前符合分裂样人格障碍标准，标明“病前”，例如“分裂样人格障碍（病前）”。

二、鉴别诊断

临床上，分裂样人格障碍主要需要鉴别的是孤独症谱系的障碍。与分裂样人格障碍相比，后者社会关系有更严重的损害，这种损害往往是能力缺陷，难以弥补，不像分裂样人格障碍患者那样不愿建立社会关系。后者的行为和兴趣也表现得非常刻板。补充患者童年的学习情况、发育史等可能有助于两者的鉴别。

分裂样人格障碍同样需要与其他人格障碍进行鉴别，特别是与分裂型人格障碍的鉴别。虽然两者在社会隔离和受限的情感表达上的特征相似，但分裂样人格障碍患者往往不会表现出认知和感知上的歪曲。与回避型人格障碍也需要进行仔细的鉴别。虽然两者在社交活动中的表现均较为被动，但明显不同的是回避型人格障碍患者的内心其实是非常渴望交往的，他们是因为过分的害怕被拒绝和内心的自信不足和焦虑，进而促成其回避社会交往的行为模式，而分裂样人格障碍患者对发起与其他人的人际关系很少或根本不感兴趣，两者有核心的差别。

三、典型案例

江某，男，29岁，因工作问题前来就诊。患者自小有孤僻的特性，但数学成绩优异，特别对数字感兴趣，后在一家统计信息公司上班。之前患者埋头于老板交给的数据分析，虽

笔记

不参加公司各种活动，但因其工作业绩不错，老板未予过问。最近因工作需要，患者的工作可由某款计算软件替代，患者被迫离开原来的岗位，被安排成销售人员。到新的岗位后，患者一直沉默少语、独来独往，同事看其工作业绩不行，曾试图想帮帮他，都被他拒绝了，当领导批评他的工作时，他果断提出辞职，此后也未找到合适工作。患者多年来一直单身，没有婚恋经历。家人曾试图给他介绍朋友，患者总是回避，也不参加家庭或朋友的聚会，对家人甚至父母的情况也漠不关心。去年母亲生病住院时，竟然未去医院探视过一次。平时一个人居住，从未与邻居打过招呼，整日玩电脑。

第四节　分裂型人格障碍

一、诊断

分裂型人格障碍诊断标准（根据 DSM-5，F21）

A. 一种社交和人际关系缺陷的普遍模式，表现为对亲密关系感到强烈的不舒服和建立亲密关系的能力下降，同时有认知或感知方面的歪曲以及古怪行为；起始于成年早期，存在于各种背景下，表现为下列 5 项（或更多）症状：

1. 牵连观念（不包括关系妄想）。
2. 影响行为的古怪信念或魔幻思维，它们与其亚文化背景（例如：迷信、相信千里眼、心灵感应或“第六感觉”，儿童或青少年可表现为怪异的幻想或先占观念）不相一致。
3. 不寻常的知觉体验，包括躯体性错觉。
4. 古怪的思维和言语（如含糊的、赘述的、隐喻的、过分推敲的或刻板的）。
5. 猜疑或偏执观念。
6. 不恰当的或受限制的情感。
7. 古怪的、反常的或独特的行为或外表。
8. 除了一级亲属外，缺少亲密的朋友或知己。
9. 过度的社交焦虑，并不随熟悉程度而减轻，往往与偏执性恐惧有关，而不是由于对自我的负性判断造成的。

B. 并非仅仅出现在精神分裂症、伴精神病性特征的双相或者抑郁障碍、其他精神病性障碍或孤独症（自闭症）谱系障碍的病程之中。

注：如果在精神分裂症发病前符合分裂型人格障碍标准，标明“病前”，例如“分裂型人格障碍（病前）”。

二、鉴别诊断

首先分裂型人格障碍需要和精神分裂症进行鉴别，两者在临床表现上的区别仅仅是严重和明显的程度上。精神分裂症患者在各种精神病性症状的表现上不但程度重，而且有急性发作或明显改变的变化过程。分裂型人格障碍的症状要明显地轻于精神分裂症，而且在起病形式上并不是易于察觉的，而且分裂型人格障碍认知和感知的偏差出现在工作、生活、学习等多个环境中，是其一贯的处事风格，而不像精神分裂症在起病时虽然急，但不是立即泛化的。

另外，分裂型人格障碍还需要与之前提到的偏执型人格障碍进行鉴别。两种人格障碍都具有多疑的特点，但偏执型人格障碍虽然多疑，但不古怪，一般人会理解其多疑的内容，而分裂型人格障碍可能更多的是表现为古怪。此外，分裂型人格障碍还需要与分裂样人格障碍鉴别，两者在脱离社会的特点上有相似的部分，但后者不存在分裂型人格障碍所特有的明显的古怪的行为和显著的认知和感知上的歪曲。

笔记

三、典型案例

李某，男，22岁，因适应问题前来就诊。患者从小由父亲一方带大，母亲可能存在精神问题，在其2岁时走失。从小由奶奶一手抚养，从小学时候开始朋友很少，同学都认为他很古怪，常常在不适宜的时候发笑。与大家关心的事情不同，患者从小喜欢说一些古怪离奇的话，如自己有第六感、一些神秘力量围绕着他，也不爱参加集体活动，慢慢地与人交流也开始有些障碍，在描述学校一件普通的事情时，会啰嗦，抓不住重点，别人甚至难以理解，常常不知道他要表达什么意思。同学们为此不愿与他接近，他反而认为这是因为自己身上可能有一种特殊的气场，所以同学们才会躲着他。他在与医师的交流中，很少主动挑起话题，显得拘谨，回避眼神接触。

第五节　反社会型人格障碍

一、诊断

反社会型人格障碍诊断标准（根据DSM-5，F60.2）

A. 一种漠视或侵犯他人权利的普遍模式，始于15岁，表现为下列3项（或更多）症状：

1. 不能遵守与合法行为有关的社会规范，多次做出会被拘留的行为。
2. 欺诈，表现出为了个人利益或乐趣而反复说谎、使用假名或者欺骗他人。
3. 冲动性，或事先不制订计划。
4. 易激惹和攻击性，多次打架或斗殴。
5. 不顾自己或他人安全而鲁莽行事。
6. 一贯地不负责任，如反复多次地不能坚持工作或不履行经济义务。
7. 缺乏反省，例如对于伤害、虐待或偷窃行为显得无所谓或合理化。

B. 个体至少18岁。

C. 有证据表明品行障碍出现在15岁以前。

D. 反社会行为并非在仅仅出现于精神分裂症或双相障碍的病程之中。

二、鉴别诊断

反社会型人格障碍的鉴别诊断相对简单，因多数反社会型人格障碍患者有青少年期间出现违法犯罪行为的记录，诊断起来相对有依据。在实际临床工作中主要需要和自恋型人格障碍相鉴别。虽然从表面的诊断标准上看，两者所描述的内容并不重叠，但在临床应用和多项研究中却发现大概有近1/4的患者同时符合这两种诊断。这两类患者往往都可以表现出圆滑、肤浅、傲慢、缺乏共情、冲动、欺骗和不负责任等精神病态的表现，这里，自恋型人格障碍患者的夸大的表现是区别两者最显著的特征。其次，自恋型人格障碍患者表现的反社会行为往往是自我膨胀的继发表现，并不是像反社会型人格障碍所表现出的冷酷无情。反社会型人格障碍则表现出高度的冲动性和攻击性，不能吸取教训，不能理解他人的道德准则。而自恋型人格障碍在这些方面的破坏性往往要小得多，且带有明显的目的性。

三、典型案例

蒋某，男，19岁，无业，患者因吸食毒品被警察送来医院进行成瘾鉴定。患者从小由外公抚养，当问其父母亲现在怎么样时，患者表示不知道他们是谁，笑着说可能被车子撞死了。从小在班级里就是挑头王，爱搞些恶作剧，并对自己的恶作剧洋洋得意，而外公对他的

笔记

行为从不过问。上学后，经常闹事、打架，欺负同学，甚至辱骂老师。曾因打架斗殴一度被送入少年劳教所，小时候还喜欢虐待小动物，以表现其强大，后被学校劝退。患者此后一直在学校周围敲诈威胁低年级学生，将抢来的零用钱用于抽烟喝酒。成年后在工地打工，常常旷工，并多次聚赌，结交不三不四的女性，经常寻衅闹事，在一次打架后，因故意伤人被公安机关收容。患者在诊室中对自己的行为常常避重就轻，对自己的过错无动于衷，对他人造成的伤害也认为是小事情，表现得无所谓，显得无忧无虑，拒绝任何心理上的帮助。

第六节　边缘型人格障碍

一、诊断

边缘型人格障碍诊断标准（根据DSM-5，F60.3）

一种以人际关系、自我形象、情感的不稳及明显冲动性为特征的行为模式，开始于成年早期，存在于各种背景下，表现为下列5项（或更多）症状：

1. 极力避免真正的或想象出来的被抛弃（注：不包括第5项中的自杀或自残行为）。

2. 一种不稳定的、紧张的人际关系模式，其特征为在极端理想化和极端贬低这两个极端之间变化。

3. 身份的紊乱：显著的持续而不稳定的自我形象或自我意识。

4. 至少在两个方面有潜在的自我损伤的冲动性（例如：消费、性行为、物质滥用、鲁莽驾驶、暴食）（注：不包括第5项中的自杀或自残行为）。

5. 反复的自杀行为、自杀姿态或自杀威胁，或者是自残行为。

6. 由于显著的心境反应所致的情感不稳定（例如：强烈的发作性的烦躁不安、易激惹，或焦虑，通常持续几个小时，很少超过几天）。

7. 长期的空虚感。

8. 不恰当的强烈的愤怒，或难以控制愤怒（如：频繁地发脾气，经常生气，反复地斗殴）。

9. 短暂的、与应激相关的偏执观念或严重的分离性症状。

二、鉴别诊断

临床上边缘型人格障碍需要与双相障碍进行仔细的鉴别。事实上，边缘型人格障碍与双相障碍的共病率本来就较高，这种鉴别仍是状态和特质的界定问题，光凭单次的临床表现来区分两者是很困难的，必须结合患者的整个病程。边缘型人格障碍更强调一种行为模式，而双相Ⅱ型仅仅是发作的情绪障碍。边缘型人格障碍患者在独处时有被抛弃的恐惧和反复发生的自伤行为，这个在双相障碍中并不常见。此外，边缘型人格障碍还需要与自恋型人格障碍鉴别。边缘型人格障碍患者经常会反复出现自伤、自杀的行为是特征性行为，这在自恋型人格障碍患者一般不常见。自恋型人格障碍在人际关系上一般显示出强势，而边缘型人格障碍则不会这样，他们甚至会为了避免在真正或想象中的被抛弃表现出屈从。

三、典型案例

姜某，女，20岁，患者因割腕被急诊送入医院。入院时患者神志清楚，情绪低落，腕部伤口已愈合。当问及割腕的原因时，患者称因为被男朋友甩了，情绪不好。患者割腕前曾打电话给前男友，对其百般辱骂，扬言要死给他看，做鬼也不放过他。几周后，患者来接受进一步的心理治疗，对当时的行为觉得是有点冲动了。患者的朋友陪同，了解患者以前的

笔记

经历时发现患者情感问题一直不顺利，和几任男友关系总是好好坏坏，好的时候为爱不顾一切，不好的时候甚至当街厮打，曾被拘留48小时。患者常常空虚、忧伤，并借酒浇愁，已有无节制饮酒史3年。她的朋友觉得与患者交往的头几天还好，日子久了就觉得她的脾气变化大，在其身上总是发生冲突，很难维持长久的关系。

第七节　表演型人格障碍

一、诊断

表演型人格障碍的诊断标准（根据DSM-5，F60.4）

一种过度情绪化和寻求注意的行为模式，开始于成年早期，存在于各种背景下，表现为下列5项（或更多）症状：

1. 当自己不能成为他人注意的中心时，感到不舒服。
2. 与他人交往时往往以不恰当的性引诱或性挑逗为特征。
3. 情绪表达转变迅速而肤浅。
4. 总是利用身体外表来吸引他人对自己的注意。
5. 讲话方式是刻意想给别人留下深刻印象，而且缺乏细节。
6. 表现为自我戏剧化、舞台化或夸张的情绪表达。
7. 易受暗示的（例如容易受别人或环境的影响）。
8. 自认为和别人的关系很亲密，而事实并非如此。

二、鉴别诊断

表演型人格障碍因其特征鲜明，与其他精神疾病鉴别起来并不困难，主要需要和其他类型人格障碍，如依赖型、边缘型和自恋型人格障碍相鉴别。表演型和依赖型人格障碍患者一样，常常会希望由别人来帮他们做决定，区别点是表演型的患者是十分开朗的，如果他们独立自主更能吸引其他人，他们则会表现得很独立，他们的核心观念是别人的关注，而依赖型患者则不可能如此。表演型患者不会出现边缘型患者的自怨自艾和自暴自弃，一般很少出现暴怒或任性的自伤等行为问题。在所有人格障碍中，自恋型人格障碍和表演型人格障碍是两种最需要别人注意的人格障碍，但自恋型患者会表现得相对缺乏情感表达，而是在自我（在能力和实力上）夸大基础上来引起别人注意，而表演型人格障碍患者吸引别人注意的方式则富有情感，也有趣得多。虽然这两种人格障碍都存在共情能力缺乏，但在情绪表露的程度上有差异。自恋型的患者会表现得愤怒敌对，甚至有被动攻击的态度，而表演型的人则更多的表现为情绪化。

三、典型案例

张某，女，33岁，因恋爱问题前来就诊。患者一周前与相识3月的男友分手，原因是男友认为其与工作中的男同事关系过于暧昧，患者在分手后的第2天就开始与其单位已婚的领导开始恋爱。在就诊时，患者衣着夸张，身上挂满了叮叮当当的坠饰，发型古怪新奇且色彩丰富，言语轻浮，常常说起一些哗众取宠的话题。当谈及其上司已婚的情况时，原来还轻松的表情突然变得潸然落泪，诉说了很多自己的委屈，但很快又说他们的感情是真的。当谈及其前男友时，患者列举了许多前男友的缺点，认为他始乱终弃。当咨询师建议患者慎重考虑其与上司的恋爱关系时，患者欣然接受。整个咨询过程患者肢体动作很多，不乏与咨询师有亲密举动，当咨询结束时，患者将她一张最近的照片交给咨询师，并附上一张设计

笔记

精美的名片，表示在任何时候都愿意与咨询师配合。

第八节　自恋型人格障碍

一、诊断

自恋型人格障碍的诊断标准（根据DSM-5，F60.81）

一种需要他人赞扬且缺乏共情的自大（幻想或行为）的普遍模式；开始于成年早期，存在于各种背景下，表现为下列5项（或更多）症状：

1. 对自我的重要性有一种夸大的感觉（例如：夸大其成就和才能；在没有相应成就时却盼望被认为是优胜者）。
2. 沉湎在关于无限的成功、权力、辉煌、美丽或理想的爱情的幻想中。
3. 认为自己是"特殊"或"独一无二"的，只能被其他特殊或地位高的人（或机构）理解，或者应该与他们（或它们）有联系。
4. 要求过度的赞美。
5. 有一种权利感（例如：不合理地期望受到特别的优待，或他人顺从自己的期望）。
6. 在人际关系上剥削他人（为了达到自己的目的而利用他人）。
7. 缺乏共情：不愿意承认或认同他人的感受和需求。
8. 常常妒忌他人或认为他人妒忌自己。
9. 表现出傲慢、轻蔑的行为或态度。

二、鉴别诊断

自恋型人格障碍显然需要与双相障碍躁狂发作进行鉴别，两者都可以表现出明显的言语行为上的夸大。但前者是特质，而后者是状态，躁狂发作更具有发作性的特征。另外，自恋型人格障碍患者的本质是维护脆弱的自尊的，而不会像躁狂发作时那样失控，症状严重程度上低于躁狂发作。自恋型人格障碍还需要与其他类型人格障碍（如表演型和边缘型）相鉴别，这些鉴别要点在之前的人格障碍中已提及，需要把握的是自恋型人格障碍的两个要点：首先，夸大且脆弱的自尊及与之相伴随的情绪反应，夸大的自尊是自恋型最核心的特征，也是与其他类型人格障碍鉴别最关键的特征；其次，显著的在人际关系上的控制欲望和敌对表现。除此之外，一些边缘型、表演型、反社会型的特有特征可以作为与自恋型鉴别时的排除标准。

三、典型案例

周某，男，42岁，因情绪问题前来就诊。患者在最近几年内一直未找到合适的工作，上一份工作是在亲戚的公司里担任经理（其实是一个虚职），平时并不需要做什么，但工资也很少。患者觉得收入太少，最后和亲戚翻了脸。这是他的第10次变动工作，此后就未再找到过工作。该患者是强行插队进入诊室，自称认识医院的某院长。他把许多问题都归结为别人的失策，自己则算无遗策，对于那些没有聘用他的单位，他都觉得无所谓，觉得是他们自己的损失。当被问及将来的打算时，患者侃侃而谈，说不想再帮别人干了，自己完全可以独立开一个公司，上市后资产会过亿，并举例某某成功人士是自己的哥们，某某主任是他的亲戚等等，但对如何做却不提及。在咨询的过程中，他多次旁敲侧击询问咨询师的职务和既往经历，称以前他也看过几个小医生，觉得他们都不行。

笔记

第九节　回避型人格障碍

一、诊断

回避型人格障碍的诊断标准（根据 DSM-5，F60.6）

一种社交抑制、能力不足感以及对负性评价过度敏感的普遍模式；始于成年早期，存在于各种背景下，表现为下列 4 项（或更多）症状：

1. 因为害怕批评、否定或排斥而回避一些涉及与人际接触较多的职业活动。
2. 不愿意与人打交道，除非肯定能被喜欢。
3. 因为怕羞或被嘲弄而在亲密关系中表现拘谨。
4. 有在社交场合被批评或拒绝的先占观念。
5. 因为能力不足感，新的人际交往受限。
6. 认为自己在社交方面笨拙、缺乏吸引力或低人一等。
7. 因为可能招致难堪，非常不情愿冒风险或参与任何新的活动。

二、鉴别诊断

回避型人格障碍需要与社交焦虑障碍进行鉴别，这两者的鉴别在实际临床工作中有很大的难度，仍然是特质和状态的区分。回避型人格障碍患者的社交问题是多方面且长期稳定的特征，而社交焦虑障碍一般回避的内容往往较为局限或比较特定。但两者有时候可以共病存在。与其他类型人格障碍需要进行鉴别的主要是分裂样人格障碍。如前所述，分裂样人格障碍也表现为社交隔绝，但重要的区别点在于分裂样人格障碍的患者从内心上并没有与人交往的主动性，其回避行为对他们来说理所当然，而且回避得很安心，而回避型人格障碍的人实际上是渴望人际关系的，回避行为却承受着巨大的心理压力，仅仅是因为对羞辱和拒绝的焦虑和恐惧才会极力回避。

三、典型案例

诸某，男，24 岁，某公司职员。患者因睡眠问题前来就诊。最近其原来的领导退休了，新来的领导很活跃，喜欢组织集体活动，还要求每个职员定期在公司的例会上谈自己的看法。患者因此感到很大压力。追溯患者既往的表现，患者自称从小在学校里就是胆子最小的一个，从不举手发言，一说话就会脸红，有个红脸关公的绰号。最早那次是小学 2 年级，因腹泻不敢举手说，结果拉在裤子上被同学嘲笑。患者对自己的评价是：能力各方面都很普通，和其他同事比起来差了许多。患者称自己只会埋头做事，不会说，一开口讲话就会脸红，常常推掉一些朋友聚会，时间一久同事们都不叫他一起活动了。生活上也很简单，至今仍和父母同住，即使在生活中，也不愿与人接触，连对面邻居也不敢正视。亲戚也多次给他介绍对象，均不成功。患者和人家网上聊天的时候感觉还可以，但见面之后患者结结巴巴或基本不说话，因此很难成功。在整个访谈的过程中，患者很少和咨询师有眼神交流，当咨询师给予其肯定性的评价时，患者流露出了感激之情，随后紧张的表情有所缓和。

笔记

第十节 依赖型人格障碍

一、诊断

依赖型人格障碍的诊断标准(根据 DSM-5, F60.7)

一种因过度地需要被人照顾而导致其顺从、依附并害怕分离的普遍模式,开始于成年早期,存在于各种背景下,表现为下列5项(或更多)症状:

1. 如果没有别人过度的建议或保证,便难以作出日常决定。
2. 需要他人为其大多数生活事件承担责任。
3. 因为害怕失去支持或赞同而难以表达不同的意见(注:不包括对被报复的现实的担心)。
4. 难以依靠自己开始一个项目或做事(因为对自己的判断力或能力缺乏信心,而不是因为缺乏动机或精力)。
5. 为了获得他人照顾和支持而过度努力,甚至甘愿做出一些令自己不愉快的事情。
6. 因为过于害怕不能自我照顾,在独处时常感到不舒服或无助。
7. 当一段亲密关系中止时,会迫切地寻找另一段关系来照顾和支持自己。
8. 害怕只剩自己照顾自己的不现实的先占观念。

二、鉴别诊断

依赖型人格障碍主要需要和其他类型的人格障碍进行鉴别,特别是边缘型人格障碍。这两种人格障碍患者对拒绝均极为敏感,但区别在于两者解决这种问题的方式大不相同。依赖型的人在生活中当一段亲密关系中止时,会迫切地寻找另一段关系来替代,而不会像边缘型人格障碍患者那样歇斯底里、攻击别人和自己。依赖型和边缘型人格障碍的患者都在人际交往中害怕孤独并且需要不断的支持,但依赖型的人处于被支配的地位,而边缘型患者会反抗攻击。另外,依赖型的患者在遇到分离的威胁时作出的反应是屈从,而不是像边缘型的患者那样愤怒或自伤自杀。

三、典型案例

王某,女,25岁,家庭主妇,因情绪问题前来就诊。患者18岁就结婚,目前已是再婚,与前夫有2个孩子,与现任丈夫有1个女儿。丈夫在某部门做公务员,离其单位约10分钟路程。今年她丈夫被提拔为主管业务的经理,应酬增多,患者常一个人待在家中照顾孩子。按照以往的习惯,患者每天要多次给她丈夫打电话,大事小事都要让她丈夫帮忙拿主意。由于工作原因其丈夫最近常常不能接听,加上患者女儿常常生病,患者变得越来越担心,想得也越来越多,严重时会编造各种理由抱着孩子去单位找她丈夫,以至于单位里的同事都在背地里笑话。她丈夫曾有一次警告她以后不要再去单位,此后患者稍有收敛,但在家中整日坐立不安。当询问她为什么这样时,患者称一个人时就要担心这个,担心那个,害怕自己应付不了突发事件,从小自己性格就是这样,小时候一直是其姐姐照顾她,在学校班主任就是她母亲,所有的事情别人都能帮她安排好。

笔记

第十一节　强迫型人格障碍

一、诊断

强迫型人格障碍的诊断标准（根据 DSM-5，F60.5）

一种沉湎于追求秩序、完美以及精神和人际关系的控制，而牺牲灵活性、开放性和效率的普遍模式，开始于成年早期，存在于各种背景下，表现为下列 4 项（或更多）症状：

1. 拘泥于细节、规则、条目、秩序、组织或日程，以至忽略了活动的要点。
2. 妨碍任务完成的完美主义（例如：因为不符合自己过分严格的标准而不能完成一项任务）。
3. 过度投入工作或追求绩效，忽略了娱乐活动和朋友关系（并非由于经济问题）。
4. 对道德、伦理或价值观过度在意、谨慎小心和缺乏弹性（并不是由于文化和宗教观念所致）。
5. 不愿丢弃旧的或没有用的物品，即使是这些物品毫无情感纪念价值。
6. 不愿把任务委托给他人或与别人共同工作，除非他人能精确地按照自己的要求行事。
7. 对自己和他人都采取非常吝啬节约的消费方式，把金钱看作是可以囤积起来应付未来灾难的东西。
8. 显得僵化和固执。

二、鉴别诊断

强迫型人格障碍很显然需要鉴别的是强迫症。强迫症是一种慢性的、终生的障碍，常常表现为强迫观念（反复的、强迫性的想法）和强迫行为（重复的、不必要的行为）。强迫型人格障碍患者的完美主义，如果事情没有做完整就感到不舒服，经常对一些行为举止是否恰当而反复审视，这些特点与强迫症的表现很类似。但是与强迫症不同的是，强迫型人格障碍并不常常与道德规范形成强烈的矛盾冲突，即反强迫（明知道没有必要，但还是控制不住地不断重复）的念头不明显。因此强迫症典型的“自我不相容”的强迫可能区别于强迫型人格障碍的“自我相容”的特征。事实上，这两种障碍有时候也是可以共病的。

三、典型案例

王某，男，30 岁，在银行中工作，因睡眠问题前来咨询。患者从小就是班级里的尖子生，小学的时候一直是第一名，后来从一次没考好后，成绩就开始下滑。平时做事认真，一丝不苟，绝不通融。工作以后从没出过差错，对自己要求很严，每天上班最早到，下班最晚走，离开单位前要对一天的工作再检查一遍，有时在家突然想到一个小差错，也会跑到单位去。工作初期，领导很赏识他，但不久发现患者往往无法完成任务，虽然任务准确性很高，但其完成的工作量常常是别人的一半，而同事和朋友们却说他保守、固执、吝啬、不好相处。患者在生活上也是要求很高的，从不乱放东西，所有使用过的物品都按标签摆放，甚至家中的碗筷都有标记，所有人都各用各的碗筷。参加同事的聚会或吃饭时也是自带碗筷，久而久之，别人聚会就不愿找他。生活中非常节俭，自己每月都做预算，月底则结

笔记

算，要求每月自己的支出都要按照预算走。家中各种东西分门别类摆放，却从不丢弃，小时候用完的圆珠笔都留着，觉得自己以后换个笔芯还能用。他的家人无法忍受这种生活方式，以至于患者一个人住。最近单位工作量增大，患者无法胜任，每晚焦虑失眠，故来咨询。

（潘　冰）

第十二节　人格障碍特异性特质

一、概述

在 DSM-5 维度型 - 界定型混合模型中，人格障碍特征性地表达为人格功能和病理性人格特质的损害。来源于该模式的特定人格障碍的诊断包括反社会型人格障碍、边缘型人格障碍、回避型人格障碍、强迫型人格障碍、分裂型人格障碍和自恋型人格障碍六种人格障碍。当人格障碍被认为是存在的，但其受损的人格模式及特征不符合上述六种特定的人格障碍的诊断标准，就考虑为特质特异型人格障碍（personality disorder trait specific，PDTS）。它包含了偏执型人格障碍、分裂样人格障碍、表演型人格障碍、依赖型人格障碍、被动 - 攻击型（passive-aggressive）人格障碍、抑郁型（depressive）人格障碍、不适当型人格障碍或称被动型（passive）人格障碍、冲动型（impulsive）人格障碍、受虐型（masochism）人格障碍、混合型（compound）人格障碍等。这些人格障碍会引起具有临床意义的痛苦、导致社交职业或其他重要功能方面的损害。

偏执型人格障碍、分裂样人格障碍、表演型人格障碍和依赖型人格障碍在本章的前几节已经分别讲述，本节仅将其他特点较明显的几种人格障碍作简要描述。

二、临床表现

被动 - 攻击型人格障碍的特点是被动拒绝那些使其能充分发挥工作和社交能力的要求，常常采取拖延、执拗、故作无能或扮作脆弱等间接的拒绝方式，其行为的结果是社交或工作方面出现严重而持久的效能不足，但实际上他们是有潜力的。此名称是基于“被动表达隐蔽的攻击”的假设而做出的，这种情况见于正常人和不同类型人格障碍。

抑郁型人格障碍者情绪低落、消沉、悲观、愁眉不展、自感精力不足、信心不强、寡言少语，遇事感到困难重重，也有学者将它与情感高涨型合称为情感型人格障碍（affective personality disorder）或循环型人格障碍（cyclothymic personality disorder）。此类障碍多见于女性，一般发生于青少年阶段，心境低落的程度与持续时间及其周期频度不一样，但随年龄增大往往加重。约 30% ~ 80% 双相情感障碍患者病前为情感型人格障碍。

被动型人格障碍的特征是对社会交往和情绪刺激缺乏相应有效的反应。他们做事拖沓，计划性不足，不稳定，判断能力有限，不能适应生活中的挑战，然而检查却未能发现体力上或精神上有任何欠缺；他们与周围人不争辩，也不能与人建立亲密的关系，故在人群中往往被忽略。

冲动型人格障碍的主要特征为情绪不稳定及冲动控制缺乏，常常发生暴力或者威胁性行为，尤其是被其他人批评时；包含爆发型（explosive）和冲动攻击型（impulsive attack）人格障碍。

受虐型人格障碍以及施虐型人格障碍（sadistic personality disorder）、老年型人格障碍等命名存在较大的争议，几种国际通行的精神疾病分类标准均未将其列入，故本节不作描述。

混合型人格障碍具备人格障碍的典型特征，可以存在不止一种特定人格障碍的特征，

笔记

但往往又不符合其中某一种特定人格障碍的诊断标准，并且引起患者社会功能的损害，产生具有临床意义的痛苦。

三、诊断

根据 DSM-5，PDTS 的诊断主要依据其定义，即符合一般人格障碍的诊断标准，但其受损的人格功能及病理性人格特质和前述的六种（反社会型、回避型、边缘型、强迫型、分裂型、自恋型）不符合。

（张天宏）

笔记

第十二章　人格障碍的治疗

人格障碍的治疗仍然是一个难题，临床心理学家和精神病学界的学者们为此做出了大量有益的探索。目前可采用的治疗方式多样，如心理治疗、药物治疗、物理治疗、精神外科治疗、教育和训练等。在人格障碍的治疗上应该清除无能为力的悲观论点，应采取积极的态度进行校正。

第一节　人格障碍的心理治疗

心理治疗是指由受过专业训练的医生，在一定的程序中通过与患者的不断交流，在构成密切的治疗关系的基础上，运用心理相关理论和技术，使患者产生心理、行为甚至生理上的变化，促进人格的发展、平衡和成熟化，消除或缓解其心身症状的干预过程。本章介绍几种经典的、目前临床常用的、国际公认的针对人格障碍的心理治疗技术。

一、精神分析疗法

（一）概述

精神分析治疗（psychoanalytic therapy）是近代心理治疗的起点。Freud 作为奥地利著名的精神病学家和精神分析学派的创始人，于 19 世纪末在其临床经验的基础上，逐步发展形成了一整套从心理学角度对精神障碍进行理解与治疗的理论与技术，并成为后来各种心理治疗理论与技术的开端。精神分析理论使心理治疗工作者第一次拥有了理解神经症等各种心理障碍的来源、并进而开展心理治疗的依据。与此同时，由于 Freud 及其追随者的工作，精神分析对整个社会科学也产生了极大的影响。精神分析理论在 Freud 去世后还在不断发展，但其基本概念与思路、方法已经融入了心理咨询与治疗的职业工作中；它已成为人们深入理解各种精神障碍症状的一个最基本的理论框架。

如今，有症状的精神疾病已很少由精神分析师治疗，于是这些精神分析师就将更多的临床精力投入到长期存在人格病理学模式的疾病上。从精神分析的角度理解，人格的形成过程是一系列欲望和防御相互的对抗和妥协，同时也是一系列内在自我和他我的角逐过程（Gabbard，2000）。精神分析从“内驱力优势”的分析模式逐渐转换到客观相关性的分析方法，而同时在阐述人际关系问题上它也有其独特的见解，因为在移情 - 反移情的治疗关系中，这种分析方法通过实际检验证明了其有效性。

（二）评价

研究提示较为长期的精神分析疗法对边缘型人格障碍具有一定疗效。患者的自杀倾向有明显的下降，言语和直接攻击减少，并且明显降低了冲动性及易激惹性（John et al.，2007）。接受部分住院治疗的患者不仅在 18 个月的随访期内保持治疗效果，并且在多数评判上仍有好转的趋势（Bateman，Fonagy，2001）。另外在回避型人格障碍患者中，研究也

笔记

发现经过一年的治疗以及接下来的一年，患者自述症状及观察评定的人格障碍程度得到一定缓解，精神障碍症状改善等方面取得了一些临床进展（Porcerelli et al., 2007）。另有研究认为精神分析疗法对于边缘型、依赖型、回避型及其他类型（not-otherwise-specified）人格障碍具有确定疗效，对于偏执型、强迫型和分裂型人格障碍也可能有一定效果（Verheul, Herbrink, 2007）。Kohut（2013）编写的 *The Analysis of the Self: A Systematic Approach to the Psychoanalytic Treatment of Narcissistic Personality Pisorders*，系统介绍了精神分析法治疗自恋型人格障碍的步骤和方法。

精神分析的目的在于使患者的人格趋向成熟，或者说使其个性的不利方面有所转变，因此患者至少要有"转变"的条件，即其自我功能相对完整。适合接受精神分析治疗的患者可以在整体功能、症状图、客体关系和工作能力上得到理想的效果。另外，某些问题行为不能在精神分析治疗中得到应有的关注。治疗师在遇到这些行为时必须积极，并且将行为设限，以避免失败结果。在很多人格障碍的案例中，有关婚姻和家庭的辅导伴随个体进行治疗也是必需的。

尽管精神分析疗法在对人格障碍治疗上获得了一些成功的结果，我们也应该注意其局限性。精神分析理论主要建立在 Freud 自身的临床经验基础上，仍缺乏实证证据，其真实性、可靠性及可验证性都受到许多质疑；它过分夸大潜意识的作用，对意识在心理活动中的主导作用认识不足。同时，传统精神分析疗法十分耗时，治疗目标不够明确，有时不能有效地解决患者的问题。因此，今天的精神分析疗法受到认知行为疗法等的巨大挑战。

二、辩证行为疗法

（一）概述

行为疗法（behavior therapy）是在行为主义心理学的各种理论基础上发展起来的一个心理治疗流派。它历史悠远、内容丰富，包括一系列对成人和儿童障碍的治疗，在当代心理治疗中影响极大。辩证行为疗法（dialectical behavior therapy, DBT）是一套最初由 Marsha M. Linehan 提出的针对边缘型人格障碍患者的疗法。它将行为疗法和其他观点及实践整合，其中包括了引导治疗的辩证哲学。此疗法牢固地植根于行为治疗和认知疗法的理论及实践，包括注重在治疗中发生的即时系统评估和数据采集；对明确了的靶行为进行操作性定义；重视引导患者治疗、患者教育的治疗师 - 患者间关系；以及对任何标准认知和行为治疗策略的使用。

DBT 依赖于两组核心策略 - 确认策略和问题解决策略的辨证。DBT 也包括了相互的、温暖的、诚恳的人际交流模式和更不尊敬的交流形式之间的辨证，以及两种事件处理之间的辨证：一方面针对如何处理自身的环境对患者进行咨询，另一方面由治疗师直接对其他人进行干涉。DBT 在理解患者改变中的困难上并不特别地强调患者动机因素的作用，而是认为它们几乎都是人际关系、情绪调节、压力承受等其他技能的严重缺陷。

（二）评价

DBT 最初用于伴有边缘型人格障碍的慢性自杀女性患者。现在，这一疗法被证实不仅对这一人群有效，它也可以改善不带有类自杀行为的边缘型人格障碍女性患者（Koons et al., 2001）的生活。另一项随机化研究证实了 DBT 对边缘型人格障碍和药物依赖患者（Linehan et al., 1999）以及伴有或不伴有边缘型人格障碍的酒精 / 药物依赖患者治疗的有效性。

临床经验表明了 DBT 广泛的成果。一些患者可能在治疗的第一阶段停留几年。在其他的极端情况下，患者最初频繁的自残行为可能迅速地得到控制，可能有较少干扰治疗的行为，并且进步很快。Koons 等（2001）发现在 6 个月的治疗结束时，10 个使用 DBT 的患者

笔记

中只有 3 个仍然完全符合边缘型人格障碍的诊断。边缘型人格障碍患者中的大部分被预期在一到两年中，使第一阶段中大部分严重的靶行为得到相当好的控制，但可能仍然需要进一步的治疗，甚至可能定期地贯穿一生。

一个在荷兰进行的重复研究比较了有物质依赖和没有物质依赖的边缘型人格障碍女性患者在经过 DBT 治疗后的情况。结果显示，DBT 与更高的治疗保持力相联系，减少了冲动行为（Verheul et al.，2003）；并且在 6 个月的后续研究中发现这些改变得到了保持（van den Bosch et al.，2005）。Linehan 等（2006）将 DBT 和其他治疗方式进行比较，也发现与 DBT 相联系的是更低频度和严重程度更低的自杀尝试、致命行为的减少、更少的入院治疗以及对治疗更高的保持力。一项来自于浙江大学的研究（Wang et al.，2008）发现，采用基于 DBT 的家庭行为疗法可以较为成功地改善反社会型和自恋型人格障碍患者的部分临床症状。

尽管这一治疗方法表现出了较好的效果，它的功效迄今为止还只有被四个随机化研究证明（Linehan et al.，1991；Linehan et al.，1999；Koons et al.，2001；Comtois et al.，2007）。显然还需要更多的研究来对此方法进行评估。最后，像之前所提到的，这一治疗方法正在向其他人群拓展，需要经验性的研究来测定它疗效的界限。我们希望 DBT 的持续发展和其他治疗方法的发展可以使那些人格障碍患者的生活有所改进。

三、集体心理治疗

（一）概述

集体心理治疗（group psychotherapy）也称团体治疗或小组治疗，它是在近几十年发展起来的，已逐步在心理治疗领域确立起自己的地位，并成为心理治疗的一种新的发展趋势。集体心理治疗指以集体为治疗对象而实施的心理治疗。这种治疗方式一般是由 1~2 名治疗师主持，治疗对象可有 8~15 名具有相同或不同问题的患者组成。治疗以聚会的方式出现，每周可 1 次，每次时间约 1.5 ~ 2 小时，治疗次数可视患者的问题和具体情况而定，一般在 10 次左右。在治疗期间，集体成员就大家所共同关心的问题进行讨论，对自己问题的认识和解决是通过成员之间的交流、相互作用、相互影响来实现的，这就使得集体心理治疗具有独特的优势。

集体心理治疗的发展主要依赖欧美两洲的倡导人。Pratt 是人们公认的集体心理治疗之父，他最早使用集体心理治疗的方法。Moreno 是最早使用“集体治疗”这一术语的人，他于 20 世纪初在维也纳开始使用集体治疗方法，首创了“心理剧治疗”的形式。第二次世界大战后，集体心理治疗作为一种经济、简捷和高效率治疗手段被用于对战后士兵中精神病患者或心理障碍患者的治疗。20 世纪 60 年代 Rogers 所推进的以“会心小组”为标志的人类潜能运动对集体心理治疗产生了重大影响。我国在 20 世纪 50 年代开展这一技术，并在 20 世纪 80 年代后进行了真正意义上的研究和实践。

（二）在人格障碍中的应用

人格病理现象体现在人与人的交互作用中，集体心理治疗提供了一个独特的机会来展现这种现象的核心特征。真实生活环境的存在让人们的行动更具有自发性，更贴近个人在日常生活中的表现。这其中包括尝试一些在外界生活看起来太冒险而不能达到的新的行为机会。集体心理治疗可以提供挑战和激励，能为多种独特关系的建立提供一个真实而复杂的机会。通过这个过程成员可以展现他与别人交往作用的所有能力。集体心理治疗的优点有：

1. 领导者角色再不像个人治疗那么处于中心地位。集体心理治疗的氛围更平等，我们可以期待成员间的相互作用会带来更多有益的治疗效果。

2. 可以更好地吸收经常导致个人治疗失败的一些冲击。

笔记

3. 相对于处于更高地位的领导者，患者更容易容忍和接受来自于处于平等地位成员的建议。

4. 成员可以共同参与一些利他的、支持性的和富有同情心的行为活动，这些可以加强自尊感。

5. 患者有机会在集体成员间多样的关系中处于不同的角色，看到其他成员的多种不同行为，可以对人际关系特点有一个更客观的观点和认识。

6. 集体生活压力可以帮助避免一些出格行为的发生，并可以影响对社会有益的行为。

7. 成员们看到其他成员如何描述或做同一类行为，便可以用更客观的方式来看待自己。

（三）评价

人际集体心理治疗（interpersonal group psychotherapy）对于边缘型人格障碍有较好效果（Marziali et al., 1999），可以降低自杀及自杀行为，减少住院时间；经验性集体心理治疗（experiential group psychotherapy, EGP）对接受完整治疗的患者来说，其症状、自尊和社会功能方面都有了很大改善；对回避型人格障碍最彻底的治疗方式是认知-行为集体心理治疗（cognitive-behavioral group psychotherapy, CBGT）。Rockland（1992）提出有严重的边缘型人格障碍伴显著的分裂行为的患者，或对个人治疗无效的患者，可以尝试接受集体治疗。Ogrodniczuk 等（2006）回顾了 1983—1994 年的 86 篇文章，其中 50 篇包括对限时性集体治疗进行了条件控制的对比，48 篇发现治疗条件的显著益处，其中有 6 个研究直接对比了个人治疗和集体治疗，均发现没有显著差异。

集体治疗是心理治疗领域中的一股新生力量。它得以发展和流行基于这一理念：许多心理问题的产生、维持和发展都与社会环境和人际交往有关，解决这些问题就必须通过集体关系的功能来实现。这是集体治疗重要的理论思想。集体治疗为患者提供了一个现实社会的缩影，把患者同他的问题产生的人际交往情境紧密结合起来。在集体坦诚、安全、亲切的气氛下，每个成员可以更为真实地表达自己，宣泄情绪，通过观察分析别人的问题而对自己的问题有更深刻的认识，在别人的帮助下解决自己的问题，并在治疗结束后能把集体经验带入其生活的现实情境。

四、家庭疗法

（一）概述

家庭治疗（family therapy）是继精神分析、认知行为及以人为本的心理治疗之后的“第四势力”心理治疗流派。家庭治疗是针对家庭实施的团体心理治疗。其目的是协助家庭改变不良关系和病态情况，以执行健康的家庭功能。

家庭治疗在 20 世纪 50 年代起自美国，家庭治疗是在医院精神病学、小组动力学、人际精神病学、儿童指导运动以及精神分裂症研究的发展之下得以促进和发展的。家庭治疗在 20 世纪 60 年代以 Palo Alto 的沟通疗法为主。70 年代时 Minuchin 的结构式家庭治疗成为主流。80 年代后，Bowen 的系统式以及策略式家庭治疗成了主导力量。20 世纪 70～80 年代是家庭治疗各流派的繁荣期。由于背景独特且各异，各流派发展出来的咨询方法差异很多，多样性至今仍是该领域的特征。如今的家庭治疗师在充分发展原有治疗模式的基础上，已不再满足单使用一种治疗方法，而是综合吸纳其他学派的治疗，兼容并蓄、互相渗透、不断创新。

家庭治疗理念主要从家庭系统角度去解释个人的行为与问题，并认为个人的改变有赖于家庭整体的变化，将视角放在家庭系统内的互动与关系上，而不是着重分析或改变家庭成员个人的心理状态和行为。因此该流派要求治疗师要有系统、整体的观点，在关注家庭

笔记

每个成员的同时，有对整个家庭宏观调控的能力。

(二)效果与局限

在人格障碍的治疗中加入家庭治疗的益处是增加了一个了解其他家庭成员看法的机会。家庭关系会受到异常人格的影响，而家庭功能的失调和人格障碍的严重程度，决定了什么时候应该开始这项辅助治疗。识别这些症状的严重程度，可以帮助决定什么时候应该采用特殊的治疗。住院治疗能起到动员家庭成员的效果，那些体验过家里人多次入院治疗的家庭可能很乐于接受治疗，觉得这是很有用的(Gunderson，2008)。然而，在没有遇到危机的时候，在门诊治疗的设置中，要使家庭成员同意参加治疗是很困难的。挫折的程度和对变化的承诺，决定了家庭成员是否继续治疗。

治疗师有一个很重要的任务，那就是与人格障碍患者及其家人建立治疗联盟。患者会用试探家人的方法来试探治疗师。因为人格异常对家庭关系的影响，患者近亲很难接受或加入到有意义的治疗当中去。

一般而言，以家庭治疗作为辅助手段，通常在危机解除以后才被介绍使用。如果患者影响了某些家庭成员，他们参加到治疗中来是很有帮助的。当需要情感或经济上的支持时，也会推荐家庭治疗。所有参加的家庭成员在治疗中端正动机、保持合作是很必要的。

当危机仍然得不到解决或家庭关系变化无常、不明朗的时候，不建议使用家庭治疗。如果虐待孩子、性虐待或家庭暴力威胁持续存在，家庭治疗可能会带来难以处理的影响。如果夫妻双方都在婚姻治疗中受到严重的伤害，治疗可能会失败。与此相似，如果几个家庭成员不合作，常常扰乱，那么他们就会破坏治疗过程。对这样一些例子，使用个体治疗可能比较合适。

五、支持疗法

(一)概念

支持疗法(supportive psychotherapy)又称支持性心理治疗、一般性心理治疗，该方法不用去分析患者的潜意识，而主要针对患者能够意识到的、当下的、表面的问题给予即时的指导、鼓励、解释和安慰，以求减轻或消除患者的心理问题或情绪情感的困扰，逐步恢复患者心理的平衡，故又称为非分析性治疗。

从广义上说，所有心理治疗都具有支持的成分，在精神上给患者以不同形式和不同程度的支持，因此可以说“支持”是心理治疗的一项基本工作，但是这种支持仅仅只是诸多治疗因素中的一个，在治疗中并不起主导作用。从狭义上说，支持疗法是指不伴随其他疗法作用的，以提供支持为心理治疗主要内容的心理疗法。与其他心理疗法相比，支持疗法并没有自己本身独特的理论体系派别，但不能因此而把它理解为一种简单的、随便的支持，与此相反，支持疗法也具有一些复杂具体的方法。因此支持性心理治疗既是各种专门的心理治疗的基础，又与各种特殊的心理治疗理论和方法相区别，它是心理治疗的一种形式。

支持性治疗有悠久的历史。几个世纪以来，社会上一直有一部分人在从事着帮助心理或躯体功能有疾病的人的工作，如西方社会牧师、某些慈善机构等。另外，在我们生活的社会环境中，家庭、朋友和社会机构等对那些需要帮助的人也提供着长期的支持。19世纪90年代职业心理治疗出现以后，支持性心理治疗开始被当作一种专业心理治疗方法进行运用。1950年，Thorne首先提出了支持性心理治疗的概念。目前它已成为使用很广的一种心理治疗方法。

(二)评价

虽然已经有一些研究对支持疗法的治疗效果进行表述，但是几乎没有特别为人格障碍而出版的支持疗法。一些初步资料显示支持性心理法模型注重的内容如下：对各种与患者

笔记

相关的症候学方面的功效，提出疾病和个人功能的关联（Hellerstein et al., 1998），不仅在治疗终止方面进行转变，还支持6个月的后续行动（Rosenthal et al., 1999），留意患者在诸方面的表达。有一项涉及24位人格障碍患者的研究，患者中包括5位强迫型，3位回避型，2位依赖型，2位自恋型，2位偏执型等。研究者们施展的治疗大致是在这章节里陈述的规则和技术基础上进行的。治疗联盟作为对患者和治疗师的评价，在这种支持疗法的治疗过程中显示出了高水平的稳定特征（Hellerstein et al., 1998）。

我们相信支持疗法是治疗人格障碍的一种有效方式。它运用直接的方法，通过综合且具有弹性的方式来提高自尊、适应性技巧和身心功能。同时，附加一些对此疗法的系统研究，包括临床试验和治疗过程调研，对技术的精炼也是必需的。

（王佳薇　王　伟）

第二节　人格障碍的药物治疗

虽然患有人格障碍的个体会出现对社会环境的适应不良，给自己和他人带来痛苦，但由于个体的求治和改变动机以及领悟力差，与他人建立稳定的良性人际关系困难，导致人格障碍的心理治疗并非易事。而且从目前的文献来看，尚无一种药物可特异性治疗或彻底治愈人格障碍。但已有的临床经验及研究提示药物治疗可不同程度地减轻人格障碍患者的症状。因此药物治疗也被作为人格障碍治疗的方式之一。

一、人格障碍的药物治疗策略

从目前已有的临床应用和研究证据来看，应用药物治疗人格障碍可遵循以下策略：

1. **个体化对症治疗**　根据患者的症状选择有效的药物。如抗精神病药物可改善认知及知觉障碍，亦可用于控制冲动和攻击行为；心境稳定剂及抗抑郁剂能改善情绪症状和冲动、攻击行为，对强迫性症状也有效；而抗焦虑药物可缓解焦虑症状，亦可能减轻敌意，降低易激惹程度。

2. **综合治疗模式**　虽然通过药物治疗后，患者睡眠改善，攻击行为减轻，冲动性降低，情感控制改善，心境好转，但药物不能改变患者对世界的理解，必须继续进行心理治疗和心理教育。目前来看，药物治疗、心理行为治疗及合理的教育和训练是治疗人格障碍可采取的三个模式，而最好的模式就是三者结合和统一。

二、人格障碍的药物治疗概述

已有的临床研究表明异常的人格往往伴发神经化学异常，这些为药物治疗提供了依据。与糖尿病、高血压、抑郁症一样，人格障碍（如以边缘型人格障碍为例）也有诸多不同亚型（如Oldham于2001年将边缘型人格障碍分为情感型、冲动控制障碍型、攻击型、依赖型、空虚型），因此单一药物治疗不能期望用于疾病的所有类型，即使同一型用药也不一样，必须具体患者具体对待。制订药物治疗计划时要核查有无共患疾病，如伴发酒精中毒和物质滥用，则药物治疗的疗效不佳；伴发抑郁、焦虑者应采取联合治疗。近年对边缘型人格障碍的药物治疗研究比较集中。

（一）边缘型人格障碍

此类患者临床常见，药物治疗包括碳酸锂、抗惊厥药、抗精神病药、抗抑郁药、纳曲酮等。

1. **碳酸锂**　作为经典的心境稳定剂，碳酸锂较早用于人格障碍的治疗研究。边缘型人格障碍患者的情感不稳定是四个不稳定特征之一，给予心境稳定剂碳酸锂是恰当的。

笔记

Rifkin 等（1972）对 21 例本型患者进行碳酸锂治疗，14 人（67%）获得行为改善，躁狂样行为和抑郁行为均减轻；而安慰剂组仅 4 人进步。Coldberg（1989）报道用碳酸锂治疗边缘型人格障碍亦取得效果。碳酸锂虽然对情感不稳定有效，但是疗效局限，过量服用有中毒风险，长期服用对肾功能可能有影响，因此临床用药需要谨慎。

2. **抗惊厥药** 早期研究（缺乏安慰剂对照）发现抗惊厥药对边缘型人格障碍有效。随后 Gardner 和 Cowdry（1986）用双盲安慰剂 - 对照交叉法，证明卡马西平、阿普唑仑、超反苯环丙胺、三氟拉嗪四种药物对此类患者有效，而效果最好的是卡马西平。卡马西平对情绪不稳定和冲动控制不良有效果，如边缘型患者共患抑郁障碍则不宜用卡马西平。

奥卡西平的不良反应相对比卡马西平少，Bellino 等（2005）使用奥卡西平治疗 17 例边缘型人格障碍的门诊患者，每天奥卡西平 1200~1500mg，分别评定基线期、4 周末和 12 周末的边缘型人格障碍严重程度指标等量表和药物副作用。有 4 例患者因依从性差中断治疗，剩余 13 名患者治疗前后边缘型人格障碍严重程度指标总分显著下降，尤其是人际关系、冲动性、情感稳定性以及愤怒发作 4 个分项目改善显著。患者未出现低钠血症和其他严重不良反应。中度和轻度的副作用包括镇静、头晕、恶心以及头痛，7 例患者报告无任何副作用。

丙戊酸钠具有良好的心境稳定作用，精神科临床常用来治疗双相情感障碍的快速循环或混合发作。Hollander 等（2001）将 16 例边缘型人格障碍患者随机分配，4 例给予安慰剂治疗，12 例给予丙戊酸钠治疗，观察患者抑郁、冲动攻击、易激惹和自杀等核心症状的变化。结果丙戊酸钠组患者的症状改善明显好于安慰剂组。随后，Hollander 等（2001）扩大样本量，评估丙戊酸钠和安慰剂对 246 例门诊人格障碍患者冲动行为治疗 12 周的效果差异。41% 的患者完成了研究，其中边缘型人格障碍受试者的攻击量表分显著改善。为进一步评价丙戊酸钠对边缘型人格障碍的治疗效果，Hollander 等（2005）纳入 52 例边缘型人格障碍患者，随机分配 20 例患者服用丙戊酸钠和 32 例患者服用安慰剂进行 12 周的双盲研究，应用 Barrett 冲动量表评价患者特质性冲动，应用外显性攻击量表评价患者状态性攻击行为，应用 Young 氏躁狂量表和 Hamilton 抑郁量表评价患者情感的稳定性。结果发现，丙戊酸钠能够显著减少边缘型人格障碍患者的冲动、攻击行为，尤其是治疗前冲动、攻击行为症状严重的患者。

另有几项小样本的研究提示拉莫三嗪对边缘型人格障碍患者可能具有稳定情绪的疗效。

3. **抗精神病药物** 有研究表明，约 8%~54% 的边缘型人格障碍患者具有短暂或不典型的幻觉和妄想，这提示抗精神病药物的应用是有必要的。抗精神病药物用于边缘型人格障碍的机制是其抗冲动 - 攻击和抗精神病效应。

（1）典型抗精神病药物：一些开放研究和双盲 - 安慰剂对照研究均证明本剂对边缘型人格障碍患者有效。Goldberg（1986）对伴有短暂精神病发作的门诊边缘型人格患者进行氨砜噻吨（thiothixene，平行剂量 8.7mg/d）治疗，结果发现对不伴短暂精神病发作的病例治疗无效；伴发精神病、强迫行为、恐怖性焦虑、牵连观念者均减轻。Sololff 等（1986）证明氟哌啶醇（平均日剂量 7.2mg）对住院边缘型人格障碍患者有效，亦能改善抑郁症状、冲动控制不良和暴怒 / 愤怒。后来 Soloff 等（1993）发现氟哌啶醇的效果是暂时的，而且脱落率高，其效果较安慰剂稍好，从纵向研究角度价值不大。三氟拉嗪对边缘型患者的急性期治疗效果是微小的，仅较安慰剂在改善拒绝敏感（rejection sensitivity）、自杀行为和焦虑等方面有效，对冲动控制无效（Cowdry & Gardner，1988）。由于在精神科临床，非典型抗精神病药已经逐渐替代典型抗精神病药物，后者已经作为二线药物使用，故临床很少用典型抗精神病药物治疗边缘型人格患者。

（2）非典型抗精神病药：此类药物阻断 5-HT2A 受体，已知此受体异常可能介入焦虑、抑郁、精神病性症状和自杀行为发生，而这些症状均见于边缘型人格障碍。预期用非典型

笔记

抗精神病药有效。而临床研究也提示非典型抗精神病药如氯氮平、利培酮、奥氮平、喹硫平和阿立哌唑等，即使单药治疗也可以控制精神病性症状，缓解兴奋躁动、冲动和攻击行为症状，同时可能对心境症状有改善作用。

非典型抗精神病药如奥氮平与典型抗精神病药物治疗边缘型人格障碍疗效相当，且不良反应少。Shaffti 和 Shahveisi（2010）纳入 28 例女性边缘型人格障碍患者，按 1：1 随机分 2 组进行为期 8 周的双盲研究，奥氮平与氟哌啶醇均能改善冲动和攻击行为，但奥氮平组副作用较少。

Beri 和 Boydell（2014）发表综述文献，对于氯氮平治疗边缘型人格障碍进行文献检索，通过对查到的 12 篇案例报告和案例分析进行总结，得出氯氮平可能对于治疗边缘型人格障碍是有效的，尤其是在控制症状加重，冲动、心理症状、自残等方面。

对于既往使用药物难治性的边缘型人格障碍患者，单独使用利培酮可以减少自我伤害行为。Khonzom 和 Donnelly（1997）对接受传统抗精神病药、三环类抗抑郁药（tricyclic antidepressants），选择性 5- 羟色胺再摄取抑制剂（selective serotonin reuptake inhibitor，SSRI）和心境稳定剂治疗无效的边缘型人格障碍患者，给予利培酮 4mg/d 治疗，自我伤害行为明显改善，追踪 11 个月仍有效。另外有研究提示非典型抗精神病长效针剂亦有效。Palomares 等（2015）纳入 12 名边缘型人格障碍患者，进行 12 周棕榈酸帕利哌酮肌内注射治疗，患者的心理社会功能显著提高，冲动减少，功能普遍提高，不良反应较少。

另外有研究探索药物与药物、药物与心理联合治疗对人格障碍的疗效。Soler 等（2005）报道，奥氮平联合辩证行为治疗，可显著改善边缘型人格障碍患者的冲动、攻击行为和焦虑、抑郁情绪。但奥氮平组和安慰剂组相比，显著的副作用为体重增加和胆固醇增高。Szigethy 和 Schalz（1997）使用利培酮治疗的边缘型人格障碍共病心境恶劣障碍，利培酮 1mg/d 联合氟伏沙明 300mg/d，结果显示情绪改善。Bruno（2009）报道用阿立哌唑和托吡酯联合治疗一位合并有糖尿病和强迫症、神经性厌食的边缘型人格障碍患者，精神病理学症状都得到了改善，包括强迫症状和进食障碍改善明显。

4. 抗抑郁药 抗抑郁药在人格障碍中的应用主要是调节、改善患者情绪。美国精神病学学会关于边缘型人格障碍的治疗指南中指出，可以选择 SSRIs 和 5- 羟色胺和去甲肾上腺素再摄取抑制剂（serotonin-norepinephrine reuptake inhibitor，SNRI）治疗或调节情感失调和行为失控。

（1）SSRIs：在过去的 10 年中 SSRIs 可能是治疗边缘型人格障碍最令人鼓舞的药物。研究证实氟西汀、氟伏沙明、舍曲林、西酞普兰单药治疗均可以改善患者情绪。最早应用的药物是氟西汀，在 4 项开放治疗报道中均证明氟西汀治疗边缘型人格障碍有效，抑郁、焦虑和自我损伤症状均改善。3 项对照研究提示氟西汀剂量上高达 60mg/d，可以减轻攻击症状。舍曲林对人格障碍患者（其中许多为边缘型人格）的冲动性攻击症状也同样有效（Kavoussi et al.，1994）。Markovitz（1995）研究舍曲林对 32 例边缘型人格障碍患者的效果，剂量开始为 50mg/d，后加至最低 200mg/d，结果发现 23 例（48%）自我损伤行为、自杀行为和抑郁改善。对舍曲林有效的预测信息是减少对碳水化合物的渴求。保持一定的舍曲林血药浓度有利于取得疗效，因为血药浓度水平与碳水化合物的渴求相关。Reist 等（2003）应用西酞普兰 20~60mg/d 进行治疗人格障碍患者，西酞普兰平均剂量 45.5mg/d，提示西酞普兰在治疗和降低冲动攻击行为方面有比较好的效果，且耐受性好。

（2）SNRIs：目前关于 SNRIs 治疗人格障碍的研究较少。Marovits 和 Wagner（1996）进行一项开放性研究证明文拉法辛可以改善边缘型人格障碍患者的躯体症状，部分患者的自伤行为也得到改善。文拉法辛有效剂量为 200 ~ 400mg/d，平均 315.2 mg/d ± 95.8mg/d，疗程为 12 周。Bellino 等（2010）使用度洛西汀进行一项开放性研究证明，度洛西汀 60mg/d 可以

笔记

改善边缘型人格障碍的严重程度及冲动、暴发、情绪不稳定等症状。

5. **纳曲酮** 有两项研究报告（McGee，1997；Rubey et al.，1996）连用三周阿片拮抗剂纳曲酮对一些边缘性人格障碍患者有效，表现为自伤行为减少。这些资料未涉及对伴发抑郁或焦虑的效应，而且急性治疗结束后未做追踪观察，需进一步研究以确定其价值。

6. **催产素** 目前，也有研究表明催产素用于边缘型人格障碍女性患者的治疗。Bertsch等的研究表明催产素可能通过降低患者社会威胁的敏感性，从而降低患者的易怒和侵略性行为。但Amad等（2015）总结了鼻腔给予催产素治疗边缘型人格障碍的人际交往困难表型的案例，发现目前这种治疗的案例很少，治疗结果较复杂，有的患者对压力的情感反应降低；而另一些患者表现出人际交往焦虑增加和合作能力降低。

7. **Ω-3脂肪酸** 除了常见精神科药物的使用之外，Ω-3脂肪酸也越来越多地用于治疗边缘型人格障碍，但是需要更多临床证据支持其疗效。

（二）反社会型人格障碍

对监狱犯人进行碳酸锂治疗，Bridge和Wagner（1976）发现碳酸锂对重大违规有效，而安慰剂则无此作用。有趣的是接受治疗的犯人大违规不犯，小违规不断，表明碳酸锂对攻击仅仅起减轻作用而非消除。国内有学者将60例反社会型人格障碍患者随机分为两组，研究组40例服用盐酸氟西汀20mg/d，20例为空白对照组，进行为期4周的研究。结果显示氟西汀治疗4周末患者攻击症状改善。研究组的治疗有效率明显高于对照组。提示盐酸氟西汀可减轻反社会型人格障碍患者的攻击性。

（三）分裂型人格障碍

由于本型人格障碍在遗传上与精神分裂有关，抗精神药的使用是适当的。利培酮对分裂型人格障碍有治疗效果。Koenigsberg等（2003）应用低剂量的利培酮来观察分裂型人格障碍患者对治疗的耐受性以及治疗的效果。研究共纳入25例分裂型人格障碍患者，采用随机双盲安慰剂对照的方法进行为期9周的治疗研究，其中利培酮从0.25mg/d开始并缓慢滴定到2mg/d。应用阳性阴性症状问卷和分裂型人格问卷及Hamilton抑郁量表进行评定。结果显示与安慰剂组相比，利培酮组3周时阴性症状和一般精神病理学症状明显减少，7周时阳性症状明显减少。同时两组的副作用脱落率没有差异。该研究结果提示利培酮对分裂型人格障碍有治疗效果并且耐受性良好。

（四）回避型人格障碍

大约70%～85%的社交焦虑障碍患者同时有回避型人格障碍。临床医学研究证明，帕罗西汀、舍曲林、氟西汀、文拉法辛、溴法罗明和P物质等均对社交焦虑障碍有效，但未提及对回避型人格障碍的影响。如果考虑社交焦虑障碍与回避型人格障碍是类似的行为模式，它们可能有着相同的化学原因，则回避型人格障碍亦可应用上述药物。临床研究也印证了这一假设。Marchesi等（2006）的一项自然和前瞻性研究结果也提示帕罗西汀（33.5mg/d±13.3mg/d）对惊恐障碍患者治疗有效的同时，对伴有的焦虑性人格障碍或回避型人格障碍可能有改善作用。Phillips和McElroy（2000）对148例体象障碍患者进行人格测评，并对其中26例女性患者应用氟伏沙明进行治疗。结果发现57%的体像障碍患者具有一种或多种人格障碍，其中回避型人格障碍占43%，强迫型人格障碍占14%。在对氟伏沙明有疗效的患者中，治疗结束后人格障碍的数量明显低于治疗前。

另外苯二氮䓬类药物，俗称为安定类药物，能快速改善焦虑，对回避型人格障碍的患者可能有效，亦可能可以降低其他类型人格障碍患者的焦虑水平。但严重和慢性焦虑、既往有药物滥用史或已经目前服用大量苯二氮䓬类药物的人格障碍患者，继续使用或新使用苯二氮䓬类药物效果可能不理想，且存在药物依赖和戒断的风险。

（潘成英）

笔记

第三节 其他治疗

除了心理治疗和药物治疗之外，还有其他治疗方法可以尝试运用到人格障碍的治疗方面。

教育和训练对人格障碍，特别是反社会型人格障碍的危害行为有较大的帮助，多在收容所、劳动教养机构集中进行。

行为外科治疗也在尝试中，采用立体定向的方法，通过射频治疗仪或X刀、γ刀对杏仁核、扣带回、内囊前支、尾状核下束等行毁损术可改变某些冲动行为。

在物理治疗方面，重复经颅磁刺激（repetitive transcranial magnetic stimulation）已被运用到部分边缘型人格障碍的病例中，但其疗效还需要大规模的临床试验进一步确认。

（王佳薇　王　伟）

笔记

第十三章　人格障碍的司法相关问题

人格障碍的司法相关问题主要包括以下三个方面：①法律能力鉴定。在人格障碍各类型中，如反社会型、偏执型、边缘型及冲动型等人格障碍者可因冲动、伤害他人和反社会行为导致犯罪，需进行有关刑事责任能力的评定；而在其他刑事诉讼及民事诉讼活动中，需对人格障碍者相关的法定能力（如诉讼能力、受审能力、服刑能力、承受治安处罚能力、性自我防卫能力、选举能力、遗产继承能力、遗嘱能力、结婚与离婚的自主决定能力等）的评定。②法律关系鉴定。有关精神损伤鉴定中涉及人格障碍的形成与伤害因素关系的评定；还涉及人格障碍因素对精神损伤结果影响的评定，如表演型、强迫型、焦虑性及分裂型等人格障碍者因人际冲突等伤害因素出现新的精神方面问题时，其基础人格因素在精神损伤因果关系评定中的意义。③对人格障碍者的强制性医疗问题。有些人格障碍者还会因涉及被强制医疗而出现法律纠纷，如何遵守相关的法律法规，维护医院与患者双方的正当权益问题。

第一节　相关司法精神病学概述

人格障碍者在涉及法律问题时，需要通过司法精神病学鉴定来评定其行为能力，是司法程序中重要的一个环节。因此，有必要了解相关的司法精神病学知识。

一、司法精神病学鉴定的概念及对象

（一）概念

在刑事或民事案件中，受司法部门委托，鉴定人对涉及法律问题患有或怀疑患有精神疾病的人，进行精神状态检查、分析、诊断以及判断其精神状态与法律的关系，这个过程叫做司法精神病学鉴定（forensic psychiatric testimony），又称精神疾病司法鉴定。它是司法精神病学的核心与主要任务。

司法精神病学鉴定是鉴定人（接受过相关法学培训的专科医生）运用他（或他们）的专业知识、技术和经验，遵照法律规定，依据法律程序，就案件中所涉及的临床精神病学等知识经验的事项，进行检验和判断的科学技术工作过程。

（二）对象

司法精神病学鉴定的对象主要是指涉及法律问题患有或怀疑患有精神障碍的人，主要包括：

1. 刑事案件的被告、被害人。
2. 民事案件的当事人。
3. 行政案件的原告人（自然人）。
4. 违反治安管理应当受拘留处罚的人员。

笔记

5. 劳动改造的罪犯。

6. 劳动教养人员。

7. 收容审查人员。

8. 其他情形的涉及法律问题的人员。

二、司法精神病学鉴定的任务及内容

司法精神病学鉴定的任务及内容大致可以概括为法律能力鉴定和法律关系鉴定两大类。

（一）法律能力鉴定

法律能力（legal capacity）也称法律行为能力，是指行为人作为所参加的法律关系中的法律主体，以自己的行为、独立地在法律关系中享有法定权利和承担法定义务与责任的资格，即法律主体资格。法律能力内容主要包括：刑事责任能力、民事行为能力、诉讼能力、受审能力、服刑能力、作证能力、性自我防卫能力、承受处罚能力等。

1. **刑事责任能力鉴定** 刑事责任能力（criminal responsibility）简称责任能力，是指行为人能够正确认识自己行为的性质、意义、作用和后果，并能够根据这种认识而自觉地选择和控制自己的行为，从而到达对自己所实施的刑法所禁止的危害社会行为承担刑事责任的能力，即对刑法所禁止的危害社会行为具有的辨认和控制能力。其中，辨认能力（capacity of appreciation）是指行为人对自己的行为在刑法上的意义、性质、作用、后果的分辨认识能力，也可以认为是行为人对其行为的是非、是否触犯刑法、危害社会的分辨认识能力。具体地说，是行为人实施危害行为时是否意识其行为的动机、要达到的目的，为达到目的而准备或采取的手段，是否预见行为的后果、是否理解犯罪性质以及在法律上的意义等。控制能力（capacity of control）是指行为人具备选择自己实施或不实施为刑法所禁止、所制裁的行为的能力，即具备决定自己是否以行为触犯刑法的能力，既受辨认能力的制约，也受意志和情感活动的影响。

刑事责任能力鉴定就是评定行为人（被鉴定人）是否患有精神疾病，是何种精神疾病，实施危害行为时的精神状态，精神疾病与所实施危害行为之间的关系，以及有无刑事责任能力。其评定的核心依据是医学要件（是否患有精神疾病）和法学要件（辨认能力或控制能力状况）两个要素，缺一不可。具体评定方法根据司法部于 2016 年颁布的《精神障碍者刑事责任能力评定指南》（SF/Z JD0104002-2016）3.2 对精神疾病患者刑事责任能力的评定按“三分法”进行：①完全刑事责任能力，指行为人实施某种危害行为时，对自己行为的辨认和控制能力完整；②限定刑事责任能力，也称部分责任能力、限制责任能力，指行为人在发生危害行为时，由于精神症状的影响，对自己行为的辨认或者控制能力明显削弱，但尚未到达丧失或不能的程度；③无刑事责任能力，是指行为人实施某种危害行为时，由于严重的意识障碍、智能缺损、或幻觉妄想等精神症状的影响，不能控制自己的行为或不能理解与预见自己的行为结果的状态。

2. **民事行为能力鉴定** 民事行为能力（civil capacity）是指公民能够通过自己的行为，取得民事权利和承担民事义务，从而设立、变更或终止法律关系的资格。也就是公民以自己的意志行为独立进行民事活动和对其过失行为承担相应责任的能力。民事行为能力通常取决于年龄和精神状态因素。

民事行为能力鉴定就是评定行为人（被鉴定人）是否患有精神疾病，是何种精神疾病，在进行民事活动时的精神状态，精神疾病对其民事行为的影响，以及有无民事行为能力。

笔记

其评定的核心依据是医学要件（是否患有精神疾病）和法学要件（辨认能力或意思表达能力）两个要素，缺一不可。我国民法将民事行为能力划分为三个等级：①完全民事行为能力人，指年满18周岁以上的成年人，或者16周岁以上不满18周岁但以自己的劳动收入为主要生活来源者；②限制民事行为能力人，指10周岁以上的未成年人或者不能完全辨认其行为的精神病患者；③无民事行为能力人，为不满10周岁的未成年人以及不能辨认其行为的精神病患者。

3. **诉讼能力鉴定**　诉讼能力（capacity to action）也称诉讼行为能力，是指行为人是否具有参与诉讼的能力，即能否理解自己在诉讼过程中的地位、权利和诉讼过程的意义，是否具有行使自己诉讼权利的能力。诉讼能力鉴定分两个方面：①被鉴定人为刑事案件的被告人，评定其在诉讼过程中的精神状态及有无诉讼能力；②被鉴定人为民事案件的当事人或者是刑事案件的自诉人，评定其在诉讼过程中的精神状态及有无诉讼能力。诉讼能力分为"有"、"无"两级。

4. **受审能力鉴定**　受审能力（competency to stand trial）是指刑事案件中的犯罪嫌疑人或被告人能否理解自己在刑事诉讼活动中的地位、权利，能否理解诉讼过程的含义，能否行使自己诉讼权利的能力。受审能力的鉴定就是评定犯罪嫌疑人或被告人在刑事诉讼活动中的精神状态及是否具备受审能力。受审能力的评定分"有"、"无"两级。

5. **服刑能力鉴定**　服刑能力（competence of serving a sentence）是指服刑人员能够承受对其剥夺部分权益的惩罚，清楚地辨认自己犯罪行为的性质、后果，合理地理解刑罚的性质、目的和意义，并合理地控制自己言行以有效接受劳动改造的能力。服刑能力鉴定就是评定罪犯或服刑人员在服刑期间的精神状态及是否具有服刑能力。服刑能力的评定分"有"、"无"两级。

承受处罚能力是指劳教人员能够理解处罚的性质、目的和意义，能够承受处罚的生理和心理能力。承受处罚能力鉴定参考服刑能力鉴定。

6. **性自我防卫能力鉴定**　性自我防卫能力（competence of sexual self-defense）简称"性自卫能力"，是指女性精神疾病患者在其性不可侵犯权遭到侵害时，对自身所受侵害或严重后果的实质性理解能力。性自我防卫能力鉴定就是评定被害人在被性侵犯时的精神状态、对所受性侵犯或严重后果的实质性理解程度，以及是否具有性自我防卫能力。性自我防卫能力评定分"完全"、"部分"、"无"三级。

7. **作证能力鉴定**　作证能力（competency to witness）也称"证人能力"，是指相关案件的非当事人根据感知到的真实情况，向司法部门提供有关的证言能力。作证能力鉴定就是评定有关证人的精神状态及是否具有作证能力。作证能力的评定分"有"、"无"两级。

（二）法律关系鉴定

法律关系鉴定是指案件当事人或被害人，因案件发生而导致精神失常，或在案件发生同时出现精神失常的情况下，鉴定案件与精神疾病的因果关系，用以作为定罪量刑或赔偿的依据。通常也可称之为精神损害或精神损伤的鉴定。法律关系的鉴定不同于法律能力的鉴定，具有其独立的内容及要求：①确定精神疾病诊断，说明疾病严重程度及预后；②说明疾病的性质及发病原因；③在确定诊断的基础上，结合病因与案情，评定法律关系的等级。

由于法律关系的评定十分复杂，而我国没有统一的评定标准，只能根据"伤"与"病"的关系，并参照相关法律法规的有关条文，实事求是地作出评定。

笔记

第二节 人格障碍的司法精神病学鉴定

一、人格障碍的法律能力评定

（一）刑事责任能力评定

人格障碍的刑事责任能力评定主要涉及人格障碍者犯罪的法律责任问题。

1. 人格障碍与犯罪

（1）犯罪的概念：犯罪概念是刑法学中的一个基本理论问题。我国《刑法》第13条规定："一切危害国家主权、领土完整和安全，分裂国家、颠覆人民民主专政的政权和推翻社会主义制度，破坏社会秩序和经济秩序，侵犯国有财产或者劳动群众集体所有的财产，侵犯公民私有财产，侵犯公民的人身权利、民主权利，以及其他危害社会的行为，依照法律应当受刑罚处罚的，都是犯罪。"

（2）人格障碍与犯罪：人格障碍者以其具有相对固定人际交往及社会适应不良的行为模式为主要特征，在人际交往及社会活动中，经常导致人际关系紧张、冲突及危害社会的行为，违反道德、伦理，甚至侵犯法律而导致犯罪。因此，人格障碍与违法犯罪关系密切。在人格障碍中，反社会型人格障碍违法犯罪率最高，偏执型人格障碍和冲动型及边缘型人格障碍次之，而其他类型人格障碍的犯罪相对较少。据美国的调查资料显示：在监狱刑事犯中反社会型人格障碍者高达40%～60%；日本、欧洲等国家和地区的学者报道，在刑事犯中（不包括政治犯），反社会型人格障碍者占30%～50%；我国贾谊成教授于1968—1972年对上海市监狱和青浦劳改农场刑事犯的非正式观察表明，至少有20%的反社会型人格障碍者。在习惯性累犯和早发犯罪者中，人格障碍者几乎占50%以上。

2. 人格障碍者犯罪的特点与形式

（1）特点：人格障碍者在作案前较少预谋或没有预谋，缺乏明确的目标、计划性，常人难以理解；犯罪行为的发生一般具有偶然性和突发性，且作案情节离奇怪诞；在作案过程中一般缺乏自我保护意识，作案手法一般不太隐蔽，现场常留有较多的线索和痕迹；自我保护性较差，既害人又害己，甚至对自身的损害更大；犯罪活动一般单独进行，有的胆大妄为，手段残忍；犯罪内容和方式除反社会型人格障碍者外，一般具有单一性；一般难于吸取教训而重复犯罪，以反社会型人格障碍者尤为明显；抓获后不逃避罪责，对罪行供认不讳。

（2）形式：多为攻击型、爆发型犯罪。由于变态心理和病理性激情的支配，人格障碍者多发生伤害、凶杀、毁物、强奸、轮奸等恶性犯罪；由于多疑、记仇，他们极易进行报复性的毁物、凶杀等；由于性格顽固且异常，他们的不良行为习惯极难改正，常进行持续性的恶性犯罪；偷窃、诈骗者亦不少见。

（3）各种亚型的人格障碍者的犯罪特征

1）反社会型人格障碍：多为男性。该类型人格障碍者大多少年期就逐渐表现出明显的品行问题，严重违反相应年龄的社会规范，如过分好斗，残忍地对待动物或他人，严重破坏公私财物、纵火、偷窃、说谎、逃学或离家出走等问题。成年后，他们更加胆大妄为，缺乏道德标准作为行动的准绳，也不能遵守社会道德的约束；他们感觉迟钝，缺乏同情心，对人冷酷无情，刻薄残忍；他们缺乏责任感，不能纠正自己的错误行为，不能控制自己的情绪，自

笔记

我中心，不考虑别人的利益和感受，甚至仇恨社会；他们情感冷漠，不能与正常人和平相处，人际冲突经常发生；他们意志力薄弱，自我控制机制有缺陷，放纵自己任意施为，欲望迫切且永不满足；他们生活无目的，行为动机只是为了寻求快乐和刺激。因此，反社会型人格障碍者犯罪的表现形式多种多样，各种暴力伤害、偷窃及破坏公物等犯罪行为均可出现，且是人格障碍中犯罪率最高的亚型。

这种人惩罚一般无法改变他们的行为。对于正常人来说，奖励可以促进好的行为，惩罚可以抑制坏的行为。反社会型人格障碍者受到惩罚时，不是抑制不良行为，改邪归正，弃恶从善，而是逃避惩罚或破坏奖惩机制。有些反社会型人格障碍者的智商还比较高，知道如何钻法律的空子，逃避法律的制裁，犯罪往往不留痕迹，难以被发现。一旦被抓，往往说谎，百般抵赖，拒不承认，或者伪装，掩盖犯罪事实。

2）偏执型人格障碍：是传统人格障碍分型中发生犯罪情况较高的一个亚型，主要特征为敏感多疑，容易记仇，报复心强。他们总是处于“戒备状态”，总以为别人要对他进行迫害和攻击，容易把别人的友好看做敌视或蔑视的行为，往往寻机泄愤；他们主观固执，听不进别人的意见和劝解；他们无自知之明，对自己评价过高而又狂妄自大，爱空想和幻想，认为自己怀才不遇，常无理取闹。因此易产生被害、嫉妒、夸大等偏执观念，严重时可形成超价观念，个别甚至形成妄想（可发展成偏执性精神障碍）。易产生报复型或攻击行为，故以伤害事件居多。

偏执型人格障碍者的犯罪可以非常严密、周全，有耐心，毅力惊人，而且滴水不漏，不露声色，伺机行动；也可以很随意，很冲动，心血来潮，立即见诸行动。

3）边缘型人格障碍：多为女性。其特征是自我意向、人际关系和情绪的极度不稳定及明显的冲动性。他们具有不稳定的自我感，非常依赖他人，求得人们的认同，但又对谁都难以信任。因此整日处在不确定、不安全、矛盾的混乱状态。伴以情绪的极不稳定，如愤怒、悲伤和焦虑，而易出现明显的冲动，甚至出现自我毁灭行为。因此有时容易因爆发冲动而导致违法行为的发生。

4）冲动型人格障碍：在ICD-10分类中的冲动型人格障碍分型与DSM系统中的边缘型人格障碍分型有相近之处，两种诊断国内都在并列使用。冲动型人格障碍的特征是情感爆发，伴明显的行为冲动，一旦冲动就失控，具有很强的攻击性、破坏性。他们常因细微的精神刺激而引起强烈的情绪反应，行为无度，不顾后果，爆发冲动攻击行为，而导致犯罪。与反社会型人格障碍不同的是，这种人对自己的爆发性行为所导致的恶果很快就感到后悔内疚，并且很容易认错，甘愿受罚，甚至主动请罪，认罪态度诚恳，有强烈的悔改之意。但是，过不了多久，一旦遇到什么事情，又会情绪爆发，再次犯罪。因此，边缘型人格障碍的犯罪往往是累犯、惯犯。他们在日常活动中也常带有明显的冲动性，因此多会有一些“冲动控制障碍”，如酗酒、赌博、偷窃、纵火、吸毒、性滥交等。

冲动型人格障碍者的犯罪属于冲动型犯罪，虽然情节可能比较恶劣，但比较容易侦破。

5）表演型人格障碍：多为女性。其核心特征是好表现，喜欢引人关注，暗示性高。这类人多表现为举止轻浮，缺乏羞耻感、名誉感、同情感等。他们爱编造谎言，在骗人上当的过程中求得乐趣，虚荣心极强，为了引人注意和异性喜欢，常不顾廉耻做出夸大的行为动作。因此，常常会有一些出格的表现，包括犯罪。本症患者违法者不多，主要涉及如设计伤害、诈骗和性犯罪，但难以矫治。

表演型人格障碍者犯了罪以后，不但不会采取反侦破措施伪装现场，有时还会故意留下一些线索，唯恐别人不知道是他/她干的。

6）自恋型人格障碍：自恋型人格障碍以自我关注、自我中心和自高自大为核心特征。

笔记

该类型人格障碍者常幻想自己了不起、有才学、有能力，自我膨胀感严重，有侵占他人利益的倾向，易出现人际冲突而犯罪。也有以救世主自居，主动承担除暴安良、改造社会的使命，对社会的阴暗面恨之入骨，采取各种方式和手段，包括非法的手段予以打击，从而导致犯罪。

7）依赖型人格障碍：其特征是缺乏自信和独立能力。该类型人格障碍者多表现出难以独立，缺乏判断力，对任何事都缺乏主见，办事不果断，极度依赖他人为自己作出决策或指明方向。这类人一般不会主动犯罪，但是，他们会对依赖对象言听计从，甘愿接受教唆，从而走上犯罪道路。犯了罪以后，他们往往宁愿自己承担全部罪责，也不愿检举教唆者。

8）分裂型人格障碍：分裂型人格障碍以观念、知觉、言语及行为的各种离奇表现为主要特征。这类人格障碍者多内向孤僻、言行怪异、喜欢脱离现实的幻想、敏感，多疑，对人冷漠，为人处世不通情理。由于我行我素，很少与人来往，而较少发生人际冲突，但他们会在某些离奇念头或在严重的猜疑支配下，出现威胁或伤害他人的行为。

9）被动攻击型人格障碍：是以被动的挑衅态度应对他人要求和期望为核心特征的人格障碍。这类人格障碍者在日常活动中，如分配他做些什么事，心中虽不高兴，却表面谦逊、服从，唯唯诺诺，而后却用消极的、恶劣的、隐蔽的方式发泄自己的不满情绪，以此来“攻击”令他不满意的人或事。他们不愿与人沟通，不会用恰当、有益的方式表达不愉快的情感体验，而是采取只有他自己才清楚的、将事情越弄越糟的“宣泄”方式获得某些心理平衡。因而，容易在工作中导致事故造成经济损失，甚至犯罪。

其他类型的人格障碍，如强迫型人格障碍和回避型人格障碍犯罪者较罕见。人格障碍犯罪者中，并非都是单一型的人格障碍导致犯罪，有的是混合型人格障碍的犯罪。

3. **人格障碍者犯罪的刑事责任能力评定** 对人格障碍者的刑事责任能力的评定是司法精神医学中最有争议的问题之一。西方发达国家的法律对人格障碍者的刑事责任能力的认定也有不同的规定，如美国基本上评定为有刑事责任能力，而加拿大和澳大利亚的法律则把这类犯罪嫌疑人视作患者来进行宽大处理。在德国，过去认为人格障碍者原则上是有完全的刑事责任能力的，但是根据新《刑法典》，人格障碍被包括在“其他严重的精神反常”中。我国刑法对精神病患者是否承担刑事责任作了比较明确的规定。司法部于2016年颁布的《精神障碍者刑事责任能力评定指南》（SF/Z JD0104002-2016）5.2.1规定“反社会人格障碍者评定为完全刑事责任能力”，但对其他类型人格障碍者的刑事责任问题却没有专门的说明。

我国既往对人格障碍者的刑事责任能力的判断比较严格，多认为人格障碍不属于精神病，他们具有完全的辨认能力和控制能力，应评定为具有完全的刑事责任能力，但一直存在持不同意见者。近些年来，随着司法鉴定工作者在实践中经验的积累，以及对人格障碍病因学的研究发现可能存在神经影像学、神经生化及神经电生理等方面的异常，同时借鉴国外的经验，前述的观点有了明显的改变。目前，国内对人格障碍者的刑事责任能力判定主流的原则是：对个别类型中部分偏离正常倾向明显、辨认能力削弱以及作案动机十分模糊不清或存在明显控制能力障碍的特别严重的人格障碍者，初次犯罪时可考虑评定为限定责任能力，如再次犯罪则评定为完全刑事责任能力。其他类型的人格障碍者均严格评定为完全刑事责任能力。所有类型的人格障碍都不应评定为无刑事责任能力。具体如下：

笔记

（1）偏执型人格障碍：人格特征偏离特别严重时，由于其强烈的超价观念如嫉妒、被害，可使其辨认能力削弱，可评定为限定刑事责任能力。其他情形的评定为完全刑事责任能力。

（2）分裂型人格障碍与分裂样人格障碍（ICD-10将两型合并统称为分裂样人格障碍）：当人格特征偏离严重时，其思维、情感及行为的异常（尚未达到精神病）导致其辨认和控制能力削弱时，可评定为限定刑事责任能力。其他情形的评定为完全刑事责任能力。

（3）边缘型人格障碍与ICD-10定义的冲动型人格障碍：两者特点有相近之处，且其违法犯罪情形大都是爆发性情绪失控而出现攻击行为所导致的严重后果。他们的辨认能力良好，但控制能力明显受损，可评定为限定刑事责任能力。如重复犯罪的，评定为完全刑事责任能力。

（4）其他人格障碍：如表演型人格障碍、自恋型人格障碍、依赖型人格障碍、被动攻击型人格障碍、强迫型人格障碍及回避型人格障碍等，他们没有精神病性症状，亦无明显的辨认能力或控制能力削弱，因此都应评定为完全刑事责任能力。

有关人格障碍的刑事责任能力的判断还一直是学术界争议的话题，司法鉴定工作者在实践中不断地总结经验、不断地完善过程。总之，在司法鉴定实践中，要充分考虑每一个案例自身的特点，具体案例具体分析，将医学标准与法学标准结合起来综合考虑，不能一概而论。在评定其刑事责任能力时还应根据具体情况（如作案动机、目的、加害客体等因素），最终做出科学合理的结论。可借鉴郑瞻培教授提出的责任能力评定的七项参考因素：①作案的动机：出于满足个人欲求、报复、现实冲突，还是模糊不清、偏离现实的；②作案的对象：有明确选择性，还是任意的、偶然的、想象的；③作案的预谋：有行为计划、选择方式还是出于偶然性的冲动；④案型：偶然性冲动可以发生伤害、毁物、偷窃、纵火等案件，但强奸、诈骗、盗窃等应从严掌握；⑤自我保护：与控制能力损害程度有关，轻度削弱者在一定条件下（如被人发现）会主动收敛，进行自我保护，严重削弱者发作时显得"不可收场"；⑥社会危害性：社会影响大、后果严重的，从严掌握责任能力评定；⑦屡犯情况：如屡教不改，明知故犯，发展下去会继续造成社会危害，从严掌握刑事责任能力评定（郑瞻培，1997）。我们认为，还应将相关辅助检查（如脑影像学、神经电生理）结果作为参考指标之一。

（二）其他法律能力的评定

有关人格障碍者的民事行为能力（如选举能力、遗产继承能力、遗嘱能力、结婚与离婚的自主决定能力等）、性自我防卫能力、诉讼能力、受审能力、服刑能力以及承受治安处罚能力等法律能力的判定，通常情况下，因人格障碍者的智能正常，无幻觉、妄想等精神病性症状，现实检验能力良好，能够清楚表达自己的想法和意愿，保护自己的合法权益，具有完整的辨认能力和控制能力，所以对人格障碍应评定为具有完整的民事行为能力、性自我防卫能力、诉讼能力、受审能力、服刑能力以及承受治安处罚能力等。

对于服刑关押期间的人格障碍者，出现拘禁性精神障碍时，可能暂时丧失受审能力和服刑能力，应根据具体情形进行评定。

二、人格障碍的精神损伤鉴定

随着社会的进步，法制的健全，人们越来越多地关注精神健康以及依法维护自身的合法权益。近年来，在我国民事诉讼活动中或刑事附带民事诉讼中，因各种损伤索赔的案件日益增多，因此，涉及精神损伤的司法精神医学鉴定（即法律关系鉴定）亦逐年增多、比例逐渐增大。精神损伤受害人常要求鉴定其精神损伤的性质、因果关系、严重程度及其预后等问题，以便司法部门进行公正的裁决，进而获得合理的赔偿。

笔记

在法医学和司法精神病学中，精神损伤是指环境的变化通过心理机制而引起的精神变态，即个体遭受外来物理、化学、生物或心理社会等因素作用后，大脑功能活动发生紊乱，出现持久的认知、情感、意志和行为等方面的精神功能紊乱和缺失。精神损伤的因素不仅包括器质性因素，还包括非器质性心理社会因素。前者指颅脑外伤或感染、中毒等；后者是指殴打、侮辱、骚扰、诬陷等造成的个体心理伤害，也包括各种器质性因素所引发的心理创伤。精神损伤的表现形式多样，但大体可以归纳为两大类：脑器质性精神损伤，如在脑损伤急性阶段可以出现急性脑病综合征的意识障碍或伴行为紊乱等表现，在恢复期以智力损害、记忆减退、人格改变、精神病症状、类神经症样等表现的综合征；功能性精神损伤，如急性应激障碍，创伤后应激障碍，癔症和神经症的各种表现，以及诱发的内源性精神障碍如精神分裂症等。精神损伤与伤害因素的因果关系大体分为 3 种，即直接关系、间接关系（诱发、增荷、转因及转嫁）和无因果关系。

人格障碍与精神损伤主要涉及两个方面：精神损伤涉及人格障碍；人格障碍对精神损伤结果的影响。

目前，在司法精神病学鉴定中有关精神损伤涉及人格障碍的案例还未见报道，缺乏相关经验。由于导致人格障碍的原因尚不十分清楚，目前倾向于认为是内在因素（如遗传因素和其他生物学因素）和外在因素（如社会环境等）综合影响的结果。对于精神损伤涉及人格障碍的关系的评定，我们认为，导致人格障碍的因素较为复杂，目前人格障碍还不属于器质性疾病范畴，故应只评定“伤”与“病”的因果关系，不主张进行伤害程度的鉴定。在具体操作中，第一，先确定损害因素与人格障碍的形成有关；第二，应充分考虑加害人的过错、侵权的具体情节、持续时间、后果的严重程度及被害人自身情况等综合因素，具体问题具体分析，不能一概而论；第三，考虑到形成人格障碍因素的复杂性，在判定因果关系时应慎重，建议以间接因果关系为主要考量。

在精神损伤鉴定的案例中，要考虑到由于精神损伤的个体可能存在对致害因子不同的易感性基础，尤其是这些易感性基础在发生某些功能精神损害中往往具有重要作用。像人格偏离或某些人格障碍，均可能作为精神损伤的发病基础和先天素质，如分裂型人格障碍者容易罹患精神分裂症，表演型人格障碍者容易罹患癔症，强迫型人格障碍、焦虑性人格障碍者容易罹患神经症性障碍等，因此，他们或在某些不良因素（包括伤害因素）的作用下诱发相关的精神障碍。

在具有人格障碍素质基础的精神损伤鉴定的过程中，对于器质性精神损伤，如果精神损害的结果导致明显的脑器质性精神损伤，如急性脑病综合征、痴呆及记忆损害等，此时，人格障碍的基础因素在评定过程中的参考意义不大，应评定为直接因果关系；如果表现出类功能性精神障碍（如类神经症样等）的表现时，应慎重评定其因果关系，需要充分考虑如脑部损伤的程度、范围，精神障碍发生的时间、病程特点、治疗效果，人格障碍的基础特征及其他社会心理因素的影响等，进行综合分析，审慎评定为直接因果关系或间接因果关系。对于非器质性精神损伤，如急性应激障碍、创伤后应激障碍，一般评定为直接因果关系；而其他的功能性精神障碍（如精神分裂症、神经症等），其人格障碍的基础特征与精神损伤表现的关系越密切，其精神损害作为诱发因素的可能性就越大，评定为间接因果关系的依据就越充分。

有关精神损害程度评定标准，我国最高人民法院、最高人民检察院、公安部、国家安全部、司法部于 2016 年 4 月 18 日联合发布的《人体损伤致残程度分级》，自 2017 年 1 月 1 日起实施。其中包含精神损害部分。

笔记

【典型案例】

案例1

被鉴定人李某，男，25岁，初中二年级文化，未婚，工人。其父亲脾气残暴，经常打骂母亲，其6岁时父亲因伤害他人被判刑，母亲离家转嫁他人，后跟随爷爷奶奶生活。被鉴定人幼年就显得很顽皮，不听话。小学时，不愿学习，经常不能完成作业，学习成绩不好，课堂上经常搞恶作剧，挑逗周围同学，吐唾沫，踢椅子，骂人。课间与同学玩耍时经常欺负同学，打骂别人。五年级时，开始经常逃学，多次与其他劣迹学生一起或自己偷学生的钱物，甚至在路上抢劫学生的钱物，并学会吸烟、喝酒。虽经多次批评教育，但不思悔改。初二时因打伤同学被开除。18岁后因盗窃和打架等先后两次被劳动教养2年。服刑期满后经街道委员会介绍到某工地打工，在工地不能完成本职工作，有时酗酒后不出工，领导管之不服，有时还谩骂不止，多次因小事与工友发生争执，甚至要拿铁锹等器物伤人，被其他工友拉下而未造成恶果。后因多次盗窃工地建筑物资被发现，领导要报警而将领导砍成重伤被刑事拘留。

精神检查：被鉴定人一般性接触尚好，未见有幻觉、妄想等精神病性症状，记忆、智能良好。对以往曾两次劳教不否认，但对犯罪行为无悔过之意。对本次偷窃行为，开始百般抵赖，在事实证据面前又强词夺理，称因扣发其工资(旷工及酗酒误工)不满，而拿来顶替工资了，就谁也不欠谁了。对打伤领导亦无明显的自责和悔过之意。颅脑CT和脑电地形图检查无异常发现。

鉴定意见：反社会型人格障碍，具有完全刑事责任能力。

案例2

被鉴定人高某某，女，48岁，初中文化，出身农民，后进城，开一家超市为生。因上访在北京天安门广场寻衅滋事被刑拘。被鉴定人既往性格固执、敏感、心眼小、好多疑、心胸狭隘，遇事好纠缠，且报复心强，做事不管不顾。上学时就常因小事与同学、老师发生争执，称同学都有意和她过不去、老师也偏心，每次都要作闹一番方能罢休。10多年前，家里承包了村里的米面加工厂，使用中因电力设施需要改造，安装了新的电力设施(村里出的资金)。五年后，加工厂重新招标，因投标失败，被鉴定人无法接受，大闹现场，称“这里有猫腻、有内幕交易”。又称电力设施是自己家承包后安装的，属于自家财产，要求补偿10万元，并多次找村委会要钱。此后不久父亲病故，被鉴定人坚持认为父亲的死是未承包上加工厂被气死的，村领导有责任，是杀人犯，多次找村里要求赔偿20万元。后多次到镇、区、市及省里告状，还上法院起诉，因均未得到满意结果而作闹、扰乱公共秩序，故多次被治安刑拘。近5年来开始到北京上访，无理取闹，故多次被遣送回来，成为当地信访办重点监控对象。一个月前偷偷辗转倒车到了北京，在天安门广场安检时被发现其包内有两瓶敌敌畏而被询问，被鉴定人称是来上诉的，没人管就在天安门广场喝敌敌畏自杀来引起政府的重视，故而被当地警方控制并遣送回来。

精神检查：被鉴定人意识清，定向力完整，自行步入鉴定室，年貌相称，仪表整洁，接触好，问答切题，言谈有序。谈及上访之事，被鉴定人显得很气愤很激动，称“家里承包的米面加工厂干得好好的，村里说重新承包就重新承包了？还搞暗箱操作，整治

笔记

我们家就得叫他赔偿，电力设备是我家安装的，就是我家的他们用了这么多年一直也不给钱……我爸也是因为这件事情被气死的，也要给我们赔偿……告到当地政府也不给解决，他们官官相护，所以我就只好到中央去告……”。问其去北京上访几次了，为什么要带上敌敌畏？称“前些年去了几次都不给解决，这两年走到半路就被截了回来，这次去我是用别人身份证先买的短途车票，中间倒车才没有被截住到的北京。带敌敌畏是我想到天安门广场喝敌敌畏自杀来造影响，引起政府重视”。被鉴定人思维敏捷，语速略快，语量较多，不易打断。交流中明显感觉被鉴定人较为固执、偏激、强势，存在明显的超价观念。未查及幻觉、妄想及被动体验等精神病性症状，智能、记忆力良好，情感反应协调。颅脑CT、脑电图均未见异常，MMPI提示存在明显的偏执和人格问题。

鉴定意见：偏执型人格障碍，完全刑事责任能力。

案例3

被鉴定人陈某某，男，19岁，汉族，某大学在读学生。因在某QQ群发布反动言论而被刑事拘留，做司法精神病学鉴定。

被鉴定人自幼身体发育正常，但口吃明显，语言表达困难，幼年时就表现不爱与人交流，行为孤僻，很少与小朋友一起玩。上初中时，常独自玩一些幼稚游戏，下课时从来不与同学一起玩，经常躲在角落里自己玩泥土。平时在家也不与父母沟通交流，经常自己写一些虚幻的东西，还边写边乐，家长也看不懂。上高中时表现偏执、任性、怪异、我行我素。有时晚间在家里都睡觉了，突然说要出去走走，然后穿上衣服就出去；一次放寒假自己买票到外地玩也不告诉家人，在外地不住旅店，整夜在街上游走，后和家人说感觉旅店不安全；喜欢同班一女孩，但不直接找女孩交往，而是经常花钱求接送女孩的司机（女孩上学包车）用手机给女孩拍照，被拒绝后非常气愤，大骂；排斥和同学接触，认为同学都嫌弃他。学校老师认为他不太正常，建议家长带其看病，故曾到当地精神病专科医院看病，未有明确诊断。高中毕业考入某大学电子工程专业，上学期间同学和老师都反映其异于常人。日常生活中不与他人接触，非常排斥与人沟通、抵触，自我防范意识很强；行为怪异、反常明显，睡觉总是不脱衣服、不脱鞋，有时还躺在地上睡，还有一次躺在走廊睡觉，睡觉前还拿电棒晃别人；多次蹲在衣柜里或床下，一次还将桌子压在自己身上，同学问之，则称为写小说找灵感；一次在同学面前用免提给别人打电话，人家说不认识他，他就一直打；平时总用手机偷拍同学，问他为什么也不说；经常玩手机、玩游戏，总是处于自娱自乐状态。情绪有时也很反常，平时并不要求进步，但一次班里选干部，其执意自荐自己要当班干部，因未选上而大发了一顿脾气，还用头撞墙。经常不洗漱，个人生活懒散。后由学校找家长来陪读。

精神检查：意识清晰，步入诊室，年貌相称，衣着尚整洁，定向力完整。被动接触欠融洽，问话能切题回答，但因口吃较重，需借助手势和书写等辅助方式表达。称自己不愿意和别人交往，总怕别人算计自己，自己喜欢写玄幻小说，灵感很多，但别人都不能理解、都不懂，所以不愿和他们接触（指周围同学们）。喜欢上网，到群里交流，因为他们不知道自己是谁、干什么的、在想什么。问其为何在网上发表反动言论，称自己在网上加入了一个战队群，共同玩一款3D游戏，后来群主说自己不按常理出牌产生了小矛盾，被踢了出来，自己很生气。后来自己也建立一个群，召集一些人打游戏，但感觉好像原来那个战

笔记

队群里派了人到他的群里来卧底、总捣乱，还骂人，就非常气愤，想报复，后来就在网上伪造了一个和那个战队群同一个名的群，头像也一样，就在上面发表了反动言论来抹黑他。被鉴定人存在明显的敏感多疑、牵连观念和不安全感，情感冷淡、幼稚，但未引出幻觉、感知综合障碍及明确的妄想等。病史提供其自幼表现孤僻、脱离现实、思维奇特、行为怪异，待人冷淡不合群、社会适应不良等。MMPI 提示人格异常，脑电图显示为界限性脑电图。

鉴定意见：分裂样人格障碍，限定刑事责任能力。

案例 4

被鉴定人张某，男，22，汉族，某大学学生。少年时，其父是某大厂厂长，家庭条件较优越，其又为独子，故而很受娇惯，一家人都顺着他。但后来发现其脾气不好，常因一点鸡毛蒜皮的小事或要求不能满足而大发脾气，有时甚至不顾后果地顺手拿起身边物品（水杯、书本等）砸向他人。上中学时曾几次因与同学间小矛盾突然爆发冲动欲伤人而被拉开，一次老师批评其几句他便大发脾气，与老师在课堂上大吵起来，无法控制。还多次因心中不满、情绪失控而用拳头砸墙、砸桌子，造成双手多次外伤。但大多事后能很快平静下来，并承认自己的错误。在大学期间，同学关系时好时坏，几乎没有长久关系亲密的同学，常常因为他一次不可理解的情绪爆发不欢而散。平时情绪也不稳定，高兴时，喜欢与同学聚会、聚餐，且不吝惜钱财，不好时，多日不理他人，我行我素，给人喜怒无常的感觉。做事情也缺乏恒心，不能坚持长久。本次事件发生在学校餐厅，被鉴定人不小心将菜汁撒落在一同学（被害人）身上，被鉴定人表示对不起，并主动帮其擦掉，但被害人骂了他一句，双方争执了几句，围观的学生多了起来，这时被鉴定人满脸通红，双手发抖，大声吵嚷，随即突然将菜碗砸向被害人头部，造成被害人头皮外伤及面部烫伤（轻微伤）。事后经同学劝阻后，被鉴定人能主动将被害人送往医院治疗并主动缴纳医疗费。

精神检查：被鉴定人检查配合，接触良好，答话切题，言谈有序，未引出错觉、幻觉及妄想的精神病性症状，记忆、智能良好。对本次伤人事件经过基本描述清晰，称很后悔，不应伤害同学，平时还都挺好的，悔恨当时怎么就控制不住（面容痛苦、诚恳，并击打自己），表示愿意承受惩罚、愿意赔偿。被鉴定人双手背部可见多处外伤后瘢痕。脑电图检查为界限性脑电图。根据病史资料、临床检查，被鉴定人符合冲动型人格障碍的诊断标准，其辨认能力良好，控制能力受损。结合案件性质，系初犯、突发性，且能及时悔过，纠正错误，主动赔偿，并未造成严重伤害后果等综合评定，应为限定责任能力。

鉴定意见：冲动型人格障碍，限定刑事责任能力。

第三节　人格障碍的强制性医疗问题

临床实践表明，人格障碍者能主动入院治疗的极少。尽管有研究资料表明，对人格障碍者采取心理治疗、药物治疗等综合性治疗措施可以达到较好的治疗效果。但临床工作者普遍认为，人格障碍的治疗是一个长期的、需要多方协作的过程，而且多数疗效并不理想。造成以上差异的可能原因是：①由于涉及患者的隐私、名誉，以及患者本人、家属对

笔记

精神疾病的认知程度，人格障碍者主动住院治疗的极少，又因医疗资源及费用等原因，能够长期坚持住院的就更少；②即使部分人格障碍者适宜门诊治疗，能够主动配合及坚持下来的也极少。对于人格障碍的治疗，心理治疗的认知、行为矫正等疗法理论上似乎可行，而药物治疗仅能暂时控制患者的情绪和行为，不能改变其思维方式。总之，在实际工作中，无论是心理学工作者，还是精神科医生，普遍认为人格障碍的治疗是非常棘手、非常困难的。

人格障碍者以其惯有的较为固定的反映个人风格和人际关系的异常行为方式，在现实生活中会常常带来很多麻烦和冲突，不但害人，有时还害己。尤其是某些类型的人格障碍如边缘型、冲动型、分裂型、偏执型及反社会型等，前三种不但会出现自杀、自伤行为，也会出现暴力攻击行为，而后两种更易出现严重的危害社会及他人的行为。因此，对这类人群的干预及防治工作就显得非常重要，有时需要采取强制性医疗措施。

再者，近年来，无论国外还是国内，突发的恶性暴力伤害事件时有发生，尤其是国内报道的多起校园恶性暴力伤害事件，在全国上下引起极大的震动和关注。然而，在这些恶性案件的始作俑者中间，不少是精神障碍患者，其中更多的可能是人格障碍者。如何有效地对具有社会危险性的精神疾病患者采取强制性手段进行监管、保护和治疗，保障社会和谐稳定，已成为公安司法及精神卫生机构的重要任务。

强制性医疗（非自愿医疗）是指精神疾病患者因存在危及自身、他人或社会的危险行为时由家属、公安机关或其他人强制送入医院的过程。目前我国对肇事肇祸精神病患者的强制医疗措施的法律依据有：《中华人民共和国刑法》第18条第1款规定："精神病人在不能辨认或者不能控制自己行为的时候造成危害结果的，经法定程序鉴定确认的，不负刑事责任，但是应当责令他的家属或者监护人严加看管和医疗；在必要的时候，由政府强制医疗。"《中华人民共和国治安管理处罚条例》第10条规定："精神病人在不能辨认或者不能控制自己行为的时候违反治安管理的，不予处罚，但是应当责令其监护人严加看管和治疗。"《中华人民共和国人民警察法》第14条规定："公安机关的人民警察对严重危害公共安全或者他人人身安全的精神病人，可以采取保护性约束措施，需要送往指定的单位、场所加以监护的，应当报请县级以上人民政府公安机关批准，并及时通知其监护人。"以上是对精神病患者肇事肇祸、危害他人安全时强制性医疗的法律依据，但以往对其他如有伤害自身的行为，或者有伤害自身的危险的及有危害他人安全危险的等情形的精神病患者强制性医疗的法律法规并不健全，因此发生了较多的包括人格障碍者在内的精神病患者被强制医疗而出现法律纠纷的事件。

我国精神卫生法已于2013年5月1日正式颁布实施。该法对精神障碍的诊断和治疗有了明确的规定。在此重点引用第二十七条第二款规定："除法律另有规定外，不得违背本人意志进行确定其是否患有精神障碍的医学检查。"第二十八条第二款："疑似精神障碍患者发生伤害自身、危害他人安全的行为，或者有伤害自身、危害他人安全的危险的，其近亲属、所在单位、当地公安机关应当立即采取措施予以制止，并将其送往医疗机构进行精神障碍诊断。"第三十条第一款："精神障碍的住院治疗实行自愿原则。"第二款："诊断结论、病情评估表明，就诊者为严重精神障碍患者并有下列情形之一的，应当对其实施住院治疗：①已经发生伤害自身的行为，或者有伤害自身的危险的；②已经发生危害他人安全的行为，或者有危害他人安全的危险的。"

然而精神卫生法中对"严重精神障碍"范围的解读一般只包含精神分裂症、妄想性障碍（偏执性精神病）、癫痫性精神病、分裂情感性障碍、双相情感障碍、精神发育迟滞等六种疾

笔记

病，并不包括人格障碍；而根据精神卫生法第八十三条的“严重精神障碍”的定义，“是指疾病症状严重，导致患者社会适应等功能严重损害、对自身健康状况或者客观现实不能完整认识，或者不能处理自身事物的精神障碍”，人格障碍也不符合。因此，从精神卫生法的角度，人格障碍不在非自愿（强制）医疗的范围。

根据以上法律法规，应审慎实施对人格障碍者的诊断及住院治疗，避免不必要的医疗纠纷和法律诉讼。

（王文林）

笔记

推荐阅读

[1] 李丛培 . 司法精神病学鉴定的实践与理论 . 北京：北京医科大学出版社，2000.

[2] 王伟 . 人格心理学 . 2 版 . 北京：人民卫生出版社，2013.

[3] 郑瞻培 . 司法精神病学基础 . 上海：上海医科大学出版社，1997.

[4] American Psychiatric Association. Diagnostic and Statistical Manual of Mental Disorders，Fifth Edition（DSM-5®）. Washington DC，American Psychiatric Association，2013.

[5] Applebaum AJ，Stein EM，Lord-Bessen J，et al. Optimism，social support，and mental health outcomes in patients with advanced cancer. Psychooncology，2014，23：299-306.

[6] Bateman A，Fonagy P. Treatment of borderline personality disorder with psychoanalytically oriented partial hospitalization：An 18-month follow-up. American Journal of Psychiatry，2001，158：36-42.

[7] Carver CS，Connor-Smith J. Personality and coping. Annual Reviews of Psychology，2010，61：679-704.

[8] Clark LA. Assessment and diagnosis of personality disorder：perennial issues and an emerging reconceptualization. Annual Reviews of Psychology，2007，58：227-257.

[9] Clarkin JF，Levy KN，Lenzenweger MF，et al. Evaluating three treatments for borderline personality disorder：a multiwave study. American Journal of Psychiatry，2007，164（6）：922-928.

[10] Ewan R. An Introduction to Theories of Personality. 7th ed. Hove：Psychology Press，2009.

[11] Friedman HS，Kern ML. Personality，well-being，and health. Annual Reviews of Psychology，2014，65：719-742.

[12] Furnham A，Bachtiar V. Personality and intelligence as predictors of creativity. Personality and Individual Differences，2008，45：613-617.

[13] Gunderson JG. Borderline Personality Disorder：a Clinical Guide. 2nd ed. New York：American Psychiatric Publishing，2008.

[14] Hopwood CJ，Wright AG，Krueger RF，et al. . DSM-5 pathological personality traits and the personality assessment inventory. Assessment，2013，20（3）：269-285.

[15] John OP，Robins RW，Pervin LA. The Handbook of Personality Psychology：Theory and Research. 3rd ed. New York：Guilford Press，2011.

[16] Kandler C，Riemann R，Angleitner A，et al. The nature of creativity：The roles of genetic factors，personality traits，cognitive abilities，and environmental sources. Journal of Personality and Social Psychology，2016，111（2）：230-249.

[17] Katz LY，Cox BJ，Gunasekara S，et al. Feasibility of dialectical behavior therapy for suicidal adolescent in patients. Journal of the American Academy of Child and Adolescent Psychiatry，2004，43：276-282.

[18] Kohut H. The analysis of the self：A systematic approach to the psychoanalytic treatment of narcissistic personality disorders. Chicago：University of Chicago Press，2013.

[19] Koons CR，Chapman AL，Bett BB，et al. Dialectical behavior therapy adapted for the vocational rehabilitation of significantly disabled mentally Ⅲ adults. Cognitive and Behavioral Practice，2006，13：146-156.

[20] Leising D，Zimmermann J. An integrative conceptual framework for assessing personality and personality

笔记

pathology. Review of General Psychology, 2011, 15(4): 317-330.

[21] Linehan MM, Comtais KA, Murray AM, et al. Two-year randomized controlled trial and follow up of dialectical behavior therapy vs therapy by experts for suicidal behaviors and borderline personality disorder. Archives of General Psychiatry, 2006, 63: 757-766.

[22] McCrae RR. Trait psychology and culture: exploring intercultural comparisons. Journal of Personality, 2001, 69(6): 819-846.

[23] Saulsman LM, Page AC. The five-factor model and personality disorder empirical literature: A meta-analytic review. Clinical Psychology Reviews, 2004, 23(8): 1055-1085.

[24] Soler J, Pascual JC, Campins J, et al. Double-blind, placebo-controlled study of dialectic behavior therapy plus olanzapine for borderline personality disorder. The American Journal of Psychiatry, 2005, 162(6): 1221-1224.

[25] Wang Y, Zhu M, Huang J, et al. Family behavior therapy for antisocial and narcissistic personality disorders in China: an open study. The German Journal of Psychiatry, 2008, 11(3): 91-97.

[26] Wilt J, Noftle EE, Fleeson W, et al. The dynamic role of personality states in mediating the relationship between extraversion and positive affect. Journal of Personality, 2012, 80(5): 1205-1236.

[27] Yu RR, Yu SH, Liu YH, et al. Adjectival descriptors for antisocial personality trait in Chinese university students. Journal of Personality Disorders, 2009, 23(6): 661-668.

[28] Zhu J, Chen W, Fan H, et al. Personality traits characterized by the adjectives in a famous Chinese novel of the eighteenth century - A Dream of Red Mansions. SAGE Open, 2015, 5(2): 1-10.

中英文名词对照索引

B

C

D

F

G

Y

Z